Duden

Testen fürs G8

Deutsch
Englisch
Mathematik

5. / 6. Klasse

2., aktualisierte Auflage

Dudenverlag
Mannheim · Zürich

Die Rechtschreibung in diesem Buch folgt im Falle von Schreibvarianten den Empfehlungen von Duden – Die deutsche Rechtschreibung (25. Auflage).

Beratungsangebot für Eltern und Lehrer (kostenpflichtig):
Die **Duden-Sprachberatung** beantwortet Fragen zu Rechtschreibung, Grammatik, Zeichensetzung u. Ä.
montags bis freitags zwischen 08:00 und 18:00 Uhr.
Aus Deutschland: **09001 870098** (1,86 € pro Minute aus dem Festnetz)
Aus Österreich: **0900 844144** (1,80 € pro Minute aus dem Festnetz)
Aus der Schweiz: **0900 383360** (3,13 CHF pro Minute aus dem Festnetz)
Die Tarife für Anrufe aus den Mobilfunknetzen können davon abweichen.

Bibliografische Information der Deutschen Nationalbibliothek
Die Deutsche Nationalbibliothek verzeichnet diese Publikation in der Deutschen Nationalbibliografie; detaillierte bibliografische Daten sind im Internet über http://dnb.d-nb.de abrufbar.

Bibliographisches Institut GmbH
Dudenstraße 6, 68167 Mannheim

Redaktionelle Leitung Anika Donner
Redaktion Dr. Anja Steinhauer (Deutsch), Linda Strehl (Englisch), Dr. Wiebke Salzmann (Mathematik)
Autoren Birgit Kölmel (Deutsch), Annette Schomber (Englisch), Alexandra Miseles und Bernd Uhland (Mathematik)

Herstellung Andreas Preising
Layout Horst Bachmann
Umschlaggestaltung Wohlgemuth Partners, Hamburg

Satz FROMM MediaDesign, Selters im Taunus
Druck und Bindung Heenemann GmbH & Co. KG
Bessemerstraße 83–91, 12103 Berlin
Printed in Germany

ISBN 978-3-411-73522-8

Inhaltsverzeichnis

Englisch

Mathematik

So trainierst du mit diesem Buch

Im achtjährigen Gymnasium (G8) musst du den Schulstoff in kürzerer Zeit bewältigen. Hinzu kommen Klassen- und Vergleichsarbeiten etc. Aber keine Panik! Denn für alle Prüfungen kannst du üben und dich gut vorbereiten. Zum Beispiel mit diesem Buch!

Alle wichtigen Tests und Arbeiten, die du in den drei Hauptfächern schreiben musst, werden mit diesem Trainingsbuch zum Kinderspiel.
Im **Inhaltsverzeichnis** findest du alle, für das jeweilige Fach Deutsch, Englisch und Mathematik, wichtigen Themengebiete.
Du hast zwei Möglichkeiten:
1. Suche die für die nächste Arbeit / den nächsten Test relevanten Themen heraus und trainiere diese gezielt.
2. Arbeite die Kapitel von vorne Schritt für Schritt durch.

Vorsicht: Übe nicht zu viel auf einmal und lege immer wieder Pausen ein. Es reicht, wenn du täglich eine halbe Stunde mit diesem Buch übst.

Die Inhalte sind in **Hauptkapitel** und **Unterkapitel** gegliedert. Die Hauptkapitel beschäftigen sich mit einem Oberthema, die Unterkapitel greifen Einzelthemen auf, die du anhand verschiedener Aufgaben trainieren kannst.

Thementest Hier hast du Gelegenheit, alle Einzelthemen eines Hauptkapitels anhand von vermischten Aufgaben zusammenfassend zu trainieren.

G8 PRAXISTIPP

Die **G8-Praxistipps,** die du immer wieder zwischen den Übungen findest, geben dir wichtige Lösungshinweise, praktische Tipps, Beispiele, Formulierungshilfen oder Merksätze zu besonders schwierigen Regeln.

Abschlusstests: Jedes Fach wird mit zwei großen Tests abgeschlossen, die alle wichtigen Themengebiete eines Fachs abdecken. Wenn du diese Tests gut lösen kannst, bist du bestens für den Ernstfall in der Schule vorbereitet.

Am Ende des Buches findest du die **Lösungen** zu den Übungsaufgaben, Thementests und Abschlusstests. Kontrolliere hier, wie gut du den Stoff beherrschst.

Deutsch

1 Grammatik

1.1 Die Wortarten erkennen und unterscheiden

1 Setze vor die Substantive jeweils den bestimmten und den unbestimmten Artikel und schreibe Genus und Numerus in die Klammer.

a) __das__ / __ein__ Haus (__Neutrum__ __Singular__)

b) ______ / ______ Garten (______ ______)

c) ______ / ______ Kinder (______ ______)

d) ______ / ______ Tische (______ ______)

e) ______ / ______ Tochter (______ ______)

2 Setze die in Klammern angegebenen Begriffe in die Lücken ein. Achte dabei auf die richtige Kasusanwendung.

a) Das Buch ____________ (die Lehrerin) ist verschwunden.

b) Ich gebe ____________ (mein Bruder) von ____________ (meine Schokolade) ab.

3 Setze die richtigen Pronomen ein.

________ lese gerne. ____________ Lieblingsbücher sind Abenteuergeschichten. Am liebsten mag ich ________ mit dem Jungen Huckleberry Finn. ____________ erlebt die spannendsten Geschichten!

4 Setze die Verben in der richtigen Form in den Text ein. Erzählzeit ist das Präsens.

bestehen – baden – sein – gehen – lassen – töten – kämpfen – werden

Das Nibelungenlied

Das Nibelungenlied ______________ eine meiner liebsten Sagen. Es ______________ darin um den Helden Siegfried, der in seiner Jugend viele Abenteuer ______________ . So ______________ er unter anderem mit einem Drachen, ______________ in dessen Blut und ______________ bis auf eine kleine Stelle seines Körpers unverwundbar. Leider ______________ eine Frau, Brunhild, ihn am Ende durch einen Ritter ______________ .

5 Finde im Gitterrätsel sechs Adjektive. Schreibe diese mit ihrem jeweiligen Gegenteil *(hoch – tief)* auf.

	A	B	C	D	E	F	G	H
1	Ä	N	S	S	S	W	A	C
2	V	R	C	L	P	E	W	X
3	K	K	H	I	A	N	I	V
4	L	Ö	W	U	N	I	J	Y
5	E	Ö	E	J	N	G	S	D
6	D	Ö	R	X	E	N	G	B
7	I	V	D	D	N	E	K	C
8	G	L	N	L	D	G	U	T

____

____

____

____

____

____

6 Schreibe zu jedem Adjektiv aus Aufgabe 5 einen Satz in dein Heft.

7 Wie heißt das entsprechende Adjektiv?

a) **Panik** haben – panisch sein

b) sich wie ein **Mensch** benehmen – ____________

c) **Masse** haben – ____________

d) aussehen wie **Brei** – ____________

8 Setze die Konjunktionen aus dem Wortspeicher passend in die Sätze ein.

nachdem – weil – während

a) ____________ heute die Sonne so schön scheint, gehen wir gleich nach der Schule ins Freibad.

b) Ich packe unsere Badetasche, ____________ meine Schwester sich um die Getränke kümmert.

c) ____________ wir alles verstaut haben, kann es endlich losgehen.

9 Unterstreiche alle Präpositionen im Text.

Du willst zum Kino? Dann gehst du am besten diese Straße entlang in Richtung Fächerbad. An der nächsten Kreuzung, beim „Wilden Mann", biegst du links in die „Schlossstraße" ein. Diese läufst du etwa 100 Meter weiter, vorbei am Gartencafé und durch den Park. Gleich nach dem Park siehst du auf der rechten Seite das Kino.

10 Zu welchem Wort verschmelzen Präposition und Artikel jeweils?

a) an dem = ________ b) in das = ________ c) auf das = ________

1.2 Die Zeitformen des Verbs

11 Setze die Verben in die jeweilige Zeitform.

Infinitiv	Präsens	Präteritum	Perfekt	Plusquam-perfekt	Futur I	Futur II
schreiben	ich	ich	ich	ich	ich	ich
			ihr habt gesagt			
				sie war gewesen		
						wir werden geschwom-men sein

G8 PRAXISTIPP

Das **Futur I** bezeichnet ein Geschehen, das in der Zukunft liegt *(Ich werde schlafen)*.
Das **Futur II** bezeichnet ein Geschehen, das in der Zukunft als bereits abgeschlossen angesehen wird *(Ich werde geschlafen haben)*.

12 Setze den folgenden Satz ins Futur I und ins Futur II.

Ich singe ein Solostück in einer Aufführung.

Futur I: Morgen ______________________________

____

Futur II: Wenn du wieder aus dem Urlaub hier bist, dann ______________________________

____

G8 PRAXISTIPP

Das **Plusquamperfekt** wird meistens in Verbindung mit dem Präteritum benutzt. Man gebraucht die Zeitform Plusquamperfekt, wenn etwas schon **vor** dem geschehen ist, was im Präteritum erzählt wird *(Weil Anna ihr Brot vergessen hatte, bekam sie nach der Pause großen Hunger).*

13 Verbinde jeweils ein Ereignis mit dem, was zuerst passiert ist, zu einem Satz und schreibe die Sätze in dein Heft.

Was zuerst passiert ist	**Ereignis**
Wetter verschlechtert	früher aus Schwimmbad nach Hause gehen
dem Friseur die Haarfarbe ungenau erklärt	lilafarbene Haare erhalten
keine Hausaufgaben gemacht	schlechtere Note in Deutsch bekommen
Mutter geärgert	Mittagessen selbst kochen müssen

Da das Wetter sich verschlechtert hatte, ging …

14 Setze die Verben in der Klammer in der richtigen Zeitform ein.

a) Gestern ____________ (lesen) ich ein spannendes Buch.

b) Wenn du mich in der nächsten Woche besuchen kommst, dann ____________ ____________ ich schon alle Ausflüge ____________ (planen).

c) Nächstes Jahr ____________ wir gemeinsam ____________ (verreisen).

d) Ich ____________ (arbeiten) gerade an einem Bild.

e) Nachdem ich das Essen ____________ ____________ (kochen), ____________ (springen) meine Katze auf den Herd und ____________ (umstoßen) den Topf ____________ .

1.3 Die Satzarten

15 Setze die fehlenden Satzschlusszeichen.

Huckleberry Finn (nach Mark Twain)

Was, du kennst mich nicht___ Na klar___ Wer „Tom Sawyers Abenteuer“ nicht gelesen hat, kennt mich nicht___ Dieses Buch hat ein gewisser Mark Twain gemacht, und was er sagt, ist meistens ziemlich wahr___ Okay, manche Sachen darin hat er sich selbst zurechtgebogen___ Aber er ist kein Schwindler___ Das meiste, was er sagt, ist wahr___ Und außerdem schadet ein bisschen Schwindeln ja gar nichts___ Oder kennst du jemanden, der noch nie geschwindelt hat___ Also ich nicht___ Ich kenne keinen, der nicht ab und zu mal schwindeln würde___ Und das ist ja auch nicht schlimm___ Ich meine, das Schwindeln ab und zu ist nicht so schlimm___ Oder wie siehst du das___ Ich wette, du hast auch schon mal geschwindelt___ Du brauchst dich jetzt nicht zu schämen___ Schwindeln ist okay, auch wenn man es öfter tut___ Es ist ja kein Lügen___ Kennst du den Unterschied zwischen Schwindeln und Lügen___ Ja, da gibt es einen___ Lügen ist bösartig und gemein, das tut man mit Vorsatz___ Aber schwindeln ist harmlos___ Schwindeln heißt einfach nur ein bisschen das Wort verdrehen___ Um anderen nicht weh zu tun___

16 Leider sind hier Wörter durcheinandergeraten. Setze sie wieder zu je einem Fragesatz, einem Aussagesatz und einem Aufforderungssatz zusammen.

das – bezahlen – das – soll – das – werde – bezahlst – bezahlen

Fragesatz: Wer ____________________

Aussagesatz: Ich ____________________

Ausrufesatz: Du ____________________

17 Forme den Aufforderungssatz jeweils in einen Fragesatz und anschließend in einen Aussagesatz um.

a) Aufforderungssatz: Geh weg!

Fragesatz: ______________________

Aussagesatz: ______________________

b) Aufforderungssatz: Ruf den Hund zurück!

Fragesatz: ______________________

Aussagesatz: ______________________

G8 PRAXISTIPP

Man unterscheidet beim Fragesatz zwischen der Entscheidungsfrage und der Ergänzungsfrage.
Eine **Entscheidungsfrage** verlangt in ihrer Fragestellung nach einer Entscheidung. Sie kann generell nur mit *Ja* oder *Nein* beantwortet werden *(Gehst du heute nochmal weg?)*.
Mit einer **Ergänzungsfrage** möchte man genauere Auskunft erhalten. Ergänzungsfragen werden oft durch sogenannte *W-Wörter* (*wann, wohin, wer* usw.) eingeleitet *(Wann gehst du heute weg?)*. Auf Ergänzungsfragen kann man nicht mit *Ja* oder *Nein* antworten.

18 Entscheidungs- oder Ergänzungsfrage? Schreibe jeweils dahinter.

a) Wohin gehst du? ______________________

b) Mit wem gehst du weg? ______________________

c) Kann ich mitkommen? ______________________

d) Wirst du mir morgen helfen? ______________________

e) Benötige ich deine Hilfe überhaupt? ______________________

f) Wieso brauche ich deine Hilfe? ______________________

1.4 Die Satzglieder erkennen und unterscheiden

19 Stelle jeden Satz in deinem Heft zweimal um. Kennzeichne dann die einzelnen Satzglieder durch einen Schrägstrich.

a) Heute / feiern / wir in der Schule meinen Geburtstag.

In der Schule feiern wir ...

b) Dafür hat meine Mutter einen großen Kuchen gebacken.

c) Das Geburtstagskind darf den Kuchen anschneiden.

20 Unterstreiche in den Sätzen das Subjekt mit roter Farbe und das Prädikat mit blauer Farbe. Denke daran: Das Prädikat kann auch aus zwei Verbteilen bestehen.

Vorsichtig fährt meine Mutter den großen Geburtstagskuchen in die Schule. Ich halte ihn auf dem Schoß. Die ganze Fahrt über quassle ich meiner Mutter die Ohren voll. Ich bin einfach so aufgeregt! Plötzlich tritt meine Mama auf die Bremse. Mein Kopf fällt nach vorne. Sanft landet er in meinem Geburtstags-kuchen. Nun hat dieser eine große Delle oben. Mir kommen die Tränen. Doch meine Mama weiß immer einen Rat. Sie fährt zum Lebensmittelladen und kauft Gummibärchen. Diese schütten wir in die Delle. Meine Klassenkameraden sind begeistert. Sie haben noch nie einen so tollen Geburtstagskuchen gesehen!

21 Führe die Weglassprobe durch, indem du alle Wörter streichst, die nicht zum Kernsatz aus Subjekt und Prädikat gehören.

a) Alle Klassenkameraden drängeln sich begeistert um meinen Geburtstagskuchen.

b) Die Lehrerin sieht ihnen lächelnd und zufrieden dabei zu.

c) Unser Schulleiter erscheint plötzlich mit zornigem Gesicht an der Tür.

22 Unterstreiche in den Sätzen die Dativobjekte mit gelber Farbe und die Akkusativobjekte mit grüner Farbe.

a) Ich schreibe meinem Opa einen Brief.

b) Den fertigen Brief gebe ich meiner Mutter.

c) Diese bringt ihn unserem Nachbarn, der bei der Post arbeitet.

d) Morgen wird Opa meinen Brief bekommen.

e) Oder auch nicht – ich habe die Briefmarke vergessen.

f) Ich werde dem Postboten schnell nachrennen.

23 Setze die Genitivobjekte aus dem Wortspeicher ein. Achte dabei auf die richtige Form.

das Auto – die große Ehre – meine Sache – der Urlaub – seine Herkunft – ihre Torte – der Verstorbene

a) Wir gedenken ______________________.

b) Ich kann mich noch gut ______________________ erinnern, in dem wir Pech mit dem Wetter hatten.

c) Er schämte sich ______________________.

d) Der Mechaniker nimmt sich ______________________ an.

e) Leider bin ich mir ______________________ nicht sicher.

f) Die Bäckerin rühmt sich ______________________.

g) Er ist sich ______________________ bewusst.

24 Wie fragst du nach dem Genitivobjekt? Schreibe zu den Sätzen aus Aufgabe 23 jeweils die Frage in dein Heft. Schreibe wie im Beispiel.

a) *Wessen gedenken wir?*

25 Unterstreiche alle adverbialen Bestimmungen. Nummeriere sie und schreibe in dein Heft, um welche adverbialen Bestimmungen es sich handelt.

Wie Till Eulenspiegel dreimal an einem Tag getauft wurde

Till Eulenspiegel stammt aus dem Dorf Kneitlingen. Als er geboren wurde, schickten die Eltern das Kind in das Dorf Ampleven und ließen es auf den Namen Till Eulenspiegel taufen. Nachdem Eulenspiegel getauft war, musste die Patin, die das Kind trug, über einen Bachsteg gehen. Weil es Brauch war, hatte sie jedoch ziemlich viel Bier getrunken und fiel deshalb schnell in das trübe Wasser. Die anderen Frauen halfen der Patin mit dem Kind behutsam aus dem Wasser und brachten die beiden heim in ihr Dorf. Dort wuschen sie Till Eulenspiegel in einem Wasserkessel und machten ihn sauber. So wurde Eulenspiegel an einem Tage dreimal getauft.

G8 PRAXISTIPP

Adverbiale Bestimmungen machen nähere Angaben zu einem Sachverhalt.
- **Adverbiale Bestimmung der Zeit:** Sie wird mit den Fragewörtern *wann?, wie oft?, wie lange?, seit wann?, bis wann?* erfragt.
- **Adverbiale Bestimmung des Ortes:** Sie wird mit den Fragewörtern *wo?, wohin?, woher?, wie weit?* erfragt.
- **Adverbiale Bestimmung des Grundes:** Sie wird mit den Fragewörtern *warum?, weshalb?, aus welchem Grund?* erfragt.
- **Adverbiale Bestimmung der Art und Weise:** Sie wird mit den Fragewörtern *wie?, auf welche Weise?, wie viel?, wie sehr?* erfragt.

26 Setze passende adverbiale Bestimmungen ein.

a) ______________________________ können wir morgen den Ausflug nicht machen. (adverbiale Bestimmung des Grundes)

b) Wir fahren ______________________________.
(adverbiale Bestimmung des Ortes)

27 Setze die Attribute aus dem Wortspeicher richtig ein. Unterstreiche dann die Satzglieder mit diesen Farben: Subjekt rot, Prädikat blau, Dativobjekt gelb, Akkusativobjekt grün, adverbiale Bestimmungen schwarz.

armes – schönen – frühere – hohlen – wunderschöne – staubigen – kostbarem – alten – fremde – vornehmen – kleinen – großen – geheimnisvollen

Das Dienstmädchen und die Wichtelmänner (nach den Brüdern Grimm)

Es war einmal ein ________________ Dienstmädchen, das jeden Tag das Haus der ________________________ Herrschaft fegte. Den ________________ Kehricht schüttete es auf einen ________________ Haufen vor die Tür. Eines ________________ Morgens fand das Mädchen einen ___________________________ Brief auf dem Dreckhaufen. Es war eine Einladung von den Wichtelmännern, die das Mädchen baten, zu ihnen zu kommen. Das Mädchen willigte ein und die ________________ Wichtelmänner kamen, um es zu holen. Sie führten die Dienstmagd in einen ________________ Berg, der mit allerlei ________________________ Schmuck ausgestattet war. Die Wichtelmänner waren sehr lieb zu der Dienstmagd und das Mädchen verlebte ___________________________ Tage in dem Berg. Als es Zeit wurde, ging das Mädchen wieder nach Hause, nahm den ________________ Besen zur Hand und wollte kehren. Da kamen ________________ Leute und sagten ihr, sie wäre nicht drei Tage, wie sie gedacht hatte, sondern sieben Jahre im Berg gewesen. Ihre ________________ Herrschaft war in dieser Zeit gestorben.

G8 PRAXISTIPP

Attribute erläutern besondere Merkmale einer Person oder Sache. Sie sind *Beifügungen* und bestimmen ein Wort näher. Somit stellen sie einen *Satzgliedteil* dar.

Thementest Grammatik

1 Setze die in Klammern angegebenen Begriffe in die Lücken ein. Achte dabei auf die richtige Kasusanwendung.

Das Pferd und der Esel (nach Christian Fürchtegott Gellert)

Ein ________________ (stolz, Pferd) ritt durch ______________________ (der grüne Wald). Es lief so schnell und hielt __________________ (der schöne Kopf) so hoch, dass es die Wurzel ________________________ (ein großer Baum) nicht sah und darüber stolperte. Das sah ein ________________ (träge, Esel). Er lachte und sagte: „Das ist mir noch nie passiert. Solch eines __________ ______ ____________ (peinlich, Fehler) würde ich mich schämen." Das Pferd antwortete: „Was willst du eigentlich? Du bist ja gar nicht groß und schnell genug, als dass dir solche _____________________ (klein, Patzer) passieren könnten."

2 Setze die Verben in die jeweilige Zeitform.

Infinitiv	Präsens	Präteritum	Perfekt	Plusquam-perfekt
	sie liest			
			du hast gesprochen	
		wir logen		

3 Setze den Satz ins Futur I und ins Futur II.

Präsens: Wir kochen ein chinesisches Gericht.

Futur I: Morgen ____

Futur II: Bis du zu Hause bist, ____________________________________

4 Setze die fehlenden Satzschlusszeichen.

Hallo, du___ Erinnerst du dich noch an mich____ Ich bins, Huckleberry Finn___ Mit Tom Sawyer habe ich schon eine Menge Abenteuer erlebt____ Wir wurden sogar reich____ Weil wir das Geld einer Räuberbande gefunden hatten___ Ich wohnte bei der Witwe Douglas, die mich wie ihren eigenen Sohn behandelte___ Das war irgendwie schon okay, aber sie hatte sich in den Kopf gesetzt, einen ordentlichen Menschen aus mir zu machen____ Was glaubste denn, wie ich das fand___ Immer in feinen Klamotten rumzurennen, mich zu waschen und zu frisieren___ Irgendwann wurde es mir zu viel und ich bin ausgerissen___ Seitdem wohne ich wieder in meiner Zuckertonne und bin frei und glücklich___ Was für ein Leben____

5 Unterstreiche die Satzglieder mit diesen Farben: Subjekt rot, Prädikat blau, Dativobjekt gelb, Akkusativobjekt grün, adverbiale Bestimmungen schwarz.

Eines Tages stöberte mich Tom Sawyer auf. Er wollte eine Räuberbande gründen. Ich fand die Idee super. Um mitzumachen, musste ich zur Witwe zurückgehen. Deshalb ging ich zurück. Die Witwe weinte. Dann kaufte sie mir neue Kleider. Die Kleider kratzten. Beim Essen musste ich mich benehmen. Das Essen war in vielen Schüsseln. Jede Schüssel enthielt eine eigene Beilage. Ich wollte alles vermatschen. Dann schimpfte die Witwe. Ständig ermahnte sie mich. Abends musste ich ihr immer vorlesen. Damit ich es lerne! Lange hielt ich das nicht aus. Nach etwa 5 Wochen haute ich ab.

6 Unterstreiche das Genitivobjekt.

a) Wir bedürfen nach dieser Aufregung der Ruhe.

b) Sie bedient sich des Kuchens am Büfett.

2 Rechtschreibung und Zeichensetzung

2.1 Dehnung und Schärfung

1 In der Wörterschlange findest du zwölf Wörter mit einem lang gesprochenen Vokal. Trenne die einzelnen Wörter durch einen Strich und ordne sie dann in die Tabelle ein.

MEHLHIBEETRFMOOSEDRTIGERESDWIEGEFLIEGETZSTUHLNJZTBIBERGTEFFIEBERTGUKÖLOKITZVDEJUIOBOHRERHUJLPRISEDRFHGJIPAARKIOL

Wörter mit Dehnungs-h	Wörter mit -ie-	Wörter mit -i-	Wörter mit doppeltem Vokal

2 Unterstreiche im Text alle Wörter mit doppelten Konsonanten.

Endlich Sommerferien! Gestern sind wir hier am Meer angekommen. Unsere Ferienwohnung liegt direkt neben einer Klippe. Von dort aus kann man ins Meer springen und schwimmen. Heute wollen wir uns ein Paddelboot ausleihen. Doch das Wetter ist nicht so gut. Hoffentlich rüttelt der Wind nicht so sehr an unserem Boot. Sonst kippt es um und wir fallen alle zusammen ins Wasser.

2.2 Gleich und ähnlich klingende Wörter

3 Ordne die Wörter aus dem Wortspeicher den richtigen Wortbedeutungen zu.

Grat, Nachnahme, Weise, Lehre, Verse, Laib, Seite, Grad, Leere, Rat, Nachname, Leib, Ferse, Waise, Saite, Rad

a) Befindet sich am Hinterteil des Fußes: __________

Zeilen eines Gedichts: __________

b) Entsteht, wenn nichts da ist: __________

Manchmal sagt man: „Das wird dir eine ... sein!“ __________

c) Die Temperatur beträgt 20 ...: __________

Oberste Kante eines scharfen Bergrückens: __________

d) Der zweite Teil deines Namens: __________

Gebühr, die die Post manchmal verlangt: __________

e) Fahrräder haben zwei davon: __________

Ein guter Tipp ist ein ...: __________

f) Ein ... Brot: __________

Der Körper eines Menschen: __________

g) Bücher haben viele davon: __________

Gitarren haben sechs davon: __________

h) Jemand, der keine Eltern mehr hat: __________

Die Art und ..., wie man etwas tut: __________

4 *seid* oder *seit*? Setze richtig ein.

a) ________________ Ostern bekomme ich mehr Taschengeld.

b) Ihr ________________ ja schon wieder zurück!

c) ________________ ihr an meinem Geburtstag zu Hause?

d) Ihr ________________ doch nicht etwa ________________ heute Morgen auf den Beinen?

G8 PRAXISTIPP

Um die beiden Wörter **seid** und **seit** unterscheiden zu können, musst du im Satz nachschauen, um welche Wortart es sich jeweils handelt:

- **seid** ist die 2. Person Plural Präsens des Hilfsverbs *sein (Seid ihr heute auch da?)*.
- **seit** ist eine Zeitangabe *(Seit Weihnachten lese ich wieder mehr)*.

Eselsbrücke: **t** in **seit** wie **t** in **Zeit**!

5 *wieder* oder *wider*? *Wieder-* oder *Wider-*? Setze richtig ein.

a) Wieso hast du solch einen ________________willen gegen Fleisch?

b) Und ________________ einmal beginnt ein neuer Tag.

c) Welche ________________holung ist das?

d) Glaubst du, dass du deinen verlorenen Geldbeutel ________________ finden wirst?

e) Nun hast du mir ________________ einmal ________________sprochen!

6 *Tod* oder *Tot*? *tod* oder *tot*? Setze ein.

a) der ________esfall

b) der ________e

c) der ________schlag

d) das ________esurteil

e) der ________e Hund

f) ________krank

g) ________enbleich

h) die ________esstille

i) mause________

2.3 Die s-Laute

7 Verlängere oder verändere die Wörter, sodass man den stimmhaften s-Laut hören kann. Umkreise dann das *s* mit Farbe.

a) das Los – ____________ b) das Gras – ____________

c) sie las – ____________ d) er rast – ____________

e) der Kies – ____________ f) der Erlös – ____________

g) das Glas – ____________ h) sie haust – ____________

G8 PRAXISTIPP

Ein **einfaches *s*** steht immer:
- nach einem **Konsonanten** *(Erbse, Gans)*,
- wenn der s-Laut **stimmhaft** (weich) gesprochen wird *(Rosen, Besen)*,
- wenn das „s“ in einem Wort mit einem stimmlos (hart) gesprochenen s-Laut **bei Verlängerung des Wortes stimmhaft gesprochen** wird *(Glas – Gläser, Eis – eisig)*.

Ein **ß** steht für den **stimmlosen s-Laut** *(Fuß, sprießen)*.
Nach einem kurzen betonten Vokal schreibt man **ss** für den stimmlosen s-Laut *(Schloss, essen)*.

8 Finde die passenden Reimwörter.

a) Ich denke, ich weiß, heute wird es heiß.

b) Von mir ein Gruß, nach dem Knie kommt der Fuß.

c) Auch wenn wir Familie Feuerstein heißen, diese Steine können wir nicht zerreißen.

d) Beim Fußballspiel werden wir Bälle schießen.
Ich hoffe, die Zuschauer können das ____________.

e) Was willst du mit diesem Floß,
das ist für dich doch viel zu groß.

9 Löse das Rätsel. Gesucht sind Verben mit *ss*.

1. Das Gegenteil von *lieben*.
2. Die Regeln zur Schreibung der s-Laute solltest du nun w...
3. Um etwas genau abzuzeichnen, muss man zuerst ...
4. Das tut man nur, wenn man jemanden sehr mag.
5. Du wirst mir fehlen. Ich werde dich ...
6. Man tut es morgens, mittags und abends und zwischendurch. Es ist lebenswichtig.
7. Du kannst hier nicht tun und ..., was du willst!

10 *s*, *ss* oder *ß*? Setze richtig ein und löse die beiden Scherzfragen.

Wa___ ___ind da___ blo___ für Fragen! „___o, Dieter, ich will von dir wi___en, warum die Hühner Eier legen.“ „I___t doch klar“, brummt Dieter. „Wenn ___ie ___ie ___chmei___en würden, gingen ___ie doch alle zu Bruch.“

Wa___ geht über das Wa___er und wird nicht na___? Lö___ung: ________________

Wenn man einen wei___en ___tein in das Rote Meer wirft, wie wird er dann?

Lö___ung: ________________

11 *das* oder *dass*? Führe zuerst die Probe durch, kreuze richtig an und setze dann ein.

a) Das Kleid, __________ ich gestern gesehen habe, würde ich mir gerne kaufen.

Probe: Das Kleid, welches ich gestern gesehen habe, würde ich mir ...

☐ *dieses, jenes* oder *welches* passt, also *das*.
☐ *dieses, jenes* oder *welches* passt nicht, also *dass*.

b) Er meint, __________ er nicht kommen kann.

Probe: ____________________

☐ *dieses, jenes* oder *welches* passt, also *das*.
☐ *dieses, jenes* oder *welches* passt nicht, also *dass*.

G8 PRAXISTIPP

das

- kann ein **Artikel** sein *(das Haus)*,
- kann als **Demonstrativpronomen** am Anfang eines Satzes stehen *(Das ist mein Haus)*,
- kann als **Relativpronomen** einen Nebensatz einleiten *(Das Haus, das grün ist, gehört mir)*.

dass

ist eine **Konjunktion,** die zwei Sätze miteinander verbindet *(Ich weiß, dass du hier bist)*.

Probe: Wenn du *das / dass* nicht durch *dieses, jenes* oder *welches* ersetzen kannst, schreibst du *dass*.

12 *das* oder *dass*? Setze richtig ein. Schreibe jeweils in Klammern dazu, in welcher Funktion *das* steht.

a) Mir gefällt __________ Fahrrad gut. (das als Artikel)

b) Ich bin mir sicher, __________ du morgen ein gutes Diktat schreiben wirst.

(____________________)

c) __________ gefällt mir! (____________________)

2.4 Groß- und Kleinschreibung

13 Groß oder klein? Streiche den falschen Buchstaben jeweils durch.

N/nachdem die M/mutter das Z/zeugnis ihrer T/tochter G/gesehen hat, M/macht sie ein E/entsetztes G/gesicht. „S/sonja, dein Z/zeugnis ist eine einzige K/katastrophe! W/was soll ich denn dazu sagen?" „W/was du früher immer G/gesagt hast, W/wenn mir etwas S/schlimmes P/passiert ist", S/schlägt die Tochter vor. N/nachdem die M/mutter sich etwas B/beruhigt hat, F/fragt sie: „U/und was habe ich da G/gesagt?" „H/hauptsache, du bist G/gesund, mein K/kind, A/alles andere dagegen ist U/unwichtig."

14 Bilde aus den Adjektiven und Verben Substantive, indem du eine Nachsilbe anhängst. Schreibe die Substantive dann mit ihrem Artikel auf die Linie.

a) trüb:	die Trübsal	b) heiter:	______
c) ereignen:	______	d) befreien:	______
e) frei:	______	f) belegen:	______
g) heilig:	______	h) feige:	______

15 Streiche die falschen Nachsilben durch und schreibe das Wort richtig auf.

a) der Säugnis – ______

b) die Beschaffkeit – ______

c) die Forderheit – ______

d) die Wirrling – ______

e) die Bereitung – ______

f) der Wüstheit – ______

16 Setze die passenden Adjektive und Verben in ihrer substantivierten Form in die Lücken ein.

passend – besinnlich – ~~essen~~ – betreten – heiter – glücklich

a) Das Essen ist im Unterricht nicht erlaubt.

b) Ich suche noch ein Geschenk für Tom. Hoffentlich finde ich etwas

____________________.

c) Bei unserer Weihnachtsfeier ist alles ____________________ und

____________________ willkommen.

d) Das ____________________ dieser Baustelle ist verboten!

e) Anna hat ein neues Fahrrad bekommen. Die ____________________!

17 Jeweils zwei Wörter gehören zusammen. Schreibe sie mit ihrem Artikel richtig auf die Linie.

Pfannkuchen – Schnitzel – Kölner – Schweizer – Dom – Kirschtorte – Wiener – Schwarzwälder – Berliner – Schokolade

____

____

____

____

____

G8 PRAXISTIPP

Eigennamen schreibt man immer groß *(Thomas, München)*. Wörter, die von geografischen Namen abgeleitet werden und auf **-er** enden, schreibt man ebenfalls groß *(der Schwarzwälder Schinken)*.
Ableitungen von geografischen Namen auf *-(i)sch* schreibt man aber klein, wenn sie nicht Teil eines Eigennamen sind *(holländischer Käse)*.

18 Groß oder klein? Schreibe richtig in dein Heft.
Achtung: Schreibt man nur in Großbuchstaben, wird aus einem *ß* ein *SS*!

„NUN, THOMAS, KANNST DU MIR SAGEN, ZU WELCHER FAMILIE DER WAL GEHÖRT?“, FRAGT DER LEHRER.
THOMAS ÜBERLEGT EINE WEILE UND SCHÜTTELT DANN DEN KOPF:
„NEIN“, MEINT ER SCHLIESSLICH, „ICH KENNE KEINE FAMILIE, DIE EINEN HAT.“

„DU DA NEBEN DER TÜR“, FRAGT DER LEHRER, „WANN WURDE GOETHE GEBOREN?“
DER JUNGE MANN ZUCKT MIT DEN SCHULTERN: „DAS WEISS ICH NICHT“, ANTWORTET ER.
„HM. UND WANN WURDE SCHILLER GEBOREN?“, FRAGT IHN DER LEHRER LAUTER.
DER JUNGE MANN SIEHT IHN AN: „WEISS ICH AUCH NICHT.“
„SAG MAL, HAST DU GESTERN HAUSAUFGABEN GEMACHT?“ DER LEHRER WIRD WÜTEND.
„NEIN, SKAT GESPIELT“, SAGT DER MANN.
„AHA. UND WAS WILLST DU DANN EIGENTLICH HIER?“
„DIE GLÜHBIRNEN AUSWECHSELN. ICH BIN DER ELEKTRIKER.“

G8 PRAXISTIPP

Stehen **Frage- oder Ausrufezeichen innerhalb** eines Satzes, z. B. in der wörtlichen Rede, dann schreibt man **klein** weiter *(„Wie geht es dir?“, fragte meine Freundin)*.

19 Worauf bezieht sich jeweils der Artikel? Kennzeichne mit Pfeilen.

a) Die kleinen Fische gefallen mir am besten.

b) Das größte und schönste Fahrrad gehört mir!

c) Ich weiß, dass mir die vielen Süßigkeiten nicht bekommen.

d) Der große Pinguin ist der frechste.

20 Setze die fehlenden Anredepronomen ein.

Sehr geehrter Herr Reißaus,

ich hoffe sehr, dass es ______________ gut geht. Nachdem ______________ in der letzten Woche mit ______________ hoch verehrten Gattin überstürzt aus unserem Hotel abreisen mussten, befürchten wir nun, dass eine plötzliche Krankheit ______________ erwischt hat. Sicher war es ______________ auch deshalb nicht möglich, die Hotelrechnung zu begleichen. Das Fehlen der hoteleigenen Handtücher aus ______________ Hotelzimmer ist wohl auch mit ______________ plötzlichen Unwohlsein zu entschuldigen. Da sich das gesamte Personal Sorgen macht, möchten wir ______________ höflich bitten, uns anzurufen. Vielleicht können ______________ uns ja einen Tipp geben, wohin ______________ das verschwundene Tafelsilber verlegt haben.

Hochachtungsvoll, ______________ Hoteldirektion

21 Groß oder klein? Streiche den falschen Buchstaben durch.

Am liebsten mag ich den M/morgen. Das Zwitschern der Vögel F/frühmorgens weckt bereits so gute Laune in mir, dass ich den T/tag bestens beginnen kann. H/heute M/morgen zum Beispiel habe ich schon im Bett eine Nachtigall singen hören. Hoppla, singen die nicht eher N/nachts? Kann dieser Vogel etwa den M/morgen nicht vom A/abend unterscheiden? Vielleicht habe ich mich ja auch getäuscht ...

22 Knifflig! Groß oder klein? Streiche das falsche Wort durch.

a) Ich habe angst / Angst.

b) Mir wird angst / Angst.

c) Er ist schuld / Schuld.

d) Ich gebe ihm die schuld / Schuld.

2.5 Zeichensetzung

23 Setze das Komma, wenn nötig.

a) Heute gehe ich in die Bücherei meine Freundin will mit mir kommen.

b) Ich werde nach Sachbüchern suchen und sie will sich nach Pferdebüchern umsehen.

c) Entweder ich nehme ein Sachbuch über Tiere oder ein Sachbuch über Autos.

d) Bestimmt werde ich mich wieder einmal nicht entscheiden können und da ich Tiere und Autos mag mich mit beiden Büchern an der Ausgabe anstellen.

e) Ich mag das Lesen andere Jugendliche hören gerne Musik.

f) Obwohl ich auch gerne Musik höre ich bin eben vielseitig interessiert.

G8 PRAXISTIPP

In einer **Satzreihe** trennt man die Hauptsätze durch ein Komma *(Ich gehe nach rechts, du gehst nach links)*. Steht zwischen ihnen ein Wort wie *und* oder *oder*, steht üblicherweise kein Komma; es kann aber stehen und die Gliederung verdeutlichen.
In einem **Satzgefüge** werden die Nebensätze durch ein Komma vom Hauptsatz abgetrennt.
Hauptsätze können allein stehen, Nebensätze können nicht allein stehen.

24 Markiere die Hauptsätze mit grüner und die Nebensätze mit roter Farbe.

Ich kann mich vor allem auch deshalb nie für ein Buch entscheiden, weil die Auswahl so groß ist. Da gibt es zum Beispiel nicht nur ein Buch über Tiere, sondern man findet gleich mehrere. Ich müsste viele Stunden in unserer Bücherei zubringen, damit ich die Bücher einigermaßen unterscheiden kann. Weil ich diese Zeit nicht habe, leihe ich eben mehrere Bücher aus. Welch ein Glück, dass dies erlaubt ist!

25 Setze die passende Konjunktion aus dem Wortspeicher ein und setze dann das Komma bzw. die Kommas.

falls – nachdem – weil – sodass – indem – wenn – damit

a) ____________________ wir das Diktat geschrieben hatten bekam ich Kopfschmerzen.

b) Ich setzte mich ruhig auf einen Stuhl ____________________ die Schmerzen besser werden.

c) Ich habe mich ____________________ ich so gerne eine gute Note in Deutsch bekommen möchte im Diktat sehr angestrengt.

d) ____________________ ich keinen Fehler gemacht habe bekomme ich eine Eins.

e) Ich habe wohl meinen Kopf überanstrengt ____________________ sämtliche Gehirnwindungen streiken.

f) ____________________ es bis zur Mittagspause nicht besser wird muss ich nach Hause gehen.

g) Dann werde ich ____________________ ich nicht in die Pause gehe meinen heimlichen Schwarm nicht sehen können.

Und schon sind meine Kopfschmerzen weg!

G8 PRAXISTIPP

Konjunktionalsätze stellen eine wichtige Gruppe der Nebensätze dar. Sie werden mit einer Konjunktion eingeleitet und mit einem Komma vom Hauptsatz abgetrennt *(Ich aß mein Brot, während mein Freund Fußball spielte)*. Konjunktionalsätze können dem Hauptsatz auch vorangestellt oder in ihn eingefügt werden *(Während mein Freund Fußball spielte, aß ich mein Brot. Ich aß, während mein Freund Fußball spielte, mein Brot)*.

26 Verbinde jeweils die beiden Sätze zu einem Satz, indem du ein Relativpronomen benutzt. Achte auf die Kommasetzung.

a) Von Münchhausen gibt es die tollsten Geschichten. Er wird auch „Lügenbaron" genannt. Von Münchhausen, der auch „Lügenbaron" genannt wird, gibt es die ...

b) So bindet er bei dichtem Schnee sein Pferd an einen Pflock. Dieser erweist sich nach der Schneeschmelze als Kirchturmspitze. ______________________

____

c) Oder er schießt einem Hirsch eine Ladung Kirschkerne auf den Kopf. Sie entwickeln sich dann zu einem Kirschbaum. ______________________

____

27 Setze die Kommas der Aufzählungen richtig.

Ich liebe die Geschichten von Münchhausen Eulenspiegel den Schildbürgern und anderen lustigen Menschen. Die Schildbürger zum Beispiel bauen ein Rathaus verschieben das Rathaus versalzen den Gemeindeacker und versenken eine Glocke im See. Mehrere Städte reißen sich heute darum, Vorlage für die „echten Schildbürger" gewesen zu sein: Schildau bei Torgau Schilda in Brandenburg Beckum in Nordrhein-Westfalen sowie Teterow in Mecklenburg-Vorpommern. Heute versteht man unter „Schildbürgerstreich" aberwitzige irreführende Regelungen.

Bei Till Eulenspiegel gefallen mir am besten die Geschichte von der Taufe wie er einem Herrn die gebratenen Hühner wegaß wie er die Fleischer zu Erfurt um einen Braten betrog und wie er alle Kranken eines Spitals an einem einzigen Tag gesund machte. Obwohl Eulenspiegel als Narr erscheint, ist er tatsächlich seinen Mitmenschen an Klugheit Geisteskraft Durchblick Intelligenz und Witz überlegen.

28 Unterstreiche jeweils den Redebegleitsatz.

Der Kaiser wollte die Schildbürger besuchen. Er ließ ihnen ausrichten: „Kommt mir halb geritten und halb gegangen entgegen." Die Schildbürger zerbrachen sich die Köpfe darüber. „Was soll das wohl heißen?", meinte der eine. „Vielleicht ein Fuß auf dem Steigbügel, ein Fuß auf dem Boden?", rief der andere. Der Bürgermeister hatte die beste Idee: „Wenn wir hölzerne Steckenpferde ritten", meinte er, „dann wären wir halb zu Pferd und halb zu Fuß!" Und so ließen sie sich beim Schreiner Steckenpferde schnitzen und ritten dem Kaiser so entgegen. Dieser freute sich: „Ha, die Schildbürger", rief er, „haben sich mal wieder etwas ganz Besonderes ausgedacht!"

G8 PRAXISTIPP

Wörtliche Rede wird in Anführungszeichen gesetzt. Zwischen der wörtlichen Rede und einem vorangestellten Redebegleitsatz steht ein **Doppelpunkt** *(Er sagte**:** „Ich bin hier.")*. Zwischen der wörtlichen Rede und einem nachgestellten Redebegleitsatz steht ein **Komma** *(„Ich bin hier"**,** sagte er. / „Ich bin hier!"**,** rief er.)*

29 Setze alle fehlenden Satzzeichen ein.

___ Ich mag die Schildbürger nicht! ___ sagt Timo. ___ Wieso nicht?___ fragt Sina nach. ___ Ich finde die Geschichten ziemlich witzig.___ ___ Witzig? Die Leute sind doch einfach nur dumm!___ poltert Timo los. Jetzt muss ich mich einmischen ___ ___ Die Schildbürger waren nicht dumm. Im Gegenteil, sie waren sogar sehr klug. Sie haben sich aber dumm gestellt, weil jeder sie damals um Rat gefragt hat. Und das ist ihnen mit der Zeit zu anstrengend geworden. ___ Timo ist erstaunt ___ Das wusste ich ja gar nicht___ meint er. ___ Nun sehe ich die Geschichten mit anderen Augen.___ ___ Na, dann lass uns doch gleich noch mal eine lesen___ schlage ich vor.

Thementest Rechtschreibung und Zeichensetzung

1 Mit oder ohne *h*? Setze das fehlende *h* ein oder setze einen Leerstrich in die Lücke.

a) die Wa____l b) die Bana____ne

c) der Wa____nsinn d) der Ma____ler

2 *ie* oder *i*? Setze ein.

a) die B____ne b) der B____ber

c) das Kl____ma d) die L____be

3 Doppelter oder einfacher Konsonant? Setze ein.

a) die Kla____er *(m)* b) die Kle____e *(t)* c) die Wa____d *(n)*

4 Erkläre die folgenden Wörter.

a) der Laib: ________________________________

b) die Waise: ________________________________

c) die Ferse: ________________________________

5 *seid* oder *seit*? Setze richtig ein.

a) ________________ den Sommerferien habe ich richtig gute Laune.

b) Ihr ________________ schon aus den Ferien zurück?

6 *wieder* oder *wider*? Setze richtig ein.

a) Du bist ________________ zu spät! **b)** Wieso ________________ setzt du dich?

7 *das* oder *dass*?

a) Ich glaube, ____________ du lügst! **b)** Ich glaube, ____________ ist falsch.

8 Groß oder klein? Schreibe den Text richtig in dein Heft.
Achtung: Schreibt man nur in Großbuchstaben, wird aus einem *ß* ein *SS*!

„DIE HOFFNUNG STIRBT ZULETZT“, SAGT MEINE MUTTER IMMER. WAS SIE WOHL MIT DIESEM SPRUCH MEINT? SIE SAGT, ES HEISST, DASS MAN AUCH IN AUSWEGLOSEN SITUATIONEN DARAN GLAUBEN SOLL, DASS SICH NOCH ALLES ZUM GUTEN WENDET. VOR EINIGEN TAGEN NUN HABEN WIR IN MATHEMATIK EINE ARBEIT GESCHRIEBEN. ICH HATTE KEINE ZEIT ZUM LERNEN UND DACHTE, ICH HÄTTE EINE SCHLECHTE NOTE. DANN HABE ICH MICH AN DEN SPRUCH MEINER MUTTER ERINNERT. ICH HABE FEST DARAN GEGLAUBT, DASS SICH ALLES ZUM GUTEN WENDET. ALS WIR DIE ARBEIT ZURÜCKBEKAMEN, HATTE ICH EINE FÜNF! SEITHER KÖNNEN MIR KLUGE SPRÜCHE GESTOHLEN BLEIBEN ...

9 Setze die fehlenden Kommas.

Heute gehe ich ins Schwimmbad und dann zu meiner Freundin. Ich freue mich darauf weil es bei meiner Freundin immer etwas Gutes zum Essen gibt. Das letzte Mal gab es gefüllte Blätterteigtaschen davon habe ich viel zu viel gegessen. Während ich die letzten Krümel verputzte wurde mir schon schlecht. Am nächsten Morgen ging es mir wieder prima ich schlenderte mit bester Laune in die Schule. Als meine Freundin von meiner Genesung hörte freute sie sich. „Ich habe dir auch was mitgebracht“ meinte sie und gab mir ein Päckchen. Ich packte es gespannt aus. Es waren – Blätterteigtaschen!

3 Ausdrucksvermögen

3.1 Wortbedeutungen

1 Lies den Text aufmerksam. Schlage Wörter, die du nicht kennst, nach.

Das seltsame Rezept (Johann Peter Hebel)
Es ist sonst kein großer Spaß dabei, wenn man ein Rezept in die Apotheke tragen muss; aber vor langen Jahren war es doch einmal ein Spaß. Da hielt ein Mann von einem entlegenen Hof eines Tages mit einem Wagen und zwei Stieren vor der Stadtapotheke still, lud sorgsam eine große tannene Stubentüre ab und trug sie hinein.
Der Apotheker machte große Augen und sagte: „Was wollt Ihr da, guter Freund, mit Eurer Stubentüre? Der Schreiner wohnt um zwei Häuser links." Dem sagte der Mann, der Doktor sei bei seiner kranken Frau gewesen und habe ihr wollen ein Tränklein verordnen, so sei in dem ganzen Haus keine Feder, keine Tinte und kein Papier gewesen, nur eine Kreide. Da habe der Herr Doktor das Rezept an die Stubentüre geschrieben; und nun soll der Herr Apotheker so gut sein und das Tränklein kochen.
Item, wenn es nur gut getan hat. Wohl dem, der sich in der Not zu helfen weiß.

2 Kreuze jeweils die richtige Bedeutung des unterstrichenen Ausdrucks aus dem Text aus Aufgabe 1 an. Der Sinn des Satzes soll erhalten bleiben.

a) „..., lud <u>sorgsam</u> eine große tannene Stubentüre ab ..."
- ☐ langsam
- ☐ behutsam
- ☐ schwerfällig
- ☐ hastig

b) „... und habe ihr wollen ein Tränklein <u>verordnen</u>, ..."
- ☐ anbieten
- ☐ zusammenstellen
- ☐ verschreiben
- ☐ besorgen

c) „Wohl dem, der sich in der <u>Not</u> zu helfen weiß."
- ☐ Armut
- ☐ Situation
- ☐ Krankheit
- ☐ Schwierigkeit

3 Erkläre die unterstrichenen Begriffe, wie sie im Text gemeint sind, mit deinen Worten. Schreibe in dein Heft.

a) „Da hielt ein Mann von einem entlegenen Hof ..."
b) „..., lud sorgsam eine große tannene Stubentüre ab und ..."
c) „... und habe ihr wollen ein Tränklein verordnen ..."

4 Hier werden Wörter aus dem Text von Aufgabe 1 erklärt. Welche Begriffe sind gemeint? Schreibe sie auf.

a) ______________________________ ist ein Eingang in einen Wohnraum. Meistens ist sie aus Holz. Das Wort würde früher verwendet. Heute würde man „Haustür" oder „Zimmertür" dazu sagen.

b) ____________________: Mit ihr schrieb man früher. Meist wurden welche von Gänsen verwendet, die man zuschnitt. Zum Schreiben wurde die Spitze in Tinte eingetaucht.

c) Unter ___________________________ versteht man eine missliche Lage. In solchen Situationen ist man sehr dankbar für jegliche Hilfe.

5 Der folgende Text enthält acht Ausdrucksfehler (bereits unterstrichen). Verbessere ihn, indem du ihn nochmals abschreibst und passende Begriffe einsetzt. Schreibe in dein Heft.

„Das darf doch nicht wahr sein!", ruft der Doktor verwundert aus. „Nicht ein Stück Papier ist in diesem Haus zu finden!" Er schmiert sich am Kopf. „Hm, was machen wir da nur?" Der Bauer geht verlegt auf und ab und sieht nochmals in jedem Kreis des Hauses nach. Aber: Er findet weder Papier noch Feder oder Tinte. Doch, da! Triumphvoll hält der Mann ein Stück Kreide hoch. „Herr Doktor, Kreide! Schreiben Sie doch hiervon!" Der Bauer ist erleichtert – diese Blamabel hätte sich sofort im ganzen Dorf herumgesprochen. „Und worauf soll ich schreiben?", brummt der Doktor. „Etwa auf die Stubentüre?" Doch der Mann hört schon nicht mehr zu, er kümmert sich sofort wieder um seine kranke Frau. Da reißt dem Doktor der Nervenfaden. Er schreibt das Rezept mit Kreide auf die Türe, nimmt seinen Hut, empfiehlt sich und geht mit großen Beinen zur Tür hinaus.

3.2 Synonyme und ähnliche Ausdrücke finden

6 Finde zu den Wörtern unten jeweils das bedeutungsgleiche Wort im Wortspeicher.

Gegenkraft – froh – Tipp – Notbehelf – furchtsam – belanglos – böse – Untersagung – necken – festlich – Bedeutung – real

a) heiter: ____________________

b) spotten: ____________________

c) Widerstand: ____________________

d) Größe: ____________________

e) ängstlich: ____________________

f) feierlich: ____________________

g) Verbot: ____________________

h) Ersatz: ____________________

i) wirklich: ____________________

j) ärgerlich: ____________________

k) unbedeutend: ____________________

l) Empfehlung: ____________________

7 Die beiden Sätze enthalten drei Wiederholungsfehler. Ersetze jeweils eines der beiden Wörter durch einen passenden Ausdruck, den du darüberschreiben kannst. Schreibe danach die Sätze nochmals in dein Heft.

Natürlich war dem Doktor bewusst, dass der Mann nun Schwierigkeiten mit dem

an die Tür geschriebenen Rezept haben würde. Der Mann konnte natürlich nicht

so einfach mit der Tür zur Apotheke fahren.

G8 PRAXISTIPP

Beim Schreiben ist es wichtig, eine **abwechslungsreiche Ausdrucksweise** zu haben und nicht immer die gleichen Wörter zu verwenden. Um Wörter mit ähnlichen oder gleichen Bedeutungen **(Synonyme)** zu finden, kannst du dir ein Wortfeld anlegen. Darauf kannst du dann immer wieder zurückgreifen.
Beispiel: Wortfeld „sagen“: reden, rufen, antworten, meinen, erwidern, kontern, aussprechen, erklären, formulieren, verkünden ...

8 Kreuze jeweils die Wörter an, die das Ähnliche bedeuten. Wenn du alles richtig gemacht hast, ergibt sich aus dem Buchstaben hinter den angekreuzten Wörtern ein Lösungswort.
Achtung: Es können auch zwei Wörter angekreuzt werden!

a) Anstand
- ☐ Benehmen *S*
- ☐ Manieren *Y*
- ☐ Verkaufsbude *M*

b) lose
- ☐ Glücksbringer *T*
- ☐ gelockert *N*
- ☐ gedreht *B*

c) willkürlich
- ☐ mutwillig *O*
- ☐ unabsichtlich *Z*
- ☐ beherrscht *A*

d) Freiheit
- ☐ Eigensinn *S*
- ☐ Ungebundenheit *N*
- ☐ Selbstbestimmung *Y*

e) Traurigkeit
- ☐ Niedergeschlagenheit *M*
- ☐ Wut *E*
- ☐ Unendlichkeit *N*

Lösungswort: ______________________

Thementest Ausdrucksvermögen

1 Lies den Text aufmerksam durch. Schlage Wörter, die du nicht kennst, nach.

Achilles

Wer den Film „Troja" gesehen hat, der wird sich beim Klang des Namens „Achilles" sofort an einen schönen, kampfesmutigen Helden erinnern.

Achilles ist in der griechischen Mythologie der tapferste aller griechischen Helden im Kampf um Troja. Um ihn unverwundbar zu machen, hatte ihn seine Mutter Thetis in das Wasser des Flusses der Unterwelt, Styx, getaucht. Nur die Ferse, an der sie ihn hielt, blieb verwundbar. Während des Trojanischen Krieges zieht sich Achilles nach einem Streit mit König Agamemnon gekränkt vom Kampf zurück, greift jedoch wieder ein, als die Trojaner die Oberhand gewinnen, und besiegt Hektor. Er selbst wird durch einen vom Gott Apoll gelenkten Pfeil des Paris an der Ferse getroffen und stirbt.

Deshalb versteht man unter „Achillesferse" in übertragenem Sinn eine verwundbare Stelle oder eine besondere Schwäche bei einem Menschen.

2 Kreuze jeweils die Bedeutung des unterstrichenen Ausdrucks an. Der Sinn des Satzes soll erhalten bleiben.

a) „... der wird sich beim Klang des Namens ‚Achilles' <u>sofort</u> an einen ... Helden erinnern."
- ☐ augenblicklich ☐ bald
- ☐ dann ☐ heute

b) „... der <u>tapferste</u> aller griechischen Helden ..."
- ☐ intelligenteste ☐ wehleidigste
- ☐ furchtloseste ☐ schönste

c) „... hatte ihn seine Mutter Thetis in das Wasser des Flusses der Unterwelt, Styx, <u>getaucht</u> ..."
- ☐ hinabgelassen ☐ gewaschen
- ☐ gezogen ☐ geworfen

d) „... oder eine besondere <u>Schwäche</u> bei einem Menschen."
- ☐ Ohnmacht ☐ Unvollkommenheit
- ☐ Stolz ☐ Kraft

3 Erkläre die unterstrichenen Begriffe, wie sie im Text gemeint sind. Schreibe in dein Heft.

a) Achilles ist in der griechischen Mythologie der tapferste aller griechischen Helden im Kampf um Troja.

b) Nur die Ferse, an der sie ihn hielt, blieb verwundbar.

c) ... nach einem Streit mit König Agamemnon gekränkt vom Kampf zurück ...

d) ... greift jedoch wieder ein, als die Trojaner die Oberhand gewinnen ...

G8 PRAXISTIPP

Lies den Satz nochmals im Textzusammenhang. Überlege dir danach zunächst in eigenen Worten, was die jeweilige Textstelle aussagt. Erkläre nun den unterstrichenen Begriff.

4 Hier wurden Begriffe aus dem Text durch jeweils drei Wörter ersetzt. Doch nur eines der Wörter ist richtig. Streiche die zwei falschen Ausdrücke durch.

Wer den Film „Troja" gesehen hat, der wird sich beim Klang des Namens „Achilles" sofort an einen schönen, zurückhaltenden / draufgängerischen / siegreichen Helden erinnern. Achilles ist in der griechischen Mythologie der tapferste aller griechischen Helden im Gefecht / Durcheinander / Sieg um Troja. Um ihn verletzlich / unbeirrbar / unangreifbar zu machen, hatte ihn seine Mutter Thetis in das Wasser des Stromes / Meeres / Ozeans der Unterwelt, Styx, getaucht. Unter „Achillesferse" versteht man im überlieferten / bedeutsamen / geschriebenen Sinn eine verwundbare Stelle oder eine besondere Schwäche bei einem Menschen.

5 Erkläre in eigenen Worten, was man unter „Achillesferse" in übertragenem Sinn versteht. Du kannst auch ein Beispiel benutzen. Schreibe in dein Heft.

4 Umgang mit Texten

4.1 Lesestrategien

1 Lies den Text aufmerksam und markiere die Schlüsselbegriffe.

Das Ozonloch

Die Zerstörung der Erdatmosphäre wurde ursprünglich nur über dem Südpol nachgewiesen, aber seit den letzten Jahren wächst im Winterhalbjahr auch über dem Nordpol ein Ozonloch.

Die Ozonzerstörung ist auf Fluorchlorkohlenwasserstoffe (FCKW), Chlorkohlenwasserstoffe und Halone zurückzuführen, die als Treibgase, Kühlmittel und Treibmittel z. B. in der Schaumstoffproduktion verwendet werden. Nach dem Aufstieg dieser Gasmoleküle in die Ozonschicht werden sie durch die UV-Strahlung zerstört und das dabei frei werdende Chlor zersetzt wiederum das Ozon.

Da die Ozonschicht den natürlichen Schutz der Erde gegen die UV-Strahlung der Sonne bildet, ist eine Reduzierung der Ozonschicht u. a. für eine Zunahme der Hautkrebserkrankungen verantwortlich. Außerdem kann die vermehrte UV-Einstrahlung zu einer Erwärmung der Atmosphäre führen, die das Klima auf der Erde beeinflussen würde.

2 Schlage die folgenden Wörter in einem Lexikon nach und erkläre ihre Bedeutung.

a) Ozonschicht: ______________________________

____

____

b) UV-Strahlung: ______________________________

____

____

3 Gliedere den Text von Aufgabe 1 in vier Abschnitte. Gib jedem Abschnitt eine Überschrift, die das Wesentliche wiedergibt.

Zeilen 1 – 3 : ____________________

Zeilen ___ – ___ : ____________________

Zeilen ___ – ___ : ____________________

Zeilen ___ – ___ : ____________________

4 Löse das Rätsel. Die gesuchten Wörter findest du im Text von Aufgabe 1.

1. Bildet einen natürlichen Schutz gegen die Strahlung der Sonne.
2. Durch die Reduzierung der Ozonschicht nimmt diese Krankheit zu.
3. Auch hier entsteht nun ein Ozonloch.
4. Ist verantwortlich für die Zersetzung des Ozons.
5. Wird durch die Erwärmung der Atmosphäre beeinflusst.

4.2 Texte verstehen

5 Lies die Fabel von Äsop aufmerksam durch. Schlage unbekannte Wörter im Wörterbuch nach.

Das Lamm und der Wolf (nach Äsop)
Ein Lämmchen löschte an einem Bach seinen Durst. Weiter weg von ihm tat ein Wolf das Gleiche. Kaum erblickte er das Lämmchen, so schrie er: „Warum trübst du mir das Wasser, das ich trinken will?" „Wie wäre das möglich", erwiderte das Lämmchen schüchtern, „ich stehe hier unten und du so weit oben, das Wasser fließt ja von dir zu mir. Glaube mir, es kam mir nie in den Sinn, dir etwas Böses zu tun!" „Ei, sieh doch! Du machst es gerade wie dein Vater vor sechs Monaten. Ich erinnere mich noch sehr wohl, dass auch du dabei warst, aber glücklich entkamst, als ich ihm für sein Schmähen das Fell abzog!" „Ach, Herr!", flehte das zitternde Lämmchen, „ich bin ja erst vier Wochen alt und kannte meinen Vater gar nicht, so lange ist er schon tot. Wieso sollte ich dann für ihn büßen?" „Du Unverschämter!", beendete der Wolf mit erheuchelter Wut seine Rede, indem er die Zähne fletschte. „Tot oder nicht tot, ich weiß genau, dass euer ganzes Geschlecht mich hasst, und dafür muss ich mich rächen." Ohne weitere Umstände zu machen, zerriss er das Lämmchen und verschlang es. So suchen auch die größten Bösewichte nach einem Vorwand, um ihr Gewissen zu beruhigen.

6 Kreuze die Aussagen an, die zum Text aus Aufgabe 5 passen.

a) ☐ Der Wolf sucht nach einem Grund, das Lamm zu töten.
b) ☐ Der Wolf muss das Lamm töten, um zu überleben.
c) ☐ Der Vater des Lammes hat den Wolf beleidigt.
d) ☐ Das Lamm versucht, den Wolf zu beschwichtigen.
e) ☐ Das Lamm hat Angst.
f) ☐ Das Lamm muss für seinen Vater büßen.
g) ☐ Alle Schafe hassen den Wolf.
h) ☐ Das Wasser fließt vom Wolf zum Lamm.

7 Schreibe die Textstelle heraus, die zu der jeweiligen Aussage passt.

a) Das Lamm verteidigt sich.

Zeilen ___–___: ______________________________

b) Ein Lamm trinkt Wasser aus einem Bach.

Zeilen ___–___: ______________________________

c) Das Lamm fleht um Gnade.

Zeilen ___–___: ______________________________

8 Was bedeutet die jeweilige Textstelle? Kreuze an.

a) „... als ich ihm für sein Schmähen das Fell abzog!“ (Zeile 9)
- ☐ Der Wolf tötete das Schaf, weil dieses ihn nicht genügend beachtet hatte.
- ☐ Der Wolf tötete das Schaf, weil dieses ihn angeblich beleidigt hatte.
- ☐ Der Wolf tötete das Schaf, weil er das Fell benötigte.

b) „... ich weiß genau, dass euer ganzes Geschlecht mich hasst, und dafür muss ich mich rächen.“ (Zeile 14–15)
- ☐ Der Wolf will dem Lamm heimzahlen, dass er von allen Lämmern gehasst wird.
- ☐ Der Wolf will dem Lamm heimzahlen, dass er von dessen Vater gehasst wurde.
- ☐ Der Wolf will dem Lamm heimzahlen, dass er von allen Schafen gehasst wird.

9 Erkläre die Bedeutung der Textstelle in eigenen Worten.

Zeile 13: „Du Unverschämter!“, beendete der Wolf mit erheuchelter Wut seine Rede, indem er die Zähne fletschte.

____

____

____

4.3 Informationen im Text finden

10 Lies den Text gut durch. Markiere dann alle Wörter, die den Jungen Huckleberry Finn beschreiben.

Die Räuberbande (nach Mark Twain)

Tom und ich kamen oben auf dem Hügel an. Die Sterne über uns glitzerten herrlich und unter der Stadt floss ein Strom, etwa eine Meile breit. Wir gingen den Hügel auf der anderen Seite runter und fanden in der alten Gerberei versteckt Ben Rogers und noch zwei, drei Jungs.

Tom ließ uns alle schwören, das Geheimnis bei uns zu behalten. Dann zeigte er uns ein Höhlenloch, in das gingen wir hinein. Wir krochen durch einen engen Gang, der etwa siebzig Zentimeter hoch war (also halb so hoch wie ich), und kamen in einen nasskalten Raum. Ich fühlte mich unwohl in meinen schicken Klamotten, die Miss Watson mir noch angezogen hatte. Meine blaue Stoffhose hatte bereits Risse, und meine schwarzen Lackschuhe drückten. Außerdem war ich der einzige der Jungs, der ein weißes Hemd anhatte.

„Jetzt wollen wir eine Räuberbande gründen", sagte Tom. „Sie soll Tom Sawyers Bande heißen. Jeder, der beitreten will, schwöre einen Eid und schreibe seinen Namen mit Blut."

Wir waren alle einverstanden. Also zog Tom Sawyer ein Blatt Papier aus seiner Tasche und las den Eid vor. Er besagte, dass jeder Junge zur Bande zu halten und nichts von ihren Geheimnissen zu verraten hätte. Und wenn irgendwer irgendwas irgendwo irgendeinem Jungen von der Bande tun würde, müsste jeder von der Bande, dem es befohlen würde, den Betreffenden und seine ganze Familie töten. Wenn jemand der Bande ihre Geheimnisse verriete, würde er getötet werden. Das Wahrzeichen der Bande sei ein Kreuz und niemand, der nicht zur Bande gehöre, dürfe dieses Kreuz benutzen.

Jeder fand den Eid klasse. Einige aber meinten, es wäre doch besser, wenn man auch die Familie der Jungen töten würde, die die Geheimnisse verrieten.

„Huck Finn hier hat aber keine Familie, was soll mit ihm werden?", fragte Ben Rogers. Sie wollten mich schon ausschließen und ich merkte, wie mir die Tränen hochstiegen. Nervös fuhr ich mir durch meine kurzen, braunen Haare, da fiel mir eine Lösung ein: Ich bot ihnen Miss Watson an. Die konnten sie ja töten. Alle sagten: „Jaja, die genügt, Huck kann eintreten!"

Nun stachen wir uns alle mit einer Nadel in den Finger und auch ich machte mein Kennzeichen auf das Papier.

Tom erinnerte uns noch daran, dass der Eid jetzt galt, auch wenn wir alle erst dreizehn Jahre alt wären – es solle ihm bloß hinterher niemand kommen und sich damit rausreden wollen.

11 Verfasse mit den markierten Wörtern aus Aufgabe 10 eine kurze Personenbeschreibung von Huckleberry Finn. Schreibe in dein Heft.

12 Beantworte die Fragen zum Text. Schreibe in dein Heft.

a) Welchen Verbesserungsvorschlag haben manche Jungen zu dem Eid, den Tom vorgelesen hat?
b) Wieso wäre Huck Finn beinahe aus der Räuberbande ausgeschlossen worden?
c) Wie haben die Jungs das Problem gelöst?

G8 PRAXISTIPP

Suche zuerst die Stelle im Text, die dir Antwort auf die gestellte Frage gibt. Lies dann die Frage nochmals durch und prüfe, ob deine gefundene Antwort auch stimmig ist. Formuliere die Antwort in eigenen Worten. Schreibe ganze Sätze und achte auf einen abwechslungsreichen Satzanfang.

13 Stelle die Zeilen 1–4 als Bild dar. Zeichne so genau wie möglich nach den Angaben des Textes.

14 In den Zeilen 16–22 beschreibt Huck Finn den Inhalt des Eids, den die Jungen schwören. Wie lautet wohl der genaue Wortlaut? Schreibe den Eid auf.

Eid

Jeder Junge muss zur Bande halten und ______________________

____

____

____

____

____

____

15 Setze die fehlenden Wörter ein.

Zu Beginn des Textes stehen Tom und Huck Finn auf einem ______________. Huck bemerkt die ______________ über ihnen und den ______________ ______________ unter der Stadt. In einer ______________ finden sie noch weitere Jungs. Alle müssen schwören, ein ______________________ zu behalten. Sie gehen durch ein ______________________ und einen engen ______________________ in einen nasskalten ______________ ______________. Dort liest Tom Sawyer den ______________________ vor, den alle Jungs schwören sollten. Nachdem Tom zu Ende gelesen hat, diskutieren die Jungs über ______________________. Er hat nämlich keine ______________________, die getötet werden kann. Huck Finn bietet ihnen als Ersatz ______________________ an.
Danach stechen die Jungs sich mit einer ______________________ in den Finger und machen so ihr ______________________ auf das Papier.

4.4 Informationen entnehmen und wiedergeben

16 Hier siehst du die Bevölkerungspyramide von Deutschland im Jahre 2001. Sieh dir das Schaubild gut an und überlege, was du herauslesen kannst.

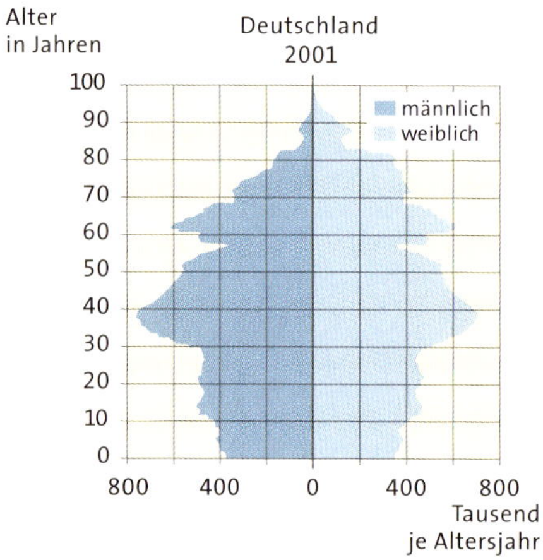

17 Überprüfe die folgenden Angaben anhand des Schaubildes und kreuze die richtigen Aussagen an.

a) ☐ Es gibt mehr Frauen, die 80 Jahre und älter sind, als Männer in diesem Alter.
b) ☐ Es wurden etwa 800 000 Kinder geboren.
c) ☐ Die meisten Menschen in Deutschland sind mehr als 50 Jahre alt.
d) ☐ In Deutschland leben etwa 300 000 Männer und Frauen, die 30 Jahre alt sind.
e) ☐ 600 000 Frauen sind etwas über 60 Jahre alt.

18 Beantworte die folgenden Fragen.

a) Wie viele 10-jährige Mädchen gab es im Jahr 2001 in Deutschland?

____

b) Wie viele Männer um die 80 Jahre lebten im Jahr 2001 in Deutschland?

____

19 Im folgenden Schaubild werden drei Formen der Diskussion dargestellt. Sieh dir das Schaubild an und erkläre die *Podiumsdiskussion* in eigenen Worten.

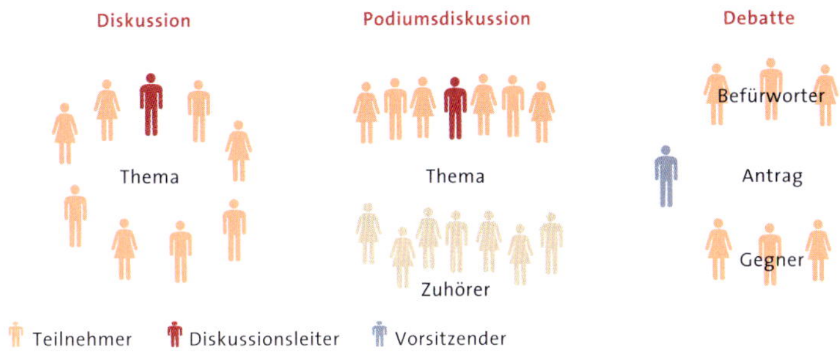

Podiumsdiskussion: ____

____

____

____

____

20 Überprüfe die folgenden Aussagen zur *Debatte* mithilfe des Schaubildes und kreuze die richtigen Aussagen an.

a) ☐ Zwei Seiten eines Sachverhaltes werden diskutiert.
b) ☐ Ein Vorsitzender beobachtet die Debatte.
c) ☐ Ein Diskussionsleiter leitet die Debatte.
d) ☐ Im Zentrum steht ein Antrag.
e) ☐ Zuhörer beteiligen sich an der Diskussion.

21 In der Erläuterung zur *Diskussion* hat sich ein Fehler eingeschlichen. Unterstreiche ihn und schreibe das richtige Wort darüber.

Eine Diskussion ist eine von zwei oder mehr Teilnehmern geführte Auseinandersetzung mit einem Thema. Diese wird häufig von einem Teilnehmer geleitet.

4.5 Eigene Gedanken entwickeln und begründen

22 Vielleicht kennst du das folgende Gleichnis. Lies es dennoch gut durch und schlage Wörter, die du nicht kennst, im Wörterbuch nach.

Das Beispiel des Samariters (nach Lukas 10, 25–37)

Da trat ein Gesetzeslehrer zu Jesus heran, um ihn auf die Probe zu stellen, und sagte: „Meister, was muss ich tun, um ewiges Leben zu erlangen?"
Jesus sprach zu ihm: „Was steht geschrieben im Gesetz?"
Jener antwortete: „‚Du sollst den Herrn, deinen Gott, lieben aus deinem ganzen Herzen, aus deiner ganzen Seele, aus deiner ganzen Kraft und aus deinem ganzen Denken' und: ‚Liebe deinen Nächsten wie dich selbst'."
Jesus antwortete ihm: „Du hast richtig geantwortet. Tu das so, so wirst du leben!" Jener aber wollte sich rechtfertigen und sagte zu Jesus: „Wer ist mein Nächster?"
Da nahm Jesus das Wort und sprach:
„Es ging ein Mann von Jerusalem nach Jericho. Er fiel unter die Räuber. Diese plünderten ihn aus, schlugen ihn wund, ließen ihn halbtot liegen und gingen davon. Da fügte es sich, dass ein Priester auf jenem Weg ging. Er sah den Verletzten und ging vorüber. Ebenso ging auch ein Levit, der an die Stelle kam und ihn sah, vorüber. Ein Samariter aber, der des Weges zog, kam hinzu, sah ihn und erbarmte sich seiner. Er ging hin, verband seine Wunden und goss Öl und Wein darauf. Dann hob er ihn auf sein Reittier, brachte ihn zu einer Herberge und trug Sorge für ihn. Am anderen Tag zog er zwei Denare heraus, gab sie dem Wirt und sagte: ‚Trag Sorge für ihn, und was du darüber noch aufwendest, werde ich dir auf dem Rückweg bezahlen.'
Wer von diesen dreien, meinst du, hat sich als Nächster erwiesen an dem, der unter die Räuber fiel?"
Der Gesetzeslehrer antwortete: „Der Barmherzigkeit übte an ihm."
Da sagte Jesus zu ihm: „Dann geh hin und tu dasselbe!"

Levit = Angehöriger einer eigenen Gruppe im religiösen Judentum; für sie galten besondere Gesetze und Vorschriften. Sie waren auch für die Einhaltung der Regeln zuständig.
Samariter = Angehöriger einer Religionsgemeinschaft. Samaritaner wurden von den Juden gemieden und als Feinde betrachtet.

23 Welcher der nachfolgenden Sätze zeigt am ehesten, was man aus der Geschichte lernen soll? Kreuze an.

a) ☐ Man sollte in gefährlichen Gegenden nicht alleine unterwegs sein.
b) ☐ Man sollte immer genug Zeit einplanen, wenn man unterwegs ist – es könnte etwas Unvorhergesehenes passieren.
c) ☐ Man soll seinen Mitmenschen helfen – auch denen, die man nicht so mag.

24 Wen kann man dem Gleichnis nach als den „Nächsten" bezeichnen?

____

____

____

____

G8 PRAXISTIPP

Solche Aufgaben testen dein Verständnis über den Text hinaus.
So kannst du vorgehen:
Suche zuerst die Antwort im Text. Überlege dann, was dir zu der Frage noch einfällt. Denke hierbei an dein soziales Umfeld (Freunde, Familie, Klassenkameraden) oder auch an politische Gegebenheiten sowie gegenwärtige Geschehnisse in der Welt. Schreibe so ausführlich wie möglich. Verdeutliche deine Aussagen mit Beispielen.

25 Erkläre den Satz „Liebe deinen Nächsten wie dich selbst". Du kannst auch ein Beispiel benutzen.

____

____

____

____

26 Stelle Vermutungen an und begründe deine Meinung.

Ein Levit hört Jesus das Gleichnis erzählen. Glaubst du, er würde in einer ähnlichen Situation nun anders handeln als der Levit aus dem Gleichnis?

☐ Ja, er würde anders handeln, weil ______________________________

____

☐ Nein, er würde nicht anders handeln, weil ______________________________

____

G8 PRAXISTIPP

Lies dir zunächst die Aufgabenstellung genau durch. Notiere dann in Stichworten, was dir spontan einfällt. Beantworte danach die Frage ausführlich. Achte hierbei auf eine verständliche Darstellung und – bei mehreren Gedankengängen – auf eine logische Reihenfolge.

27 Wie gefällt dir das Gleichnis? Begründe deine Meinung.

____

____

____

____

28 Kann es in deinem Umfeld zu ähnlichen Situationen kommen? Beschreibe.

____

____

____

____

Thementest Umgang mit Texten

1 Lies den Text aufmerksam und markiere Schlüsselbegriffe.

Pseudonym

Ein Pseudonym ist ein fingierter Name (Deckname oder Künstlername), der besonders von Schriftstellern und Künstlern verwendet wird. Manche Personen arbeiten ihr Leben lang unter einem Pseudonym. Andere Personen verwenden ein Pseudonym nur für eine bestimmte Phase ihres künstlerischen Schaffens. Die Wahl eines Pseudonyms kann aus unterschiedlichen Gründen erfolgen. Oft spielt die Angst vor Verfolgungen oder anderen Konsequenzen (Skandalen, Bloßstellungen), insbesondere bei politischen, religiösen oder erotischen Schriften, eine Rolle (z. B. George Sand für Aurore Dudevant). Pseudonyme werden auch aus Scheu oder Unsicherheit der Öffentlichkeit gegenüber oder aus Rücksicht auf die Familie gewählt. Manchmal steht jedoch auch nur der Wunsch nach Originalität (Gustav Meyrink für Gustav Meyer) oder das Vereinfachen schwieriger Namen (Udo Jürgens für Udo Jürgen Bockelmann) im Vordergrund. Die häufigsten Pseudonyme sind Fantasienamen, wobei Frauen zum Teil auch Männernamen wählen. Pseudonyme sind heute namensrechtlich geschützt.

2 Gliedere den Text von Aufgabe 1 in drei Abschnitte. Gib jedem Abschnitt eine Überschrift, die das Wesentliche wiedergibt.

Zeilen __1__–___: ______________________________

Zeilen ___–___: ______________________________

Zeilen ___–___: ______________________________

3 Schlage die folgenden Wörter im Wörterbuch nach und erkläre ihre Bedeutung.

a) Skandal (Zeile 6): ______________________________

____

b) Originalität (Zeile 11): ______________________________

____

4 Schreibe die Textstelle mit Zeilenangabe heraus, die zu der jeweiligen Aussage passt.

a) Es gibt Künstler, die lediglich für einige Jahre unter einem falschen Namen in Erscheinung treten.

____

____

b) Die meisten Pseudonyme werden von den Künstlern selbst ausgedacht.

____

____

5 Erkläre die Bedeutung der Textstelle in eigenen Worten.

Zeilen 10–11: „Manchmal steht jedoch auch nur der Wunsch nach Originalität (Gustav Meyrink für Gustav Meyer) ... im Vordergrund."

____

____

____

6 Beantworte die Frage zum Text.

Wieso legen sich Künstler ein Pseudonym zu?

____

____

____

7 Stell dir vor, du wärst Schriftsteller. Würdest du unter deinem Namen veröffentlichen oder ein Pseudonym wählen? Begründe deine Meinung. Schreibe in dein Heft.

5 Abschlusstests

Test 1

1 Lies den Text aufmerksam. Schlage Wörter, die du nicht kennst, im Wörterbuch nach.

Das Mittagessen im Hof (Johann Peter Hebel)
Man klagt häufig darüber, wie schwer und unmöglich es sei, mit manchen Menschen auszukommen. Das mag denn freilich auch wahr sein. Indessen sind viele von solchen Menschen nicht schlimm, sondern nur wunderlich, und wenn man sie nur immer recht kennte, inwendig und auswendig, und recht mit ihnen umzugehen wüsste, nie zu eigensinnig und nie zu nachgebend, so wäre mancher wohl und leicht zur Besinnung zu bringen.
Das ist doch einem Bedienten mit seinem Herrn gelungen.
Dem konnte er manchmal gar nichts recht machen und musste vieles entgelten, woran er unschuldig war, wie es oft geht.
So kam einmal der Herr sehr verdrüsslich nach Hause und setzte sich zum Mittagessen. Da war die Suppe zu heiß oder zu kalt oder keines von beiden; aber genug, der Herr war verdrüsslich. Er fasste daher die Schüssel mit dem, was drinnen war, und warf sie durch das offene Fenster in den Hof hinab.
Was tat der Diener?
Kurz besonnen warf er das Fleisch, welches er eben auf den Tisch stellen wollte, mir nichts, dir nichts, der Suppe nach, auch in den Hof hinab, dann das Brot, dann den Wein und endlich das Tischtuch mit allem, was noch darauf war, auch in den Hof hinab.
„Verwegener, was soll das sein?“, fragte der Herr und fuhr mit drohendem Zorn von dem Sessel auf.
Aber der Bediente erwiderte kalt und ruhig: „Verzeihen Sie mir, wenn ich Ihre Meinung nicht erraten habe. Ich glaubte nicht anders, als Sie wollten heute in dem Hof speisen. Die Luft ist so heiter, der Himmel so blau, und sehen Sie nur, wie lieblich der Apfelbaum blüht und wie fröhlich die Bienen ihren Mittag halten.“
– Diesmal die Suppe hinabgeworfen und nimmer!
Der Herr erkannte seinen Fehler, heiterte sich im Anblick des schönen Frühlingshimmels auf, lächelte heimlich über den schnellen Einfall seines Aufwärters und dankte ihm im Herzen für die gute Lehre.

verdrüsslich = altes Wort für verdrießlich; Aufwärter = altes Wort für Diener

2 Was bedeutet die jeweilige Textstelle? Kreuze die richtige Aussage an.

a) „Man klagt häufig darüber, wie schwer und unmöglich es sei, mit manchen Menschen auszukommen." (Zeilen 1–2)
- ☐ Manche Menschen jammern zu viel.
- ☐ Manche Menschen machen ihren Mitmenschen ein gutes Miteinander schwer.
- ☐ Mit vielen Menschen kann man nicht auskommen.

b) „... und musste vieles entgelten, woran er unschuldig war, wie es oft geht." (Zeilen 8–9)
- ☐ Der Diener stellte sich unschuldig.
- ☐ Der Diener war nach Meinung des Herrn immer unschuldig.
- ☐ Dem Diener wurde Schuld gegeben, obwohl er unschuldig war.

3 Kreuze die Aussagen an, die zum Text passen.

a) ☐ Der Diener hat auf das launische Verhalten seines Herrn pfiffig reagiert.
b) ☐ Der Herr wollte an diesem Tag im Hof essen, weil das Wetter so schön war.
c) ☐ Der Herr wirft seit diesem Tag keine Suppe mehr aus dem Fenster.
d) ☐ Der Herr war zornig auf den Diener und entließ ihn.

4 Erkläre die Bedeutung der Textstelle in eigenen Worten.

Zeilen 11–12: „Da war die Suppe zu heiß oder zu kalt oder keines von beiden; aber genug, der Herr war verdrüsslich."

____

____

____

____

____

____

____

5 Kreuze jeweils die richtige Bedeutung des unterstrichenen Ausdrucks an. Der Sinn des Satzes soll erhalten bleiben.

a) „..., und recht mit ihnen umzugehen wüsste, nie zu eigensinnig und nie zu nachgebend, ..." (Zeilen 4–5)

- ☐ hartherzig
- ☐ umgänglich
- ☐ verständnisvoll
- ☐ starrköpfig

b) „Kurz besonnen warf er das Fleisch, ..." (Zeile 15)

- ☐ erleuchtet
- ☐ entschlossen
- ☐ überlegt
- ☐ beschienen

6 Der Text enthält fünf Ausdrucksfehler (unterstrichen). Verbessere ihn, indem du die Fehler berichtigst und den Text nochmals in dein Heft schreibst.

Dieser Vorfall sprach sich im Dorf natürlich schnell herab. Die Leute flüsterten miteinander und sprachen: „Ob sich der verdrüssliche Herr nun geändert hat? Sich von seinem Diener eine Moral erteilen zu lassen ... Das ist ja schon peinlich!" Der alte Herr bekam von dem Gesprече nichts mit. Was meinst du? Ist aus dem launischen Mann nun ein freudiger Mann geworden? Kann man sich von heute auf gestern so verändern?

7 Hier werden Wörter aus dem Text erklärt. Welche Begriffe sind gemeint? Schreibe sie auf.

a) ______________________ bedeutet, dass man sich an etwas erfreut. Schlechte Laune verschwindet, man wird wieder fröhlich.

b) ______________________ bedeutet so viel wie *sonderbar, merkwürdig*.

c) Ein anderes Wort für ______________________ wäre *Ratschlag* oder auch *Denkzettel*.

d) ______________________ bedeutet für etwas bezahlen zu müssen. Dies kann auch im übertragenen Sinn sein, zum Beispiel für eine Schuld bezahlen zu müssen.

8 Markiere bestimmte Textstellen.

a) Markiere alle Textstellen, die die Laune des Herrn vor dem Eingreifen des Dieners beschreiben, mit Grün.

b) Markiere alle Textstellen, die die Laune des Herrn nach dem Eingreifen des Dieners beschreiben, mit Gelb.

9 Beschreibe den Herrn in eigenen Worten. Nimm hierfür die Textstellen zu Hilfe, die du für Aufgabe 8 markiert hast.

10 Beantworte die Fragen ausführlich.

a) War es für den Diener riskant, das Essen aus dem Fenster zu werfen?

b) Was wollte er damit erreichen?

c) Hätte es für ihn auch eine andere Möglichkeit gegeben, sein Ziel zu erreichen?

11 Ein Zitat aus dem Text gibt am deutlichsten wieder, was man aus der Geschichte lernen kann. Kreuze das Zitat an.

a) ☐ „Man klagt häufig darüber, wie schwer und unmöglich es sei, mit manchen Menschen auszukommen.“ (Zeilen 1–2)
b) ☐ „Das ist doch einem Bedienten mit seinem Herrn gelungen.“ (Zeile 7)
c) ☐ „‚Verwegener, was soll das sein?‘, fragte der Herr und fuhr mit drohendem Zorn von dem Sessel auf.“ (Zeilen 19–20)
d) ☐ „Der Herr erkannte seinen Fehler, heiterte sich im Anblick des schönen Frühlingshimmels auf, …“ (Zeilen 26–28)

12 Schreibe ausführlich.

In Zeile 5 erklärt uns der Autor, wie man mit einem Menschenschlag wie dem des Herrn in der Geschichte umzugehen habe: „… nie zu eigensinnig und nie zu nachgebend …“

a) Wie hätte der Diener gehandelt, wenn er *zu eigensinnig* reagiert hätte?

____

____

b) Wie hätte der Diener gehandelt, wenn er *zu nachgebend* reagiert hätte?

____

____

c) Begründe den Rat Johann Peter Hebels, *nie zu eigensinnig und nie zu nachgebend* mit wunderlichen Menschen umzugehen.

____

____

____

d) Wie hättest du gehandelt?

____

____

____

13 Setze jeweils die Verben in der Klammer im Präteritum in die Lücken ein.

a) Der Diener ______________________ (beginnen) sich zu ärgern.

b) Er ______________________ (greifen) nach dem Fleisch und dem Brot.

c) Dann ______________________ (heben) er den Tisch vom Boden und ______________________ (werfen) alles aus dem Fenster.

d) Sein Herr ______________________ (pfeifen) erbost durch die Zähne.

14 Bestimme die Wortart der nummerierten Wörter in den Sätzen.

Der (1) Bediente (2) blieb (3) kalt (4) und (5) ruhig (6). Da (7) erkannte (8) der Herr seinen (9) Fehler (10).

1: ______________________ 2: ______________________

3: ______________________ 4: ______________________

5: ______________________ 6: ______________________

7: ______________________ 8: ______________________

9: ______________________ 10: ______________________

15 Kennzeichne die Satzglieder jeweils durch einen Schrägstrich. Benenne sie dann, indem du den Namen der Satzglieder unter das jeweilige Satzglied schreibst. Du kannst die Namen auch abkürzen.

a) Er warf das Fleisch der Suppe nach.

b) Der Herr heiterte sich wegen der Frühlingssonne auf.

c) Einmal kam der Herr sehr verdrüsslich nach Hause.

16 Setze passende Konjunktionen ein.

a) ______________________ der Diener das Fleisch brachte, mäkelte der Herr an der Suppe herum.

b) Die Suppe war zu heiß, zu kalt ______________________ keines von beiden.

c) Der Diener warf die Suppe ______________________ das Fleisch aus dem Fenster.

d) ______________________ das Essen aus dem Fenster geflogen war, wurde der Herr zornig.

e) Der Diener sagte, ______________________ er ihn wohl missverstanden hätte.

f) ______________________ er zuerst sehr zornig war, musste der Herr nun lächeln.

17 Groß oder klein? Schreibe den Text korrekt in dein Heft. Achtung: Schreibt man nur in Großbuchstaben, wird aus einem *ß* ein *SS*!

WAS SOLL MAN AUS DER GESCHICHTE NUN LERNEN? DASS MAN MIT JEDEM MENSCHEN GUT ZURECHTKOMMEN KANN, SOLANGE MAN NUR WEISS, WIE MAN ES ANSTELLEN MUSS? ABER MAL EHRLICH: WEM FALLEN SCHON IM ENTSCHEIDENDEN MOMENT DIE RICHTIGEN REAKTIONEN EIN? SO SCHLAGFERTIG BIN ICH ZUMINDEST NICHT. SCHADE. DA KANN MAN DEN DIENER SCHON BEWUNDERN. WO HAT ER DAS NUR GELERNT? VIELLEICHT GIBT ES JA EINEN KURS AN DER VOLKSHOCHSCHULE, DEN MAN BELEGEN KANN? „DEN UMGANG MIT WUNDERLICHEN MENSCHEN LEICHT GELERNT" – ODER SO ÄHNLICH. DOCH WENN ICH ES MIR RECHT ÜBERLEGE: ICH KENNE ÜBERHAUPT KEINE WUNDERLICHEN MENSCHEN. ALSO IST EIN SOLCHER KURS FÜR MICH AUCH NICHT WICHTIG. NOCH MAL GLÜCK GEHABT!

18 Bilde aus den unten stehenden Verben und Adjektiven Substantive.

a) klagen – ______________________

b) kalt – ______________________

c) möglich – ______________________

d) wahr – ______________________

e) erwidern – ______________________

f) unschuldig – ______________________

19 Im Text befinden sich sieben Rechtschreibfehler. Streiche das falsch geschriebene Wort jeweils durch und schreibe es richtig auf die Zeile.

Johann Peter Hebel wurde 1760 in Basel gebohren. Er war Dichter, Evangelischer Theologe und Pädagoge. Bekant wurde er vor allem durch zalreiche Kalendergeschichten. Er arbeitete als Lehrer an einem Gümnasium und verfaßte in dieser Zeit ein neues bieblisches Schulbuch. Hebel starb im Jahr 1826 in Schwetzingen.

---

20 Im folgenden Text fehlen fünf Kommas. Setze sie.

Die Kalendergeschichte entstand im 16. Jahrhundert sie entwickelte sich im Zusammenhang mit den ersten gedruckten Kalendern. Die Kalendergeschichte ist meist kurz volkstümlich unterhaltend und immer auf Belehrung ausgerichtet. Seit dem 19. Jahrhundert wurden die Kalendergeschichten in besonderen Sammelbänden veröffentlicht wie zum Beispiel in Johann Peter Hebels „Schatzkästlein des rheinischen Hausfreundes“. Im 20. Jahrhundert löste sich die Kalendergeschichte ganz von der Bindung an den Kalender damit verlor sie auch ihre konservativ volkstümliche Ausrichtung.

21 Streiche die falsche Schreibweise durch.

a) Bin ich richtig in der Annahme / Anname, dass die Kalendergeschichte dem Leser etwas beibringen will?

b) Was ist nun die Leere / Lehre aus der Geschichte „Das Mittagessen im Hof“?

c) Zeigt sie uns, auf welche Weise / Waise wir mit unseren Vorgesetzten umgehen sollen?

Test 2

1 Lies den Text aufmerksam. Schlage Wörter, die du nicht kennst, im Wörterbuch nach.

Tierwanderungen

Viele *Vögel* verlassen in der kalten Jahreszeit ihre Brutgebiete. Im Herbst kann man beobachten, wie sie sich sammeln und als Schwarm davonziehen (Gänse, Kraniche, Schwalben). Auch die Krähen, die man während des Sommers nur als Paare in unserem Gebiet gesehen hat, ziehen in großen Schwärmen vorbei. Die Wissenschaftler haben festgestellt, dass einige Vögel in dieser Zeit verschiedene Wanderungen vollziehen.

So legen Kranich, Roter Milan, Rauchschwalbe, Bachstelze, Weißstorch und Kuckuck sehr weite Strecken bis nach Afrika zurück. Dort ist es warm, und sie finden genügend Nahrung, die ja in unserer Gegend durch die Kälte nicht vorhanden ist. Sie sind Zugvögel.

Die Zugvögel verlassen in der kalten Jahreszeit ihre nördlichen Brutgebiete und fliegen zu warmen Winterquartieren im Süden. Der Rückflug erfolgt im Frühjahr. Dieses Zugverhalten ist angeboren.

Reiherente, Rotkehlchen, Haubentaucher und Lachmöwe beispielsweise sind Vögel, die nicht ganz so weit wegziehen. Meist fliegen sie nur bis in die südlich an Deutschland angrenzenden Länder oder in den Mittelmeerraum. Diese Vögel sind Teilzieher.

Standvögel wie Sperling, Habicht, Elster, Specht und Amsel bleiben ganzjährig in ihrem Revier, auch im Winter.

Auch andere Tiere begeben sich auf lange Wanderungen.

Manche *Fische* unternehmen weite Wanderungen, um geeignete Nahrungs-, Lebens- oder Laichgebiete zu erreichen. Zu diesen Wanderfischen gehören beispielsweise der Flussaal und der Lachs.

Auch *Wale*, etwa die meisten Bartenwale und einige Zahnwale, unternehmen manchmal Wanderungen über den halben Erdball.

Interessant ist das Wanderungsverhalten von Bartenwalen. Den Sommer über genießen sie die polaren Meere, um sich dort im nahrungsreichen Gewässer Reserven anzufressen. Wird es Herbst, beginnen sie in die tropischen Regionen zu wandern. Dort bringen die Weibchen im warmen Wasser ihre Jungen zur Welt, denn im kalten Polarwasser könnten die Neugeborenen kaum überleben.

2 Gliedere den Text von Aufgabe 1 in sechs Abschnitte. Gib jedem Abschnitt eine Überschrift, die das Wesentliche wiedergibt.

Zeilen 1 – ___: ______________________

Zeilen ___ – ___: ______________________

Zeilen ___ – ___: ______________________

Zeilen ___ – ___: ______________________

Zeilen ___ – ___: ______________________

Zeilen ___ – ___: ______________________

3 Überprüfe die folgenden Aussagen anhand des Textes und kreuze jeweils das Zutreffende an.

a) Viele Vögel ziehen im Herbst als Schwarm davon.
☐ richtig ☐ falsch ☐ nicht im Text enthalten

b) Zugvögel orientieren sich anhand der Sternenkonstellation.
☐ richtig ☐ falsch ☐ nicht im Text enthalten

c) Vögel, die im Herbst nicht in den Süden fliegen, bezeichnet man als Standvögel.
☐ richtig ☐ falsch ☐ nicht im Text enthalten

d) Die Bartenwale bringen im Sommer ihre Jungen zur Welt.
☐ richtig ☐ falsch ☐ nicht im Text enthalten

4 Was bedeutet die Textstelle? Kreuze die richtige Aussage an.

„Dieses Zugverhalten ist angeboren.“ (Zeile 13)
☐ Die meisten Zugvögel schließen sich allen anderen Vögeln an.
☐ Das Davonziehen im Herbst liegt den Zugvögeln in den Genen.
☐ Viele Vögel bekommen während des Vogelzugs ihre Jungen.

5 In welche Länder zieht das Rotkehlchen im Herbst? Zähle alle in Betracht kommenden Länder auf. Nimm die Karte zu Hilfe.

---

6 Überprüfe die folgenden Aussagen anhand der Landkarte und kreuze die richtigen Aussagen an.

a) ☐ Die Insel Großbritannien grenzt an die Nordsee.
b) ☐ Spanien liegt an der Nordsee.
c) ☐ Italien hat Anteil an der Mittelmeerküste.
d) ☐ Österreich grenzt an Ungarn, Italien und Frankreich.
e) ☐ Die Hauptstadt von Spanien ist Barcelona.
f) ☐ Die Ostsee wird unter anderem begrenzt durch Deutschland, Dänemark und Polen.

7 Kreuze jeweils die richtige Bedeutung des unterstrichenen Ausdrucks an. Der Sinn des Satzes soll erhalten bleiben.

a) „Standvögel wie Sperling, Habicht, Elster, Specht und Amsel bleiben ganzjährig in ihrem <u>Revier</u>, auch im Winter.“ (Zeilen 18–19)

- ☐ Land
- ☐ Gebiet
- ☐ Ort
- ☐ Wache

b) „Den Sommer über genießen sie die <u>polaren</u> Meere, ...“ (Zeilen 26–27)

- ☐ eiskalten
- ☐ südlichen
- ☐ nördlichen
- ☐ gegensätzlichen

c) „..., um sich dort im nahrungsreichen Gewässer <u>Reserven</u> anzufressen.“ (Zeilen 27–28)

- ☐ Nahrung
- ☐ Fett
- ☐ Ausdauer
- ☐ Rücklagen

8 Beantworte die folgenden Fragen zum Text.

a) Wieso fliegen manche Zugvögel bis nach Afrika?

____

____

____

b) Was versteht man unter dem Begriff *Standvögel?*

____

____

____

c) Aus welchen Gründen nimmt der Lachs eine weite Wanderung auf sich?

____

____

____

9 Bestimme die Wortart der nummerierten Wörter in den Sätzen.

Interessant (1) ist (2) das Wanderungsverhalten (3) von (4) Bartenwalen. Den (5) Sommer über genießen (6) sie die polaren (7) Meere, um (8) sich dort im (9) nahrungsreichen Gewässer Reserven anzufressen (10).

1: ______________________ 2: ______________________

3: ______________________ 4: ______________________

5: ______________________ 6: ______________________

7: ______________________ 8: ______________________

9: ______________________ 10: ______________________

10 Forme die unterstrichenen Wörter zu Adjektiven bzw. Adverbien um und setze sie in die Lücken ein.

a) Unter *Vogelzug* versteht man die Wanderung der Vögel <u>in jedem Jahr</u>.

Unter *Vogelzug* versteht man die ______________________ Wanderung der Vögel.

b) Die Zugvögel verlassen ihre Brutgebiete <u>im Norden</u>.

Die Zugvögel verlassen ihre ______________________ Brutgebiete.

c) Der Vogelzug <u>zehrt an den Kräften</u> der Vögel.

Der Vogelzug ist für die Vögel sehr ______________________.

11 Setze jeweils die Verben in der Klammer im Futur in die Lücken ein.

a) Viele Vögel ______________________ in der kalten Jahreszeit ihre Brutgebiete ______________________ (verlassen).

b) Im Herbst ______________________ man beobachten ______________________, wie sie sich sammeln (können).

c) Sie ______________________ als Schwarm ______________________ (davonziehen).

12 Um welche Satzarten handelt es sich jeweils? Schreibe auf.

a) Wieso verlassen viele Vögel im Herbst ihre Brutgebiete?

____

b) Es gefällt ihnen wohl nicht mehr bei uns!

____

c) Ich würde mich schon freuen, wenn sie auch im Winter bei uns blieben.

____

13 Entscheidungs- oder Ergänzungsfrage? Schreibe jeweils auf die Zeile.

a) Wieso begeben sich manche Tiere im Herbst auf lange Wanderschaft?

____

b) Begeben sich manche Tiere im Herbst auf lange Wanderschaft?

____

c) Können die Tiere dabei auch sterben?

____

14 Kennzeichne die Satzglieder jeweils durch einen Schrägstrich. Benenne sie dann, indem du die Namen der Satzglieder unter das jeweilige Satzglied schreibst. Du kannst die Namen auch abkürzen.

a) Der Weißstorch legt eine weite Strecke bis nach Afrika zurück.

b) Viele Tiere gehen auf lange Wanderschaft.

c) Die Weibchen gebären im warmen Wasser ihre Jungen.

15 Im Text befinden sich zehn Rechtschreibfehler. Streiche das falsch geschriebene Wort durch und schreibe es richtig auf die Zeile.

Der Kaiserpinguin ist der Größte aller Pinguine und das einzige Wierbeltier, das in der Antarktis lange verweilen kann. Kaiserpinguine leben auf dem Packeis rund um die Antarktis. Im Alter von drei bis sechs Jahren pflanzen sich Kaiserpinguine erstmals vort. Hierzu verlasen sie das Packeis und wandern mehrere Wochen lang zu den Brut- und Paarungsplätzen auf dem Sicheren Festland. Hierbei legen sie bis zu zweihundert Killometer zurück! Nachdem die Weibchen ein Ei abgelegt haben, keren sie ins Mehr zurück. Derweil tragen die Mänchen das Ei auf ihren Füssen und wärmen es mit ihrer Bauchfalte.

____

____

____

____

16 Streiche die falsche Schreibweise durch.

a) Seid / Seit langem beobachte ich im Herbst die Vögel.

b) Immer wieder / wider fasziniert mich, wie sie in Gruppen davonfliegen.

c) Oft frage ich mich, wie viele Vögel auf dem langen Flug ihren Tod / Tot finden.

d) Daran werde ich erinnert, wenn ich ein todes / totes Tier finde.

e) Mit Wiederwillen / Widerwillen denke ich über den Tod / Tot nach.

f) Auf der anderen Saite / Seite gehört der Tod / Tot zum Leben dazu.

g) Auf diese Waise / Weise werden wir immer wieder daran erinnert.

h) Manche sagen, dass der Laib / Leib nur die Hülle des Körpers ist.

i) Ich mag die Leere / Lehre von der Unsterblichkeit der Seele.

j) Seid / Seit ich das weiß, denke ich anders über das Todsein / Totsein.

17 Verbinde jeweils die beiden Sätze zu einem Satz, indem du ein Relativpronomen benutzt. Achte auf die Kommasetzung.

a) Delfine sind Säugetiere. Sie leben im Wasser.

____

____

b) Delfine sind die größte Familie der Wale. Sie sind in allen Meeren verbreitet.

____

____

c) Delfine haben einen stromlinienförmigen Körper. Er ist an ihre hohe Schwimmgeschwindigkeit angepasst.

____

____

d) Delfine haben ein großes Gehirn. Sie zählen zu den intelligentesten Tieren der Welt.

____

____

18 Im Text fehlen alle Kommas. Setze sie richtig.

Delfine sind schnelle Schwimmer sie können eine Geschwindigkeit von bis zu 55 km/h erreichen. Ihre Sprünge aus dem Wasser werden als Spielverhalten gesehen ermöglichen ihnen aber auch eine schnellere Fortbewegung und helfen auf der Suche nach Futterplätzen. Delfine verständigen sich mit Pfeifen Klicklauten Schnattern und vielen anderen Geräuschen untereinander. Sie leben in Gruppen sogenannten Schulen zusammen. Delfine bringen wie alle Wale jeweils nur ein Junges zur Welt. Die Kälber die bis zu sechs Jahre bei ihren Muttertieren bleiben beginnen im Alter von wenigen Monaten mit der selbstständigen Nahrungssuche.

Englisch

1 Wortschatz

1.1 Antonyme und Synonyme

1 Wähle aus dem Wortspeicher das Gegenteil für die unten aufgeführten Adjektive.

late – short – easy – polite – good at – happy – boring – wrong

difficult	⇔	____________	right	⇔	____________
bad at	⇔	____________	sad	⇔	____________
exciting	⇔	____________	long	⇔	____________
rude	⇔	____________	early	⇔	____________

2 Finde zu den folgenden Verben das Gegenteil. Die ersten zwei Buchstaben sind jeweils schon vorgegeben.

to go on	⇔	to st________	to ask	⇔	to an________
to sit	⇔	to st________	to take	⇔	to gi________
to look for	⇔	to fi________	to start	⇔	to fi________

3 Ergänze die folgenden Sätze, indem du das Gegenteil zu den unterstrichenen Ausdrücken findest.

a) The CD player is on <u>the right</u>. – Oh no! It's on ____________.

b) The sponge is <u>under</u> my desk. – No, it's ____________ your desk.

c) First ask <u>questions</u>, then find the correct ____________.

d) There is a ____________ after the first two <u>lessons</u>.

e) I can't <u>remember</u> new English words. I always ____________ them.

4 Verben mit ähnlichen Bedeutungen: Verbinde die Verben auf der linken Seite mit ihrer passenden Entsprechung auf der rechten Seite.

to fill in	to do an exam
to take an exam	to announce
to mark	to put in
to examine	to give out
to write out	to grade
to hand out	to test
to say	to copy down

G8 PRAXISTIPP

Falls du ein Wort nicht kennst, schlage es in einem **zweisprachigen Wörterbuch** nach. Meist findest du dort weitere Antonyme oder Synonyme zu dem gesuchten Wort.
Zwei-Wort-Verben werden eher **umgangssprachlich** verwendet: *Hey, **come back!***
Im **schriftlichen** Gebrauch nimmt man oft ein anderes Verb: *He **returned** home.*

5 Jane bestätigt gern, was andere sagen. Was erwidert sie auf die Äußerungen ihrer Mutter? Die ersten zwei Buchstaben sind vorgegeben, die Striche markieren die restlichen Buchstaben.

a) Jane, did you know that Robert has no brothers or sisters? – Oh, yes. I certainly know that he is an on _ _   _ _ _ _ _.

b) Jane, Grandmother is going to come this weekend. – Oh, yes. I know that G r _ _ _ _ is going to come this weekend.

c) Jane, you seem to get on well with our new neighbours. – Sure, I li _ _ them. They have got a cool dog.

d) And the boy from next door seems to be nice and intelligent. – How right you are, Mum! He is very fr _ _ _ _ _ _ and cl _ _ _ _.

1.2 Cluster und Mindmaps

6 Aus dem folgenden Wortspeicher kannst du zwei Cluster entwerfen. Führe die angegebene Tabelle in deinem Heft weiter und finde jeweils den passenden Oberbegriff, um den du die Cluster anlegst.

English – Art – ruler – Geography – pen – German – rubber – Biology – Music – crayon – set square – Physical Education – compass – Maths – paper – clip – Religious Education – pencil – sharpener – biro

7 Entwerfe selbst ein Cluster zu den Themen *family* und *my house:* Finde zu jedem Thema jeweils acht Substantive. Einige sind schon vorgegeben.

______ ______ ______

brother ______ ______ bedroom

______ **family** **my house** ______

______ uncle ______ ______

______ ______ ______

8 Ordne nun dem Thema *family* aus Aufgabe 7 acht Adjektive und dem Thema *my house* acht Verben (Tätigkeiten im Haus) zu. Die gefragten Wörter findest du hier – allerdings mit verdrehten Buchstaben. Schreibe das Cluster in dein Heft.

family: icne – tstric – laxreed – ulflhep – ilchidsh – yzla – nema – eriblert
my house: to lcaen – to yitd – to acuvum – to epels – to xarel – to edar – to aet – to orkw

9 Vervollständige die folgende Mindmap zum Thema *in the living room*. Einige Unterpunkte sind schon angegeben.

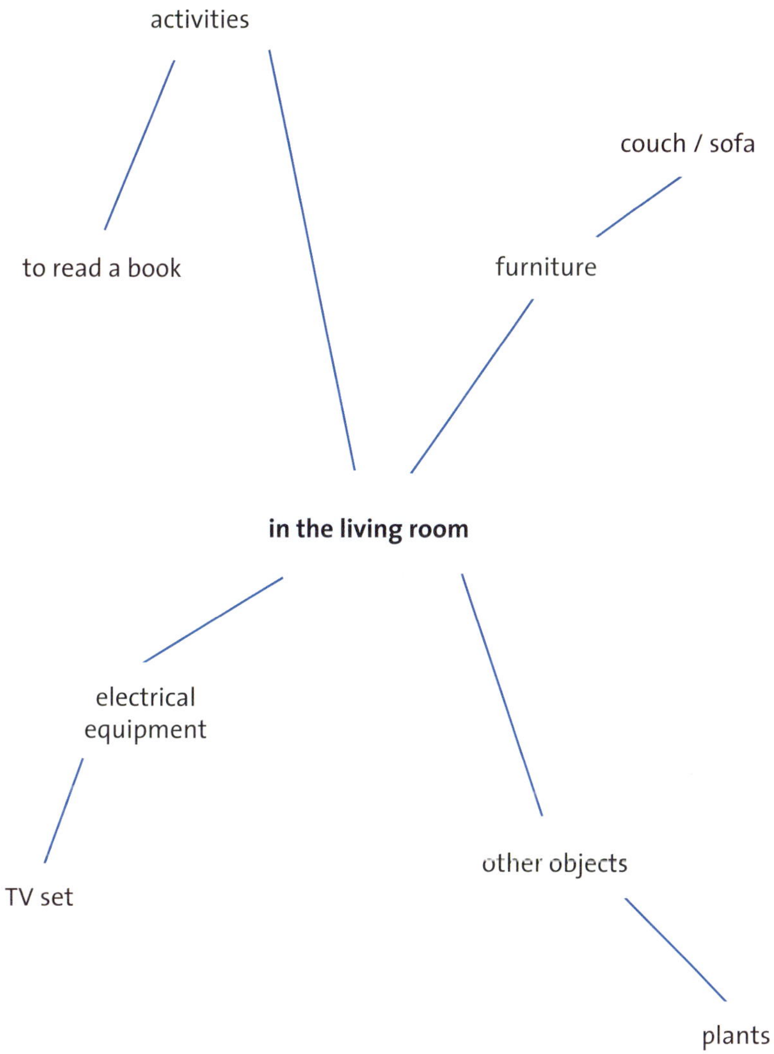

1.3 *Collocations*

10 Unterstreiche in den folgenden Sätzen das richtige Verb. Achte dabei besonders auf den Satzinhalt.

When do you do / make your homework?

Can you borrow / lend me your ruler?

Our teachers often check / control our homework.

We must take / make exams at the end of each term.

Ben often revises / repeats the new vocabulary at the weekend.

My friends never walk / go to school.

G8 PRAXISTIPP

Wenn du **Englisch schreibst,** musst du darauf achten, **die richtigen Wörter** zu wählen, denn es genügt nicht, einfach das Wort zu verwenden, das dir in den Sinn kommt: Zum Beispiel *machst* du Hausaufgaben, im Englischen brauchst du in diesem Fall aber nicht *make*, sondern *do*. Solche festen Verbindungen von Wörtern nennt man ***collocations***.
Solltest du dir unsicher sein, benutze dein **zweisprachiges Wörterbuch:** Dort findest du Beispielsätze und wichtige Hinweise zum Gebrauch einer Vokabel.

11 Ordne die Verben aus Aufgabe 10, die *nicht* in den Satz gepasst haben, den folgenden Satzteilen zu. Bilde zu jedem Verb einen Satz mit einem der drei Substantive und schreibe ihn in dein Heft.

a) sandwiches – tea – cake: ______________________

b) money from a bank – books from a library: ______________________

c) a situation – feelings – people: ______________________

d) film – bed – noise: ______________________

e) a sentence – a question – a year: ______________________

f) by car – bus – train – on foot: ______________________

12 Bilde sinnvolle Sätze, indem du die Satzteile richtig miteinander verbindest.

a) The pupils must take	no lessons.
b) Yesterday we had	any mistakes!
c) The pupils are doing	some exercises.
d) Don't make	the early bus.
e) Our form teacher took a photo	of our class.

13 Streiche das falsche Wort durch. Aufgepasst: Auch wenn die Bedeutung der genannten Verben ähnlich ist, kommt es immer auf den Kontext an!

a) Anne gets up / stands up every morning at half past seven.

b) She always washes / cleans her teeth after breakfast.

c) She often goes / drives to work by bus.

d) Her bureau / office is next to a bus station, so she needn't go / walk that far.

e) Anne usually has a break / pause at half past twelve.

f) Anne likes her new work / job.

14 Übersetze die folgenden Sätze. Achte dabei auf die richtige Übersetzung des Verbs „machen"!

a) Lasst uns eine Pause machen.

___

b) Mein Vater macht gerade das Frühstück.

___

c) Macht bitte nicht so einen *(such a)* Lärm!

___

d) Hast du schon deine Hausaufgaben gemacht?

___

1.4 Wortbildung

15 Lies den folgenden Text gründlich durch und ordne die farbig markierten Wörter richtig in die Tabelle ein.

It will be Ben's birthday soon. Ben loves birthday parties and he hopes that it will be sunny for his party. He would like to have his party outside. Last year he had to stay in the living room. All his guests were unhappy and Ben felt useless because he couldn't do anything about this endless rain. So if it rains this year, it will be impossible for him and his guests to go to the sandy beach. At least he is looking forward to the presents. His mother, however, always gives him useful things such as sweatshirts or some uncomfortable trainers.

aus zwei Wörtern zusammengesetzte Wörter *(compounds)*	Wörter aus Präfix (Vorsilbe) + Adjektiv	Wörter aus Substantiv / Verb + Suffix (Nachsilbe)
__________	__________	__________
__________	__________	__________
__________	__________	__________
__________	__________	__________

G8 PRAXISTIPP

Durch **Hinzufügen eines Präfixes** kannst du in vielen Fällen **Antonyme** (↑ Kap. 1.1) bilden, z. B.: *happy* → ***un**happy*; *active* → ***in**active*.

16 Finde zu den unten aufgeführten Adjektiven jeweils das Gegenteil. Benutze die Vorsilben *un-*, *im-*, *in-* oder *non-* und schreibe die Wörter in dein Übungsheft.

safe – correct – smoking – lucky – polite – friendly – kind – interesting – fair – able – swimmer – healthy – popular – important – happy

17 Wähle aus dem Wortspeicher die Vokabeln, die in die jeweiligen Lücken passen. Schreibe in Klammern, wie das Wort gebildet wird.
Beispiel: Dictionaries can be very useful (verb + -ful).

sadness – rainy – happiness – swimmer – useless – footballer – hardly

a) He plays football well. He is a great ____________ (____________).

b) Liz is a good ____________ (____________). She likes swimming.

c) The opposite of "useful" is ____________ (____________).

d) Tim is laughing again. His ____________ (____________) is gone.

e) This boy can ____________ (____________) walk. His leg hurts terribly.

f) The opposite of "sadness" is ____________ (____________).

g) A day on which it rains a lot is a ____________ (____________) day.

18 Wie lautet das englische Wort? Du musst nur noch den farbig markierten Wortteil wörtlich übersetzen.

Schlafzimmer	– bed________	Arbeitsplatte	– ________top
Küchenpapier	– ________ paper	Kaffeemaschine	– ________ maker
Teekanne	– ________pot	Haarbürste	– ________brush
Zahnpasta	– ________paste	Bücherregal	– ________shelf
Lichtschalter	– ________ switch	Bratpfanne	– frying ________
Nachttisch	– bedside ________	Nachttischlampe	– bedside ________

Englisch 1

Thementest Wortschatz

1 Lies den folgenden Lückentext über Sally und ihre Familie durch. Dann versuche, die Lücken mit den unvollständigen Adjektiven und *compounds* zu schließen. Jeder Strich steht dabei für einen fehlenden Buchstaben.

Sally and her parents live in a love _ _ town near London. Both her parents – Mr and Mrs Darrington – work in London and they usual _ _ go there by train. Sally's father works for a museum; he likes paint _ _ _ _ and he can also paint beauti _ _ _ pictures of the country _ _ _ _ around London. Her mum is a school tea _ _ _ _ at a gram _ _ _ school. She teaches Math and Physical Ed _ _ _ _ _ _ _.
Sally still goes to a prim _ _ _ school in Hatfield. She is a very cle _ _ _ and hard-work _ _ _ pupil, but she can also be la _ _ at times. In most cases she is a friend _ _ girl who is help _ _ _ and sensi _ _ _. From time to time, however, this sweet little girl turns into a naugh _ _ and sil _ _ child.
Sally's gr _ _ _ parents live up north in Scotland. They have got a wonder _ _ _ cottage in a town near the sea. Sally often spends her summer holi _ _ _ _ there because she likes going fish _ _ _ with her grandfa _ _ _ _. Her grandm _ _ _ _ sometimes takes her grandch _ _ _ to a rugby ma _ _ _; they are both keen on it – it's their favour _ _ _ type of sport. Sally is indeed a fun _ _ girl.

2 Sally ist Sportfan. Entwerfe ein Cluster zum Thema *games* mit mindestens zehn Einträgen.

table tennis

games

badminton

3 In den Ferien kannst du verschiedene Dinge unternehmen. Ergänze das richtige Verb. Achtung: Es ist nicht immer der Infinitiv des Verbs gefragt!

a) You can ____________ sightseeing in a big city. But you can also ____________ museums there.

b) A lot of children like to ____________ sandcastles or ____________ kites at the seaside.

c) Sally doesn't want to ____________ animals or ____________ horse-riding on a farm.

d) Mr and Mrs Darrington often ____________ hiking in the mountains. Mr Darrington ____________ photos of the mountains or he paints them.

4 Erstelle eine Mindmap zum Thema *holidays*. Benutze dazu auch den Inhalt der Sätze aus Aufgabe 3. Führe die Mindmap in deinem Heft zu Ende.

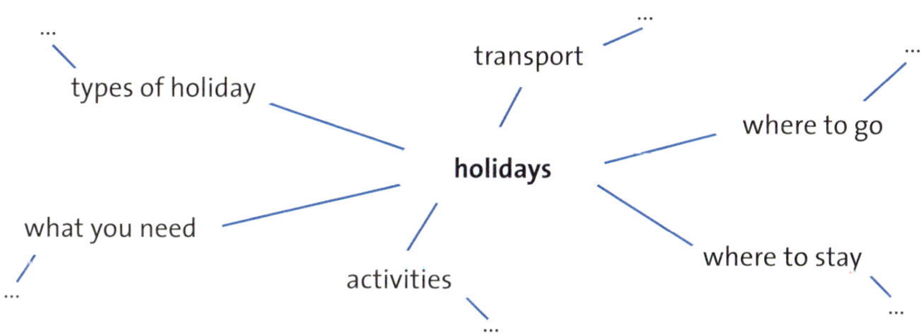

5 Wähle aus dem Text in Aufgabe 1 fünf Adjektive, die mit einem Suffix gebildet werden, und finde dazu jeweils das Gegenteil *(antonym)* und ein ähnliches Wort *(synonym)*. Verwende ein zweisprachiges Wörterbuch, falls nötig. Führe die Tabelle in deinem Übungsheft weiter.

adjective	antonym	synonym
lovely		

2 Grammatik

2.1 Artikel und Substantive

1 Ordne die Substantive aus dem Wortspeicher dem unbestimmten Artikel zu.

apple – uniform – bottle – orange – old hat – friend – cool film – evening out – funny activity – ugly dress

a	an
______	______
______	______
______	______

2 Bilde den Plural zu den folgenden Substantiven. Vorsicht: Einige Pluralformen sind unregelmäßig!

one banana – three ______
one sock – two ______
one knife – eight ______
one mouse – ten ______
one man – eight ______
one shelf – six ______
one cat – four ______
one child – six ______
one sheep – nine ______
one body – five ______
one tooth – ten ______
one woman – two ______

G8 PRAXISTIPP

Vor **Berufsbezeichnungen** wird im Deutschen kein Artikel verwendet, im Englischen muss er stehen: “*I'm **a** baker, I'm not **an** engineer.*” („Ich bin Bäcker, nicht Ingenieur.“)

3 Verbessere die folgenden Sätze, indem du sie richtig in dein Heft schreibst. Achtung: Ein Satz ist korrekt!

a) Will likes Susan's long hairs.
b) The news were really good.
c) I couldn't give her any informations about the North of England.
d) If you run downstairs you can fall down the stairs.
e) The police hasn't found the burglar yet.
f) The Wilsons decided to buy new furnitures.
g) Do you need a new tights?

4 Verbinde die Satzteile richtig miteinander.

a) How many bars of	bread.
b) She gave me some pieces of	music do you like?
c) You have already drunk two litres of	chocolate do you want?
d) What types of	advice.
e) I'd like two loaves of	toast?
f) Can I have two more slices of	water.

5 *s*-Genitiv oder *of-phrase?* Übersetze die Sätze und schreibe sie in dein Heft.

a) Sallys Großmutter ist Lehrerin.
b) Das Ende der Geschichte befindet sich auf dieser Seite des Buches.
c) Die neuen Fahrräder meiner Freunde sind klasse.
d) Ich mag die Farbe dieser Möbel nicht.
e) Die Söhne der Bakers sind gute Fußballspieler.
f) Die Hütte unseres Hundes ist im Garten.
g) Die Tür des Klassenzimmers ist offen.

G8 PRAXISTIPP

Achte auf die Stellung des **Apostrophs:** Steht das Wort im **Singular**, befindet sich der Apostroph **vor dem Genitiv-*s*,** steht es im **Plural**, setzt du ihn **nach dem Plural-*s*:** *the dog's toy – the dogs' toy (das Spielzeug des Hundes – das Spielzeug der Hunde).*

2.2 Pronomen

6 Ersetze den unterstrichenen Teil der Sätze durch ein Personalpronomen. Dann schreibe die vollständigen Sätze in dein Heft.

The boys and girls are in the playground. → ______________________

Mrs Mavis is still talking to another teacher. → ______________________

Kim and I would like to join the drama club. → ______________________

What is that dog doing in our garden? → ______________________

Is David new in this class? → ______________________

7 Bilde Sätze mit dem richtigen *possessive determiner*. Das Personalpronomen in Klammern hilft dir, den *determiner* zu finden.

(he) / new computer / cool: His new computer is cool.

(we) / classroom / big: ______________________

(I) / parents / strict: ______________________

(she) / sister / 17: ______________________

(they) / house / over there: ______________________

(you) / dog / funny: ______________________

8 Setze die richtige Objektform des Personalpronomens in die Lücke.

a) Jeff can go to the shops for you. Just ask ____________.

b) Sorry, Tony. I can't help ____________ with your homework. It's too difficult for ____________.

c) Tina, let's invite the Millers. – Good idea. Let's invite ____________.

d) Sue, can you show ____________ those photos? We would like to see them.

9 Triff die richtige Auswahl: Der Possessivbegleiter ist gefragt.

a) There're / They're three mice in their / they're kitchen. They're / Their eating there / their cheese.

b) This is my brother. His / He's name his Simon. He's / His not at home today. Paul is he's / his friend.

c) There / their is a bird in our garden. It's / Its lovely. It's / Its feathers are green and yellow and it's / its voice is beautiful.

d) You're / Your my English friend, but you're / your German is brilliant. Who is you're / your friend?

10 Wähle das richtige *possessive pronoun* aus dem Wortspeicher und schreibe die Sätze um.

hers – ours – theirs – yours – his – its – mine

a) This is my biro. → It's ______.

b) This is not their car. → ______.

c) Is this your sister? → ______.

d) Can you give me her ruler? → ______.

e) It must be his English book. → ______.

f) We can show you our new pond. → ______.

11 Übersetze die Sätze und schreibe sie in dein Heft.

a) Sie hat mein Buch, aber ich habe ihr Lineal.

b) Seine Großeltern besuchen ihn sehr oft und er lädt sie manchmal ein.

c) Ich kann dein Mäppchen sehen. Aber wo ist meins?

d) Wir möchten euch gerne einladen. Könntet ihr zu uns kommen?

2.3 Zeitformen des Verbs

12 *Simple present* oder *present progressive?* Unterstreiche die richtige Zeit- und Verbform.

a) Liz gets up / is getting up early every morning.

b) Look, she is going / goes into the bathroom to get herself ready for breakfast.

c) She never leave / never leaves the house without a decent breakfast.

d) Today she has / is having eggs on toast and a pot of tea.

e) She usually has / is usually having coffee, but today she wants to drink some tea.

f) Liz is reading / reads the morning paper now.

g) She read / reads it every morning while having breakfast.

h) When do you have / are you having breakfast in the morning?

G8 PRAXISTIPP

Achte beim ***simple present*** darauf, dass du nicht das *-s* bei der dritten Person Singular vergisst: ***he***, ***she***, ***it*** **– das *-s* muss mit!** *Susan **likes** swimming.*

13 Bilde Sätze aus den folgenden Satzteilen: Benötigst du das *simple present* oder das *present progressive?* Schreibe die Sätze in dein Heft.

Helen's brother / to speak / English / without a German accent
They / always / to watch / the news / at 8 o'clock
Marvin / to write / e-mail / to his friend in Australia
Most people / to spend / their holidays / abroad
Josh / to laugh at / his friend / again
Babies / to sleep / a lot

14 *Past tense* oder *present perfect?* Ergänze aus der Auswahl die Zeitform, die in die Lücke gehört. Beim *past tense* ist auch das *past progressive* möglich.

a) Last night I ____________________ some strange noises outside.

hear – heard – have heard – am hearing

b) Keith ____________________ some tea when there was suddenly a bang outside.

was making – has made – is making – made

c) Our neighbours ____________________ their dog since 2006.

have – had – were having – have had

d) I ____________________ Sue and her new boyfriend in the cinema on Saturday.

have met – meet – was meeting – met

e) The Millers' dog ____________________ while there was a knock on the door.

barked – is barking – was barking – barks

15 Setze die richtige Form im *past tense (simple* und *progressive)* und *present perfect (simple)* ein.

Poor Alicia. She ____________________ (hurt) her leg badly, but she ____________________ (not / break) it.

Sally thinks that she ____________________ (see) Nessie twice so far.

Greg ____________________ (wait for) his dad in front of his school all afternoon.

Sue ____________________ (buy) these jeans two hours ago.

The tourists ____________________ (not / pay) their bills yet.

____________________ you ____________________ (fly) to Aberdeen last spring?

____________________ he already ____________________ (speak) to his teacher?

While I ____________________ (sleep) last night, Spotty ____________________ (jump) onto my bed.

16 *Present perfect* oder *present tense (simple* oder *progressive)?* Vervollständige die Sätze mit der richtigen Zeitform der Verben zur Auswahl.

to look – not to like – to have – to wear – to look at – not to do – to visit – to work on – not to want – to see

a) Oh dear! I ____________ my homework yet; I ____________ still ____________ this essay about pets.

b) That skirt ____________ really good. – I ____________ skirts. I only ____________ them for school.

c) Thank you, but I ____________ any more tea. I ____________ four cups already.

d) Why ____________ you ____________ me like this? I think you ____________ never ____________ a woman on a motorbike.

e) ____________ he sometimes ____________ his relatives in Germany?

17 Ergänze die richtige Zeitform, indem du den Ausdruck in Klammern ins Englische übersetzt. Schreibe die Sätze vollständig in dein Heft.

a) What *(hast du gemacht)* last night? – I *(konnte nicht ausgehen)* because I *(habe nicht beendet)* my project for school yet.
b) What part of Wales *(wohnst du)* in?
c) When Susanne *(war)* a student, she *(lebte)* in Cardiff for one year.
d) *(Hast du geschrieben)* to your penfriend in Edinburgh? – I *(habe)* just *(geschrieben)* a long letter to Craig. However, I usually *(schreibe)* mails. That's quicker.
e) Chris *(hat eingeladen)* me to his house on Friday. He often *(lädt ein)* friends for the weekend. Last week three boys from my class *(kamen)* to watch DVDs.
f) When *(hast)* you *(gehört)* that strange noise? *(Hörst du)* strange noises every night?
g) Listen. That bird over there *(singt)* beautifully. It often *(singt)* in the morning. But yesterday it *(hat nicht gesungen)*.
h) What *(machst)* you *(gerade)*? – I *(zeichne)* a picture. I *(habe angefangen)* to draw it ten minutes ago.

2.4 Adjektive und Adverbien

18 Vervollständige die Tabelle mit den geforderten Formen der Adjektive.

	Grundform	Komparativ	Superlativ
cheap clothes			
big feet			
hot summers			
exciting books			
happy children			
simple questions			
quiet boys			
good films			
famous people			
bad snackbars			

19 Formuliere Vergleiche, indem du Sätze aus den drei Spalten bildest. Schreibe die Sätze in dein Heft.
Beispiel: Geography is easier than Maths.

football / volleyball		boring
reading / playing outside		useful
New York / London	... than / more ... than	interesting
cats / dogs	the ... / the most ...	beautiful
apples / bananas	(not) as ... as	healthy
biscuits / chocolate		cool
violin / piano		hard

20 Finde den Fehler: Streiche ihn an und verbessere ihn.

a) Who is the famoust singer in the world? ______________________

b) He is the busyest man I have ever met. ______________________

c) His English is worser than mine. ______________________

d) This is the most funny joke I have ever heard. ______________________

e) Their neighbours are louder then ours. ______________________

21 Schreibe die folgenden Sätze um. Benutze das Adjektiv als Adverb und wähle ein passendes Verb aus dem Wortspeicher.

to shout – to drive – to sing – to play – to say hello – to push

a) Bill has got a beautiful voice. He can ______________________.

b) Mr Lovett is a friendly man. He always ______________________.

c) Our teacher is angry. She ______________________.

d) Dad is a careful driver. ______________________.

e) Sam is a good tennis player. ______________________.

f) Terry is an aggressive boy. He often ______________________ other children ______________________.

22 Adverb oder Adjektiv? Entscheide dich für die richtige Form.

Sarah could write her essay ____________ (easy). Her last essay was quite ____________ (good) and she hopes that this one will be as ____________ (good) as the last one. Her teacher usually marks essays very ____________ (careful). Sarah can run ____________ (quick) and she does sports ____________ (active). She also chooses ____________ (healthy) food ____________ (regular).

23 Schreibe die Sätze jeweils noch einmal. Verwende dabei entweder ein Adjektiv oder ein Adverb. Orientiere dich an der unterstrichenen Form.

a) Sarah can bake really <u>well</u>. She is a ______________________ baker.

b) Rachel is a <u>quick</u> learner. She learns very ______________________.

c) Matt is usually a <u>hard</u> worker. He usually works ______________________.

d) Dave swims <u>fast</u>. He is a ______________________________________.

e) Chris and Kim are <u>good</u> dancers. They can ______________________.

f) Our English teacher is very <u>friendly</u>. She often smiles ___________________.

g) My dad drives <u>terribly</u>. He is a ______________________.

24 *Adverb* oder *adjective?* Unterstreiche das richtige Wort.

Simon is sitting quiet / quietly in his room and is doing his homework careful / carefully.

There was a terrible / terribly accident. Someone was hurt terrible / terribly.

Terry can be quite aggressive / aggressively. He even looks at people aggressive / aggressively.

Janet and Emma are very nervous / nervously because of their English exam.

Normally they are good / well at English, but they haven't worked hard / hardly enough this time. Maybe they won't do good / well.

25 Bilde Sätze, indem du die Adjektive in Adverbien umformst. Achte auch auf die richtige Zeit und Satzstellung. Schreibe die Sätze in dein Heft.

to practise / regular / Sandra / the guitar
healthy / her parents / to eat / every day
Sue / to sleep / before exams / sometimes / bad
Tom / to play / good / tennis
not to speak / some pupils / in front of teachers / clear

Thementest Grammatik

1 Wähle die richtige Zeitform des Verbs in Klammern.

Judy ________________ (not / try) skiing yet. She sometimes ________________ (spend) her winter holidays in the mountains with her parents, but in the past she ________________ (not / go) skiing. Judy usually ________________ (like) to hike through the woods. Last year Judy and her parents ________________ (fly) to Switzerland. On their flight Judy ________________ (read) an interesting report about skiing. Since then she ________________ (be) interested in skiing. Her parents ________________ (give) her ski for her birthday two weeks ago. Her parents __________________________ (already / to book) a holiday in Austria and now Judy ________________ (look) forward to it.

G8 PRAXISTIPP

Bei Übungen, in denen verschiedene **Zeitformen** abgeprüft werden, solltest du immer auf die **Signalwörter** achten. Es ist sehr hilfreich, sie farbig zu markieren, bevor du das Verb in die entsprechende Zeitform setzt.

2 Vervollständige den Text, indem du die Wörter in Klammern übersetzt.

a) Someone has given Robert *(eine schlechte Nachricht)* ______________________.

b) Sally needs *(neue Hosen)* ______________________.

c) Parents must always give *(nützliche Ratschläge)* ______________________.

d) I love *(alte Möbel)* ______________________.

e) *(Die Polizei war)* ______________________ helpful in the past.

f) *(Unsere Hausaufgaben waren)* ______________________ really easy.

g) I forgot to buy ______________________ *(Milch und Kaffee)*.

3 Beantworte die Fragen, indem du die unterstrichenen Wörter durch ein Personalpronomen oder die Objektform des Personalpronomens ersetzt.

a) Where is David? – ________________ is staying at his aunt's.

b) Where are Tommy's parents? Tommy can't find ________________.

c) Where is your English book? – ________________ is still in my bag.

d) Where is Linda? – I have seen ________________ in the garden.

e) We are looking for Simon and Ben. ________________ must help ________________.

f) I must go to the doctor's. He wants to examine ________________.

g) George, ________________ must do the washing-up today. I did it yesterday.

h) Jill and Sam – where are ________________? George, have you seen ________________?

4 Bilde Sätze aus den angegebenen Satzteilen. Achte auf die richtige Zeitform, bilde die passende Adverbform, falls benötigt, und pass auf die Satzstellung im Englischen auf. Schreibe in dein Heft.

a) Ben / often / to play / tennis / good
b) yesterday / he / to play / bad
c) pupils / to listen to / now / careful / the teacher's story
d) our neighbours / to be / noisy / since we moved in
e) Linda / to answer / all the questions / clever / so far
f) It / to rain / heavy / last Monday
g) Often / work / hard / I / for English

5 Übersetze und schreibe die Sätze in dein Heft.

a) Bens Stimme ist sehr laut. Er kann laut schreien.
b) Ich sah im Dunkeln die Augen eurer Katze.
c) Das Dach unseres Hauses ist seit drei Tagen kaputt.
d) Das Fahrrad meines Freundes war billiger als meins.
e) Ihre Kinder spielen gerade leise im Wohnzimmer.
f) Sein Freund spricht gut Englisch.

3 Lesen

3.1 *Skimming*

1 Lies die folgenden Sätze über Robin Hood und beantworte die Fragen, indem du die richtige Antwort ankreuzt.

In 1191 King Richard went on the 3rd Crusade *(Kreuzzug)* with his army and a lot of horses. His brother Prince John ruled for him because King Richard was away for a long time.

a) What happened in 1191?
☐ King Richard went on a crusade. ☐ King Richard fought against his brother.

b) Who ruled for him?
☐ His brother ruled for him. ☐ No-one ruled for him.

Prince John hated his brother and he wanted to become King himself. He wanted King Richard to die in battle and not to come back to England. Prince John was a very mean man. The people of England had to pay taxes to pay for the expensive crusade.

c) What did Prince John want to become?
☐ He wanted to become King of England.
☐ He wanted to become a rich man.

d) What did the people of England have to do?
☐ They had to fight in the expensive crusade.
☐ They had to pay taxes.

But a lot of people were very poor and couldn't pay those taxes. So some of them had to go to prison, others, however, decided to live in the forests. Robin Hood – his real name was Lord Locksley – was one of them, because when he returned from the crusades he had no father, no castle and no land. He went to live in Sherwood Forest, where he formed a kind of army that fought the Sheriff of Nottingham because everyone hated the Sheriff.

e) What did people do who couldn't pay the taxes?
☐ They killed the Sheriff of Nottingham.
☐ They were imprisoned or fled into the forest.

f) Why did Robin Hood decide to live in the forest?

☐ He decided to live in the forest because he hated the Sheriff.

☐ He decided to live in the forest because he had nothing when he came back from the crusades.

g) What did he do in the forest?

☐ He formed a group of men. ☐ He planned to kill the Sheriff.

2 Lies den Text nun noch einmal als zusammenhängenden Text und ergänze den folgenden Satz.

The text is about ____

____.

3 Nun lies, wie es mit Robin Hood weitergeht. Entscheide anschließend, ob die Aussagen zu dem Text richtig oder falsch sind.

There was a monk who lived in a small village near the forest. This monk was both small and fat. He was very fat because he liked eating and drinking beer. He wasn't an ideal monk, but he helped poor people and was kind to animals. He was fond of dogs and so he had a lot of dogs. The monk caused trouble for the Sheriff of Nottingham. He also decided to live in the forest. His name was Friar Tuck. There was not only Friar Tuck who wanted to join Robin's army but also a young man called Alan-a-Dale. This man didn't have a horse and he couldn't fight. He could simply play the harp and sing songs about Robin and his men. Robin liked him and so he could stay there.

	true	false
a) The monk lived in a village.	☐	☐
b) He was the perfect monk.	☐	☐
c) He helped the Sheriff.	☐	☐
d) Alan-a-Dale was a young man who couldn't fight.	☐	☐
e) He played the harp.	☐	☐

G8 PRAXISTIPP

Beim Lesen von Texten musst du nicht immer jedes Wort verstehen. Oft hilft dir auch der **Kontext** (z. B. *to rule – a prince rules*), oder ein **ähnliches Wort im Deutschen** *(he had no land)* oder du kennst bereits **Bestandteile des englischen Wortes** *(imprisoned)*.

4 Lies, wie es weitergeht, dann vervollständige die Sätze am Ende des Textes.

One day Robin and Little John were riding through the forest. Suddenly they heard horses and so they hid behind trees. From their shelter *(Versteck)* they could see two men and a woman on horses. They wore beautiful clothes and the lady on the horse had some lovely golden earrings. They were rich. Very rich! Robin and Little John took an arrow each, put it in their bows and stopped the group. Robin and Little John wanted to have their money before they left the forest. This money, however, was tax money for the Sheriff.
Robin and his men always took money from the rich who dared to go through the forest. They often took money from the Sheriff's tax collectors and gave it back to the poor. The poor people loved Robin because he helped them, but the Sheriff wanted to catch Robin Hood to imprison him in the castle dungeons.

Once Robin Hood and Little John saw ______________________________

____.

Robin and Little John took their bows and arrows to ______________________

____.

They wanted to ______________________________________.

Robin and his men often ________________________________.

Robin and his men helped _______________________________.

5 Lies den gesamten Text erneut und beantworte die Fragen in deinem Heft.

a) When does the story take place? (What century?)
b) Where is the story set?
c) What persons are there in text?
d) What do you learn about them?
e) What is the main problem?

3.2 *Scanning*

6 Schau dir diese Seite aus einem Tierlexikon an. Wovon handelt sie? Nenne die Textelemente, die wichtige Informationen zu dieser Seite geben.

The dog – not only a cute pet

There are about 400 different breeds. Dogs differ in height, colour, variation of patterns, coats and the size of ears. Despite these differences all dogs can be traced back to their wild ancestors: **the wolves.** In the course of centuries dogs have become **domestic animals:** They have become companion animals for humans.

Although the dog is a domestic animal, it still **shares some qualities with the wolf:** it tends to hunt, it possesses sharp teeth and a strong jaw for attacking, holding and tearing food. It also has powerful muscles and the pads beneath its toes see to it that a dog **walks on its toes.**

The **skeleton of a dog** is very interesting. It shows that the spine consists of individual vertebrae; that is why a dog is a **vertebrate.**

The skeleton supporting the whole body consists of three parts: the **trunk** with the spine, the **skull** with a frontal bone, the **limbs** with the legs.

The dog can run or move in general for several hours because it is able to cool down its overheated body while being exposed to severe exertion. This is done by its characteristic **panting** and a salivating tongue hanging out. A Dog doesn't **perspire** because it doesn't have any sweat glands. Cooling down can only be caused by panting and by means of a wet tongue.

MEV Verlag, Augsburg

Vokabeln: breed: Rasse – pattern: Muster – despite: trotz – domestic: häuslich – jaw: Kiefer – pad: (hier:) Fußballen – spine: Wirbelsäule – vertebrate: Wirbeltier – trunk: Rumpf – exertion: Anstrengung – to perspire: schwitzen – to pant: hecheln

Textelemente: ______________________________

G8 PRAXISTIPP

Du musst nicht immer jedes einzelne Wort eines Textes lesen, um zu erfahren, worum es geht. Die wesentlichen Informationen kannst du der **Überschrift, Schlüsselwörtern, Bildern** oder den **ersten Sätzen eines neuen Abschnitts** entnehmen.

7 Sieh dir das Inhaltsverzeichnis des Buches über Hunde an und finde heraus, auf welcher Seite des Buches du nachschlagen musst, um etwas über die anschließenden Fragen zu erfahren.

Contents *page*

a) When were the earliest dog fossils found? page ____________

b) What parasites can dogs have? ____________

c) When can dogs have baby dogs? ____________

d) What do dogs eat? ____________

e) How do they see, hear and smell? ____________

f) When must you go and see a vet? ____________

g) What are dogs good at? ____________

h) How old can a dog get? ____________

8 Lies dir die folgenden Informationen durch. Sie helfen dir, die Fragen unten zu beantworten. Schreibe außerdem hinter jede Antwort, wo du die Information gefunden hast (F = Fließtext, K = Kasten).

Food that humans can enjoy can be dangerous to dogs. You mustn't give chocolate, onions, grapes and raisins to dogs, even if you are tempted to give them something special because you want to reward your dog.

> No sweets, onions, grapes or raisins!

> Some food causes kidney failure.

You should rather give your dog a dog biscuit. If not, your dog might suffer from kidney failure.

Do also avoid cooked bones because they cannot be chewed properly. As a result they affect the digestion. Alcohol shouldn't be drunk by dogs either. Alcoholic drinks can be toxic because of the low body weight.

> No alcohol!

A lot of plants – both in your house or in your garden – can cause immediate death. There are plants, such as philodendron, which burn the throat going down. Daffodils or tulip bulbs often lead to gastric irritation, in severe cases, they might even lead to coma or death. Lily of the valley or oleander can also be life-threatening. Yew is dangerous, too, because it affects the nervous system. A dog that has eaten any of these plants should be treated by a vet immediately.

> Some plants in your house and outside can cause death.

Household poisons and human medicine may also be dangerous. A lot of household cleaners or cosmetics are extremely dangerous to dogs. Unfortunately dogs find some of these poisons attractive and they are quite keen on them. So keep cleaners and tablets in a safe place.

> Put medicine and household cleaners away – they taste nice but they can kill your dog!

a) What is the text about? ______________________

______________________ (____)

b) What human food is dangerous to dogs? ______________________

______________________ (____)

c) Why are alcoholic drinks dangerous? ______________________

______________________ (____)

d) Why can a garden be a dangerous place for your dog? ______________________

______________________ (____)

e) Why do dogs like household cleaners? ______________________

______________________ (____)

3.3 *Intensive reading*

9 Lies den folgenden Text sorgfältig durch. Unterstreiche unbekannte Wörter. Dann schreibe die unterstrichenen Wörter in dein Heft und versuche, deren Bedeutung ohne Wörterbuch zu erschließen.

Hi Gary,
I think it's really cool that you're coming to visit me for the Easter holidays. It's about time that you came over to Germany to improve your German. I'm sure your German teacher would be pleased with you.

I really think you'll like Germany and my family. Well, I haven't told you yet - but there is a new member of the family: a puppy called Luna. Luna is a Saint Bernard and about eight weeks old. You'll like her. She is so cute and cuddly - but she can also be a little devil. She has changed our lives. My mother and I always wanted to have a dog, but my father didn't like the idea - now he is the one who can't leave Luna alone. He is fascinated by her, although she has already peed on his favourite CDs.

My mother has also given up doing the flower beds because Luna destroys them in no time. Unfortunately, we must look after her when she is in our garden because there are a lot of plants that are dangerous to dogs. And Luna wants to eat EVERYTHING: my shoes, my comics, my biscuits - well, you'll see.

I really hope that there will be plenty of sunshine because it's more fun to walk the dog in sunshine than in heavy rain. Even Luna looks miserable on a rainy day. Don't forget your skateboard and your new comics - I'd like to see them and I'm sure Luna would like to have a taste of them, too.

See you soon,
Tobias

G8 PRAXISTIPP

Um die **wichtigen Details** eines Textes zu verstehen, musst du darauf achten, dass du bestimmte Textteile **mehrmals sorgfältig liest** und dir dazu **Notizen machst.** Manchmal ist es auch sinnvoll und hilfreich, einzelne Textteile zu übersetzen.

10 Lies den Brief aus Aufgabe 9 noch einmal gründlich durch und unterstreiche die Informationen, die du am wichtigsten findest.

11 Finde zu den folgenden Ausdrücken und Umschreibungen die jeweils passende Vokabel in dem Brief.

a) to become better in German: ______________________

b) to feel happy about: ______________________

c) someone who belongs to a family: ______________________

d) a young dog: ______________________

e) sweet: ______________________

f) someone who behaves badly: ______________________

g) a piece of ground where flowers are grown: ______________________

h) to damage / to break sth.: ______________________

i) to eat food to test it: ______________________

12 Vervollständige die Tabelle zu dem Brief, indem du jedem Absatz eine Überschrift gibst und die Schlüsselwörter einträgst.

paragraph	headline	keywords
1st		
2nd		
3rd		
4th		

13 Hier findest du einige Aussagen aus dem Text. Sie sind leider durcheinandergeraten. Bringe sie in die richtige Reihenfolge, indem du die Buchstaben sortierst. Lies den Text noch einmal, falls nötig.

A I hope the sun will shine when you visit me in Germany.
B We have a puppy called Luna.
C It's cool that you are visiting me in Germany.
D You can improve your German.
E Don't forget your skateboard.
F Luna is a cute dog that can also behave badly.

→ richtige Reihenfolge: ___ ___ ___ ___ ___ ___

14 Kreuze an. Welche Aussagen zum Text sind richtig, welche falsch?

	right	wrong
a) Gary is visiting Tobias in the summer.	☐	☐
b) Gary learns German at school.	☐	☐
c) Tobias and his family have got a young cat.	☐	☐
d) Tobias' father didn't want to have a dog.	☐	☐
e) Now he likes Luna very much.	☐	☐
f) Luna can't play in the garden.	☐	☐
g) She mustn't eat plants.	☐	☐
h) Gary shouldn't forget his new computer game.	☐	☐

15 Korrigiere die falschen Antworten aus Aufgabe 14, indem du die richtigen Antworten aufschreibst.

____

____

____

____

____

Thementest Lesen

1 Lies den folgenden Text einmal durch.

Gary's birthday present

It is Gary's 12th birthday next week. But Gary's parents have got a problem: they don't know what to give him for his birthday. Mr and Mrs Dobson are sitting in the living room and talking about a present for their son.

Mrs Dobson: "Look, Brian. You know that Gary and I always wanted to have a pet. Gary likes animals and I talked to his Biology teacher the other day. Gary did such a super project on dogs."

Mr Dobson: "Are you trying to tell me that we should buy him a dog? A dog – you know, this is not just a CD you can put away. A dog means a lot of work – and I don't like dogs. They cause a lot of trouble."

Mrs Dobson: "What kind of trouble? Dogs are fun – a lot of fun."

Mr Dobson: "Sure. It's fun to go for a walk with them in heavy rain. It's fun to look after them when they are little because they are always up to something."

Mrs Dobson: "You're being unfair. It doesn't always rain. And going for walks is good for you anyway. Dogs grow up and you can teach them to behave. You do remember the Robinsons' dog the other day. You seemed to enjoy having a dog around."

Mr Dobson: "Well, Sam is a different story altogether. He's a lovely little creature who is as good as gold. But I know Gary. After a few weeks he wouldn't feel like looking after the dog. So it would be us taking care of him."

Mrs Dobson: "Gary is not like that. You should know him better. He keeps on asking and he'd really love having Luna – errr, a dog."

Mr Dobson: "Luna? Who is Luna?"

Mrs Dobson: "There's something I should tell you."

Mr Dobson: "Really? Is there? Don't tell me that you have already bought Gary's birthday present."

Mrs Dobson: "There was this cute Saint Bernard puppy in the animal shelter."

Mr Dobson: "Animal shelter? When did you go there?"

Mrs Dobson: "Gary goes there twice a week. It all started last September. Anyway, they have this puppy called Luna ... She is lovely and someone left her in the forest and nobody knows why. She needs a new home and we need a birthday present for Gary. Gary can't stop talking about this dog."

Mr Dobson: "You can't stop talking about this dog, too. Whose birthday present are we talking about? And what about me? I have always wanted to have a tortoise *(Schildkröte)*."

2 Vervollständige die folgenden Sätze.

Gary's parents have got a problem because they ______________________

____.

Mr Dobson thinks that dogs mean trouble because ______________________

____.

Gary likes dogs so he ______________________.

Luna is ______________________.

3 Lies den Text noch einmal und suche nach Informationen zu Handlungsort und Gesprächsanlass sowie nach Argumenten für und gegen einen Hund.

Where? ______________________

Why? ______________________

____

Reasons for a dog: ______________________

____

Reasons against a dog: ______________________

____

4 Beantworte die Fragen zum Text in vollständigen Sätzen. Schreibe die Antworten in dein Heft.

a) When is Gary's birthday?

b) What are his plans for his birthday?

c) What is the Dobsons' problem?

d) Why does Mrs Dobson think that a dog is a good present?

e) Who is Sam?

f) Where did Gary meet Luna?

g) What else do we learn about Luna?

h) How do you know that Mr Dobson gives in at the end of the text?

4 Schreiben

4.1 Das *summary*

1 Der folgende Text ist die Zusammenfassung eines Märchens. Allerdings sind die Sätze durcheinandergeraten. Bringe den Text in die richtige Reihenfolge, indem du die Ziffern 1–8 vor die Sätze schreibst.

____ After that he looks for the owner of the shoe and he can find her at Cinderella's house. It's Cinderella's shoe.

____ Then she must leave the party at midnight but she loses a shoe on the stairs.

____ There is a young woman called Cinderella who lives with her stepmother and her two stepsisters. Cinderella must do all the housework.

____ The prince and Cinderella get married and live happily ever after.

____ One day the stepmother and her two daughters get an invitation to a party at the prince's castle.

____ The prince sees Cinderella, dances with her and falls in love with her at once.

____ First Cinderella can't go to the party but then a fairy comes in and helps her to go there, but she must be back at midnight.

____ The prince sees the shoe and picks it up.

G8 PRAXISTIPP

Achte beim *summary* auf folgende Punkte:

- Beginne die Zusammanfassung mit einem einleitenden Satz: ***The text / story is about …*** (Der Text / die Geschichte handelt von …),
- verwende das ***simple present,***
- benutze deine **eigenen Worte,**
- verwende **keine wörtliche Rede,**
- beschränke dich auf das **Wichtigste** und
- wähle sinnvolle sprachliche **Überleitungen** und **Konjunktionen.**

2 Die folgende Zusammenfassung ist nicht vollständig. Ergänze die fehlenden Satzteile mithilfe des Wortspeichers.

first – in the last part of – is about – at first – whenever *(immer wenn)* – however – finally – at the end – by – but

The text *The Canterville Ghost* ____________ Oscar Wilde ____________ a ghost that lives in Canterville Chase, an old English castle. ____________ the Otis family comes to live in this castle. ____________, Mr and Mrs Otis and their children are not scared of this ghost. ____________ nothing happens, ____________ one night there is a strange noise in the castle. ____________ the ghost appears, the sons play tricks on the poor ghost. ____________ they even dress up like ghosts to scare the Canterville ghost. ____________ the daughter of the family called Virginia helps the ghost and ____________ it can find its peace.

3 Lies den folgenden Text und fasse ihn in eigenen Worten in deinem Heft zusammen. Beginne mit *The Legend of King Arthur is about ...*

There was once a great and powerful king whose name was Uther Pendragon. He knew an old magician called Merlin, who often helped Uther. King Uther loved a beautiful woman and one day he married her. They had a son who would be the next king. When the child was born, Merlin came to Uther Pendragon and said, "My King, you will die soon and your child will be in great danger because all the lords will start to fight for your land. Give him to me and I will protect him until he is old enough to be king himself."
Although the king was not very happy about this he gave the child to Merlin and everything happened as he said: The King died and there were dark and terrible years. The lords started to fight, villages were burnt, women and children were killed.
One day Merlin said, "We will have a new king soon and he will be more powerful than all the kings before him. You will know him because the future king will be able to pull a sword out of a stone." Merlin's story about the sword and the stone went through the country quickly. A lot of strong and powerful men came to Merlin and tried to pull the sword out of the stone. But it didn't move.

Then Merlin fetched a young man and he took the sword in his hand. Suddenly the sword came out of the stone like a knife from butter. “This is Arthur, your king,” said Merlin. When the knights and lords heard about this new king, they did not want to believe that he was now their king. A lot of them did not accept him and rode away. Again there was war and so Arthur had to ride through the country to fight the lords until everybody accepted him as the new king. There was one man, however, who didn’t want him as king. It was the Black Knight.

The Black Knight was the strongest and the last knight that Arthur fought. During the fight King Arthur’s sword broke and the Black Knight saw his chance to kill Arthur. But luckily Merlin appeared to help him. Arthur needed a new sword and so he got one: a long white arm came up through the water of a lake and it was the most beautiful sword he could imagine – it was called Excalibur.

4 Lies den Text aus Aufgabe 3 noch einmal, dann kreuze die richtigen Aussagen an.

a) Uther Pendragon knew a magician who was called ...
☐ Arthur. ☐ Merlin. ☐ Excalibur.

b) Uther Pendragon’s son was in great danger because ...
☐ his parents would die soon of a terrible illness.
☐ after the king’s death the lords would start fighting for the king’s land.

c) Uther Pendragon gave his son to ... ☐ Merlin. ☐ the lords. ☐ a friend.

d) The new king would be able to ... ☐ fight Merlin. ☐ kill a dragon.
☐ pull a sword out of a stone.

e) A lot of strong men came to Merlin to ... ☐ pull the sword out of the stone.
☐ get to know Merlin. ☐ have a look at the sword in the stone.

f) Finally Arthur could ... ☐ move the sword. ☐ make a butter sandwich.
☐ move the stone.

g) There were more wars because the lords ... ☐ didn’t want Arthur as their knew king. ☐ hated Merlin. ☐ wanted to have Arthur’s magic sword.

h) The Black Knight was ... ☐ a magician. ☐ someone who fought Arthur.
☐ another powerful king.

i) Excalibur is ... ☐ a sword. ☐ the name of Arthur’s horse. ☐ the Black Knight’s castle.

4.2 Schreiben nach Vorgaben

5 Gary hat bald Geburtstag und möchte eine Party veranstalten. Verfasse eine Einladung an seine Freunde mit folgenden Informationen: dem Anlass, wann und wo die Feier stattfinden und wie lange sie dauern wird und eventuellen Zusatzinformationen (z. B. was mitgebracht werden soll). Schreibe in dein Heft.

Dear ______________________,

It's my birthday at ...

6 Vervollständige den folgenden Brief, indem du die Anleitung auf der linken Seite befolgst.

(1) Write your address in the top right-hand corner.

(1) ______________________,
______________________,
____

(2) Start your letter with "Dear ..."

(2) ______________________ Gillian,

(3) Start the first sentence with a capital letter.

(4) Say something about the letter you got.

(3) ________anks a lot (4) ______________________.
It was great to (4) ______________________.
Did you see the Queen? My parents and I spent a week in London in March. I really liked it - London is great for shopping. But we didn't go there because of the shops. We visited all the important and famous places. Some of them were boring and tiring. I found Madame Tussauds exciting. Sometimes we had to wait in long queues. What's your favourite place in London?

(5) Use short forms.

I hope we (5) ______________________ spend our next holiday at the seaside. I don't like big and noisy cities.

(6) Ask the other person to write back to you.

(6) Hope to hear ______________________.

(7) You can finish your letter with "Love", "Yours" or "Best wishes".

(7) ______________________,

(8) Don't forget your name.

(8) ______________________

7 Gary möchte zu seinem Geburtstag auch Tante Susan einladen, die gerade im Urlaub war. Verfasse in deinem Heft für Gary einen Brief an seine Tante.

Dear Aunt Susan,
...

8 Gary schreibt nach seinem Geburtstag eine E-Mail an seinen Brieffreund Daniel in Deutschland. Bei Daniel kommt diese Mail jedoch nur lückenhaft an. Ergänze die fehlenden Informationen mithilfe der Tipps aus dem Wortspeicher.

(1) das Geschenk ist rechtzeitig angekommen; (2) die Geschenkidee; (3) Gary möchte, das Daniel das nächste Mal dabei ist; (4) Gary teilt ihm mit, wie toll die Feier war; (5) eine mögliche Geburtstagsaktivität; (6) eine tolle Idee der Eltern; (7) das tolle Wetter; (8) Daniels Befinden am Abend

Hi Daniel,

Your lovely present ______________________ (1), thanks a lot. It was a great idea to send me ______________________ (2). But next time you must ______________________ (3) because I ______________________ (4). First we ______________________ (5) and then my parents had the most super idea: ______________________ (6). Above all, ______________________ (7). Normally it rains cats and dogs on my birthday. A lucky day in many ways. So I ______________________ (8) in the evening and went to bed quite early. I'm already looking forward to my next birthday – with YOU!!!

Gary

9 Daniel beantwortet Garys E-Mail. Er verspricht Gary, nach England zu kommen. Schreibe die E-Mail (ca. 100 Wörter) in dein Heft.

4.3 *Creative writing*

10 Daniel ist zu Besuch bei Gary in Newquay (Cornwall). Am Abend nach einem Tagesausflug mit Gary und seiner Familie nach Tintagel (Burgruine und angeblicher Geburtsort von König Arthur in Cornwall, England) schreibt er in sein Tagebuch. Berücksichtige die angegebenen Stichpunkte.

Stichpunkte:
- wie sich Daniel gerade fühlt,
- wie sie nach Tintagel gekommen sind,
- was Tintagel ist (Hilfestellung: Aufgabe 3) und wie es Daniel gefallen hat,
- wie das Wetter war.

Saturday, 25th May

Dear Diary!
We went to Tintagel today. ______________________________

____

____

____

____

____

11 Schreibe den folgenden Text über ein kleines Abenteuer, das Daniel in Tintagel erlebt hat, neu in deinem Heft, indem du die farbigen Satzteile an die jeweils richtige Stelle setzt.

One day I had a great idea to Tintagel because my brother's face a King Arthur selling souvenirs. There were a lot of stalls where I didn't know what to do people ate to make the first move. People with a sword was standing. Suddenly a knight went in front of me. He looked like during the Middle Ages and were wearing nice costumes. But then you could eat food. I took a toy sword from one of the stalls selling "Souvenirs from the Middle Ages". I was his silly ideas. I wanted ready to fight, however, King Arthur there was his helmet and – I could see festival. One of took off again: He got the armour *(Rüstung)* from "Costumes for Hire". Typical Brian.

12 Schau dir das folgende Bild an und schreibe mithilfe der Fragen eine kleine Geschichte zu dem Bild.

Erwin Böhm

Where is Maid Mathilda?
What are her plans?
How is she feeling?
What do you think will happen next?
How might the story end?

13 Erfinde zu diesen beiden Bildern eine Geschichte. Wähle Konjunktionen aus dem Wortspeicher, um deine Ideen miteinander zu verknüpfen. Schreibe den Text in dein Heft.

until – although – so that – before – as soon as – because – if – when

MEV Verlag, Augsburg

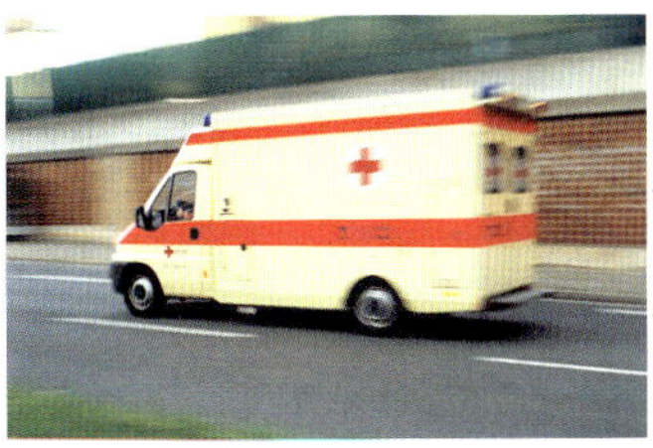
MEV Verlag, Augsburg

G8 PRAXISTIPP

Beim Verfassen einer **Bildergeschichte** solltest du folgende Punkte beachten:

- **Mach** dir zunächst **Notizen** zu den einzelnen Bildern (z. B. Verben, die die Tätigkeiten der Personen oder Tiere beschreiben – manchmal werden sogar Verben vorgegeben, sodass dir damit schon ein Teil der Arbeit erleichtert wird),
- **schreibe zu jedem Bild einen Satz,**
- **verknüpfe die Sätze miteinander,** indem du beschreibst, was zwischen den einzelnen Bildern passieren könnte,
- Benutze **Konjunktionen,** um deine Sätze zu verbinden,
- finde eine passende **Überschrift,**
- wähle das ***past tense.***

14 Bringe zunächst die Bilder in die richtige Reihenfolge. Schreibe anschließend zu jeder Szene einen Satz in dein Heft. Benutze dazu die angegebenen Verben.

a)

to arrive

—

to stroke

—

to go for a walk

—

to unpack

—

to order

—

to get ready

15 Verfasse nun zu der Bildergeschichte aus Aufgabe 14 eine Geschichte und schreibe sie in dein Heft.

Thementest Schreiben

1 Lies den Text. Dann vervollständige die nachfolgenden sechs Sätze über die Aktivitäten des Gespenstes Spooky Sam. Die Satzanfänge helfen dir dabei.

Spooky Sam is a little ghost that lives in Creepy Castle. Sam is a very lazy ghost – he likes lying on his bed, doing nothing. He doesn't do his homework very often. It's already six o'clock and he must still do some work for school. When will he do his homework? And Spooky Sam is also very messy. Just look at his room. It's such a terrible mess. His towel is on the floor. His trainers and football are on his desk and there are empty tins all over his room. He must throw them away. But as ever – he is far too lazy. And what about that picture on his chair? It must be for his art lesson. Oh dear – Mr Brush, his art teacher, won't be pleased with Sam. This picture is a mess and he must still finish it. Spooky Sam – will you ever change?

Spooky Sam has played ______________________.

He hasn't ______________________.

I think he has ______________________.

Maybe he has ______________________.

I'm sure he has ______________________.

And he hasn't ______________________.

2 Spooky Sam hat Geburtstag und möchte seine Freunde zu einer Party auf sein Schloss einladen. Benutze die Satzteile im Wortspeicher und schreibe eine Einladung. Vorsicht: Die Angaben sind nicht in der richtigen Reihenfolge!

Don't forget your spooky costumes – at Creepy Castle – Yours, – Friday, 30 April – Dear – at five o'clock in the morning – Super Scary Spooky Sam – at 11.55 p.m.

______________________,

____

____

____

3 Spooky Sam schreibt nach seiner Geburtstagsparty in sein Tagebuch. Er kann jedoch nur ausdrücken, was er erlebt hat. Beim Formulieren seiner Gefühle musst du ihm helfen: Bilde anhand der Adjektive in Klammern ganze Sätze, die Spooky Sams Stimmung wiedergeben.

Saturday, May 1st

Dear Diary – It was my birthday yesterday and I invited all my friends. But they came after midnight. (angry) ________________________________. First we had a fantastic late midnight meal. (enjoy / laugh a lot) ____________________________ ____. After that each of my guests had to tell the scariest story in the world. (frightened / to shiver with fear) __________ ____ ________________. The best part, however, came shortly before the end of the party: We walked around the castle and woke up my parents, aunts and uncles with some terrible noise. (be fun / exciting) ________________________________ ______________________________________. Then suddenly my friends had to go. (sad) ____.

4 Du bist nicht zu Spookys Sam Party gegangen. Schreibe eine E-Mail, in der du dich bei ihm entschuldigst.

Hi Sam,

Sage, dass es dir leid tut: ____

Finde eine überzeugende Entschuldigung: ____
____

Du möchtest es wieder gutmachen: ____
____
____

Abschlussformel: ____

5 Sprechen

5.1 Vom Englischen ins Deutsche vermitteln

1 Daniel ist zu Besuch bei Gary. Garys Mutter ist Deutschlehrerin und muss zwischen den beiden bei Tisch vermitteln, da Gary noch kein Wort Deutsch spricht und Daniel erst seit ein paar Monaten Englisch lernt. Übernehme den Part von Mrs. Dobson.

Gary: "What do you usually have for tea?"

Daniel: "Tea? You can drink it."

Mrs Dobson: „Daniel, ‚tea' ist nicht nur das Getränk, sondern auch ______________ ____."

Gary: "Mum has made some tomato salad with ham and cheese."

Daniel: „Ich nehme gern Tomatensalat. Aber den Rest habe ich nicht verstanden."

Mrs Dobson: „Es gibt Tomatensalat mit ______________________________."

Gary: "And Dad is outside grilling some fish which will be served with rice."

Daniel: „Dein Vater grillt Fisch, und der ...?"

Mrs Dobson: „... wird mit ______________________________."

Gary: "And what's for dessert, Mum?"

Daniel: "Sorry?"

Mrs Dobson: „Gary möchte gerne wissen, ______________________________. Anyway, we'll have apple cake with cream – auf Deutsch ______________ ____."

Gary: "Mum, I must lay the table today. Maybe Daniel can help me?"

Mrs Dobson: „Daniel, Gary muss ______________________________, aber du brauchst ihm ______________________________."

G8 PRAXISTIPP

Bei der **Vermittlung** zwischen Englisch und Deutsch solltest du darauf achten, dass du

- **nicht alles wörtlich** übersetzt,
- **Unwichtiges weglässt,**
- **Sätze manchmal anders formulieren** musst,
- **kurze und einfache Sätze** verwendest,
- die Situation **umschreibst,** wenn du ein Wort nicht kennst.

2 Du bist mit deiner Familie in England unterwegs. Deine Eltern lesen in einer Broschüre etwas über den *Guy Fawkes Day*, aber sie verstehen nicht alles.
Lies den Text selbst und beantworte ihre Fragen auf Deutsch.

Guy Fawkes Day

On the 5th of November there is always a big party with bonfires and fireworks in Britain.
The reason for this party goes back to 1605: eight men planned to blow up the King and the Houses of Parliament on 5th November.
One of them was Guy Fawkes. The king's men caught him with a lot of gunpowder.
A few young people still make "guys" – they look like Guy Fawkes. They show them in the street and collect money for fireworks. They burn the "guys" later on bonfires and have fireworks.

Deine Eltern: „Was ist das für eine Party am 5. November?"

Du: „____

____"

Deine Eltern: „Was hat das mit dem Jahr 1605 zu tun?"

Du: „____

____"

Deine Eltern: „Was ist mit dieses ‚Guy Fawkes' dann passiert?"

Du: „____"

Deine Eltern: „Was hat es mit diesen ‚guys' auf sich?"

Du: „____

____"

5.2 Vom Deutschen ins Englische vermitteln

3 Du triffst eine englische Gastschülerin auf dem Pausenhof. Überlege dir, was du ihr alles über dich mitteilen könntest. Ergänze die rechte Seite der Tabelle, indem du die Vorschläge links zu Hilfe nimmst.

Du möchtest sagen,

... wo du herkommst:	I'm from Heidelberg.
... wie alt du bist:	______
... welches deine Hobbys sind:	______
... was dein Lieblingssport ist:	______
... welche Musik du gerne hörst:	______
... wie lange du bereits Englisch lernst:	______ ______
... was du gern isst:	______ ______
... ob und was du an Großbritannien magst:	______ ______
... was du an Großbritannien nicht so gut findest:	______ ______
... ob du Geschwister hast und wie alt diese sind:	______ ______
... welche Bücher du gerne liest:	______ ______
... ob du Harry Potter magst:	______
... welches deine Lieblingsfächer sind:	______ ______
... was dein Lieblingsfilm ist:	______

4 Du (Partner A) möchtest für deine Cousine Rebecca ein Geschenk kaufen. Du rufst eine Freundin in England an (Partner B), damit sie dir hilft. Übertrage folgenden Dialog ins Englische.

A: Du sagst, du möchtest Rebecca ein Buch über Tennis kaufen, denn sie mag Tennis sehr.

____

____

B: Du findest das nicht gut. Eine Sporttasche wäre ein besseres Geschenk – die kann sie fast jeden Tag benutzen.

____

____

____

A: Du findest den Vorschlag gut. Aber du sagst, dass Taschen nicht billig sind und du gerade deinem Bruder einen teuren Fußball zum Geburtstag gekauft hast.

____

____

____

____

B: Du schlägst A vor, wegen der Tasche in einen Second-Hand-Laden zu gehen.

____

____

A: Diesen Vorschlag hältst du für gut. Du fragst B, ob du sie wieder anrufen kannst, wenn du ein Geschenk hast.

____

____

____

B: Du bist einverstanden, wünschst A noch einen schönen Tag und verabschiedest dich.

____

____

____

A: Dir fällt noch ein, dass ihr nächsten Sommer nach England fahren wollt und sagst B, dass du sie gerne besuchen willst. Du schlägst vor, ihr nächstes Mal mehr davon zu erzählen, und verabschiedest dich.

____

____

____

____

____

5.3 Zwischen Deutsch und Englisch vermitteln

5 Mary, deine Austauschschülerin aus Edinburgh, besucht dich. Sie kann nur wenig Deutsch. Du willst mit ihr etwas in eurer Stadt unternehmen. Paul von nebenan möchte mitgehen, aber er kann kein English – dolmetsche für beide.

Mary: "What can we do today?"

You: „______________________________"

Paul: „Wir könnten Fahrrad fahren."

You: "______________________________"

Mary: "But I haven't got a bike and it might be dangerous, because I don't know how to cycle on the right."

You: „______________________________"

Paul: „Aber wir sollten etwas draußen unternehmen. Es ist warm heute. Wir könnten ja zum See und schwimmen gehen!"

You: "______________________________"

Mary: "Lovely. I like swimming, but I have never swum in a lake. Sounds fantastic."

You: „______________________________"

Mary: "But how can we get to the lake?"

You: „______________________________"

Paul: „Mit dem Fahrrad – aber das ist wohl keine so gute Idee ..."

You: "______________________________"

Mary: "OK. Let's cycle. But is there a bike for me?"

You: „______________________________"

Paul: „Ja, du kannst das Fahrrad meiner Schwester haben."

You: "______________________________"

Mary: "Great. I hope she won't mind."

You: „______________________________"

6 Du bist mit deiner Familie in einem Restaurant in London. Die Englischkenntnisse deiner Eltern sind nicht sehr gut. Vermittle zwischen ihnen und dem Kellner, indem du auf folgende Fragen und Antworten eingehst.

	Deine Eltern wollen wissen	Der Kellner antwortet:
a)	... ob es etwas ohne Fleisch gibt.	We serve food for vegetarians. There are four different dishes. Have a look at the menu.
	______________________	______________________
	______________________	______________________
b)	... ob alle Gerichte nur mit Pommes serviert werden.	No, you can also have potatoes and rice.
	______________________	______________________
	______________________	______________________
c)	... welche Gemüsesorten in der Gemüsesuppe sind.	Carrots and leek.
	______________________	______________________
	______________________	______________________
d)	... was veggies sind.	It's short for vegetables.
	______________________	______________________
	______________________	______________________
e)	... ob der Nachtisch und der Wein in einer anderen Speisekarte zu finden sind.	I'm afraid we don't do wines in here. And for the dessert you can just have a look at the counter over there. You will find a selection of cakes and pies.
	______________________	______________________
	______________________	______________________
	______________________	______________________

7 Schreibe nun aus den Angaben aus Aufgabe 6 einen Dialog zwischen dir, deinen Eltern und dem Kellner in dein Heft. Vergiss dabei nicht, dass du die Funktion des Dolmetschers hast.

Thementest Sprechen

1 Du machst mit deiner Tante Ferien in Nottingham. Ihr wollt ein Geschenk für deinen Bruder kaufen. Im Laden musst du für deine Tante übersetzen, weil sie kein Englisch kann.

Assistant: "Hello. Can I help you?"

You: „______________________________"

Aunt: „Guten Tag. Wir suchen ein Souvenir für einen Jungen."

You: "______________________________"

Assistant: "Well, that shouldn't be a problem really. How old is that boy?"

You: "He's 15."

Aunt: „Wie wär's mit einem T-Shirt, auf dem Robin Hood abgebildet ist?"

You: "______________________________"

Assistant: "I'm afraid we've only got T-shirts with 'Nottingham' written on them."

You: „______________________________"

Aunt: „Das ist schade. Aber schauen wir sie uns trotzdem an."

You: "______________________________"

Assistant: "What size do you need? And what about the colour?"

You: „______________________________"

Aunt: „Seine Größe ist ‚large'. Ich glaube, wir sollten ein blaues T-Shirt nehmen. Wie teuer die wohl sind?"

You: "______________________________

______________________________"

Assistant: "There are just two blue ones. They are £ 10.60 each."

You: „______________________________"

Aunt: „Da kaufen wir doch am besten gleich das blaue hier."

You: "______________________________"

2 Bei einer Wanderung in Cornwall hast du dich am Fuß verletzt. Nun bist du mit deinen Eltern im Krankenhaus, allerdings hast du so starke Schmerzen, dass deine Eltern mit dem Arzt reden müssen. Was sagen sie ihm? Orientiere dich an den Stichpunkten.

Deine Eltern erklären dem Arzt auf Englisch, dass

- ihr am Meer spazieren gegangen seid,
- du auf den steilen Felsen herumgeklettert bist,
- sie einen Schrei gehört haben, weil du ausgerutscht bist,
- sie dir helfen mussten, weil du nicht mehr laufen konntest,
- dich beim Auftreten der Fuß sehr schmerzt.

Two hours ago we ______________________________

____

____

____

____

____

Der Arzt hört sich das an und stellt dir dann einige Fragen. Deine Eltern übersetzen sie für dich ins Deutsche. Was sagen sie?

Doctor: "What part of the foot hurts?"

Vater: „Der Arzt möchte wissen, ______________________________."

Doctor: "What kind of pain is it? Is it a sharp or dull pain?"

Mutter: „Er fragt, ob es sich um einen ______________________________

______________________________."

Doctor: "Is there a constant pain in your foot or does it stop from time to time?"

Vater: „______________________________

______________________________"

Doctor: "Do you feel sick or dizzy?"

Mutter: „______________________________"

6 Abschlusstests

Test 1

1 Ein weiteres Abenteuer mit Robin Hood. Lies dir die folgende Geschichte gründlich durch.

It was a cold evening in February when a man came to the door of a small house in Kings Road in Nottingham. It was as late as eight o'clock and it was very dark. The man knocked at the door but nobody opened. After a few seconds the man shouted angrily, "Open that door! At once – I'm one of the Sheriff's men!"
Anne and Edward, who were 12 and 14 years old, were alone in the house. They were terribly scared. So they didn't open the door because their mother always told them, "Never open the door when it's dark and you are alone." Like so many evenings before, their mother was away, helping an old lady just around the corner. That old lady always gave a little money for her help – money she needed because they were poor and Anne and Edward's father was in prison. Their father was a brave and honest man who helped Robin Hood, but one day, the Sheriff's cruel men caught him.
The man shouted again – even more angrily. Then he kicked the door again and again so that it suddenly opened. "Look what we've got here!" he said when he saw the two children, "so there is someone at home! Two naughty little children who didn't let me in, treating me like a bad thief. Give me your money, boy. I haven't got time."
"But we haven't got any money," Edward answered.
"Okay – no money! Then let's have a look at your clothes and food!" the man shouted, threatening poor Edward with a sharp knife.
"We are as poor as a church mouse. We've only got our clothes and one or two other things and we can't give you food," the boy said.
"No food! No clothes! There must be something! What about that door over there? Open it!" the man ordered.
Fortunately, Edward could talk to his little sister while the Sheriff's man was walking through the room.
The man opened the door. But there were only some empty bottles and some cups and plates.
The man was so angry about it that he took the bottles and threw them onto the floor. Luckily, he couldn't see that Anne escaped through the back door at that moment.

2 Suche aus dem Text Paare aus Adjektiv + Substantiv heraus. Entscheide dich, welchen unbestimmten Artikel sie benötigen, und ordne sie dann in die Tabelle ein.

a	an
cold evening, ______	______
______	______
______	______
______	______
______	______
______	______
______	______

3 Forme die Sätze so um, dass die unterstrichenen Substantive im Plural stehen. Vorsicht: Manchmal musst auch die Artikel oder die Pronomen mitverändern!

a) A man came to the door of a small house in Kings Road.

______

b) That old lady always gave her a little money for her help.

______

c) The two children were treating him like a thief.

______

d) He was threatening Edward with a knife.

______

e) "We are as poor as a church mouse."

______

f) What about that door over there?

______

4 Ergänze die Tabelle mit den fehlenden Steigerungsformen. Einige Formen findest du direkt im Text.

Grundform	Komparativ	Superlativ
a cold evening		
a small house		
	an older lady	
		They were the poorest.
a brave and honest man		
		They were most scared.
a bad thief		
	it's darker	

5 Anne erzählt Robin Hood von den Vorkommnissen. Ergänze die Lücken mit der richtigen Zeitform des Verb in Klammern. Achte auf die Signalwörter!

Hi Robin – just imagine, there ________________ (be) one of the Sheriff's men at our house and he ______________________ (look) for some money right now. But we ______________________ (not / have) any. He ________________ (come) to us about 20 minutes ago, and since then he ______________________ (not / leave). He ____________________ (be) such a terrible person. I ____________________ (not / meet) such a person before. He ______________________ (shout) outside while we ______________________ (be) inside. He also ______________________ (knock) at our door and he ______________________ (not / leave) us alone. Mum ________ __________________ (not / come) home yet and we ______________________ (not / know) what to do. Right now Mum ______________________ (help) Mrs O'Leary just around the corner.

6 Wie lautet das Gegenteil der folgenden Adjektive? Trage ein.

a small house ⇔ ______ house

they were poor ⇔ ______

an old lady ⇔ ______

he was angry ⇔ ______

a cold evening ⇔ ______

empty bottles ⇔ ______

the back door ⇔ ______

it was as late as ⇔ ______

7 Blättere zu dem Text von Aufgabe 1 zurück. Suche darin nach ähnlichen Ausdrücken und Wendungen, mit denen du die folgenden unterstrichenen Begriffe ersetzen kannst.

They sent him to prison. — They ______.

They didn't have any money. — ______

Their parents were not at home. — ______

Their father never told lies. — ______

It was already eight o'clock. — ______

The old lady didn't live far away from their house. — ______

Anne could leave the house through the back door. — ______

The door opened quickly. — ______

The man wanted them to open the door. — ______

8 Denke dir zu diesen Adjektiven aus dem Text mindestens vier weitere passende Substantive aus. Vermeide es, die gleichen Substantive zu wiederholen.

a) a cold evening, cold feet, ______________________

b) a small house, ______________________

c) an empty bottle, ______________________

d) an old lady, ______________________

e) little children, ______________________

f) a bad thief, ______________________

g) a poor family, ______________________

9 Kreuze zu den folgenden Aussagen die richtige Antwort an. Ist die Aussage falsch, schreibe die korrekte Antwort in dein Heft.

	true	false
a) It is a morning in February.	☐	☐
b) It was already eight o'clock.	☐	☐
c) There was an angry man at the door.	☐	☐
d) Someone opened the door at once.	☐	☐
e) The children were alone.	☐	☐
f) Their mother was away and their father was in prison.	☐	☐
g) Their father was in prison because he was a bad thief.	☐	☐
h) The Sheriff's man wanted to eat something.	☐	☐
i) When he didn't get what he wanted, he threatened the children with a knife.	☐	☐
j) The children couldn't give him any money, food or clothes.	☐	☐
k) Luckily, Anne could escape through an open window.	☐	☐

10 Die Geschichte aus Aufgabe 1 spielt in der Küche eines Hauses. Entwerfe eine Mindmap zum Thema Küche. Finde weitere Unterbegriffe zu *in the cupboard – in the fridge – kitchen appliance* (Küchengeräte) – *things you can do in a kitchen.*

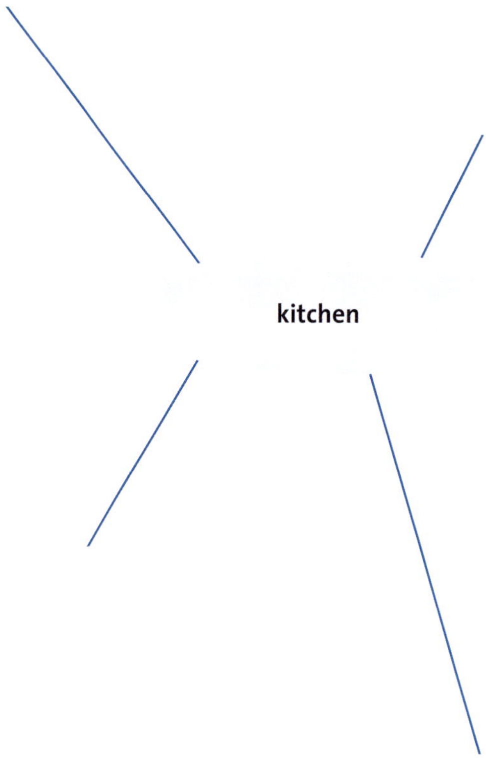

11 Beantworte die Fragen zum Text in Aufgabe 1 in vollständigen Sätzen. Schreibe die Antworten in dein Heft.

a) Where was the children's house?
b) Who knocked at the door?
c) How old were Anne and Edward?
d) Why didn't they open the door?
e) Where was their father?
f) What happened when the man kicked at the door again?
g) What did the man want from the children?
h) What could the children give the man? Why?
i) What could Edward do while the Sheriff walked through the room?
j) Why did the man throw the bottle on the floor?

12 Lies den Text in Aufgabe 1 ein weiteres Mal, dann ergänze die folgenden Sätze, indem du die richtige Konjunktion aus dem Wortspeicher wählst.

although – while – so – but – because – when

It was a cold evening in February ______________________________

______________________________.

The man knocked at the door ______________________________

______________________________.

They didn't open the door ______________________________

______________________________.

Their mother often left her children alone ______________________________

______________________________.

The children's father helped Robin Hood ______________________________

______________________________.

Anne could escape ______________________________

______________________________.

13 Schreibe nun eine Zusammenfassung des Textes von Aufgabe 1 in sechs Sätzen. Achte dabei auf die richtige Zeitform.

A man comes to a ______________________________

____

____

____

____

____

____

____

14 Die Geschichte von Anne und Edward benötigt noch einen Schluss. Schau dir die Stichpunkte an und überlege dir, wie es mit den beiden weitergehen könnte. Dann schreibe die Geschichte in deinem Heft zu Ende. Achte dabei auf die richtige Zeitform der Verben!

Stichpunkte:

- call Robin and his friends
- bows and arrows
- hide behind an oak tree
- catch the Sheriff's man
- take him to the Sheriff
- Anne and Edward's father free again

15 Am Abend erzählt Anne ihrer Mutter die ganze Geschichte. Erzähle sie nochmals aus Annes Perspektive. Die folgenden Satzanfänge helfen dir dabei. Schreibe in dein Heft.

- Mum, let me tell you what happened last night. It was about …
- You were …
- While we were inside the man …
- But suddenly the man kicked …
- The man wanted …
- Then he saw another …
- He got very angry when …
- Luckily, I escaped … and called …
- Robin came …

Test 2

1 Schau dir die folgenden Bilder genau an.

MEV Verlag, Augsburg

MEV Verlag, Augsburg

2 Beschreibe Bild 1 aus Aufgabe 1, indem du die folgenden Sätze vervollständigst. Die Verben aus dem Wortspeicher helfen dir dabei. Achte auf die richtige Zeitform des Verbs.

to laugh – to carry – to give so. a piggy back *(jdn. huckepack nehmen)* – to walk – to hold – to shine

Today the sun ______________________________.

The Browns ______________________________ along the beach.

Mr Brown ______________________________ his son Mark ______________________________.

Mrs Brown ______________________________ Colin's hand.

Colin ______________________________ a bucket which he needs for his sandcastle.

It's a nice day and the Browns ______________________________ because they are happy.

3 Am Meer kann man viele Dinge unternehmen. Bilde mithilfe der folgenden Tabelle acht Sätze und schreibe sie in dein Heft. Achte auf die richtige Zeitform (Signalwörter) und bringe – falls notwendig – die Satzteile in die richtige Reihenfolge!

Substantiv	Verben	Objekte / Adverbialen	Zeitangaben
I The children My friends My parents The girl The young boy She They	to make to eat to play to lie to read to drink to look for to swim	on the beach in the sea beach volleyball a sandcastle crabs and shells some ice cream a cool drink a magazine	yesterday just often always every summer two hours ago already last July

4 Was siehst du auf Bild 2 in Aufgabe 1? Bringe die Buchstaben in die richtige Reihenfolge.

fclif – ____________ wvea – ____________

ysk – ____________ snda – ____________

tonses – ____________ osatc – ____________

siedeas – ____________ ockr – ____________

eas – ____________ uned – ____________

5 Welches Substantiv aus Aufgabe 4 passt zu den folgenden Adjektiven? Manchmal gibt es auch mehr als eine Möglichkeit.

the blue ____________ the rocky ____________

a huge ____________ the calm ____________

a sandy ____________ a steep ____________

a heavy ____________ the lovely ____________

6 Bilde mit *sea* und *coast* zusammengesetzte Wörter *(compounds)*.
Tipp: Das deutsche Wort kann dir dabei behilflich sein!

sea: seas__________ *(seekrank)*, seab__________ *(Meeresvogel)*, seaf__________ *(Meeresfrüchte)*, seag__________ *(Möwe)*, sea h__________ *(Seepferdchen)*, seam__________ *(Seemann)*, seas__________ *(Meeresmuschel)*, sea w__________ *(Meereswasser)*

beach: beachb__________ *(Ballspiel am Strand)*, beach b__________ *(Strand-tasche)*, beach p__________ *(Strandparty)*, beach h__________ *(Strandhütte)*, beachw__________ *(Strandbekleidung)*

7 Entwerfe eine Mindmap zum Thema *at the seaside*. Wähle als Unterpunkte *what to see at the seaside, things to take to the beach* und *activities on the beach.*

at the seaside

8 Ergänze die Postkarte, die Emma ihrer Freundin Jane aus den Ferien schreibt. Die Hinweise in den Klammern helfen dir dabei.

Dear Jane,

Here I am in ____________________ (← ein Land in Europa) . The ____________________ ____________________ (← Wetter: gut) and the sun ____________________ __________ (← scheint jeden Tag) and the hotel ____________________ (← wie ist das Hotel?). The hotel is not far from the beach so I can walk there. The beach is super because ____ (← einen Grund nennen). It is so exciting at the coast and I can do so many things like _____ ____ (← zwei Aktivitäten nennen).

Wish you were here.

Love,
Emma

9 Du möchtest mit deinem Brieffreund aus England einige Tage auf der Insel Amrum in der Nordsee verbringen. Du hast dir Informationen besorgt und sie ihm geschickt. Lies sie dir zunächst durch.

AMRUM

Erleben Sie den breitesten Strand Europas und großartige Dünenlandschaften. Genießen Sie den weiten Himmel und die heilende Kraft der Nordsee mit Wind und Wellen. Lernen Sie die ausgedehnten Wald- und Heidegebiete kennen und laufen Sie bei Niedrigwasser auf einer Wattwanderung zur Nachbarinsel Föhr.

Unterkunft in der
Jugendherberge „Nordseeheim“
182 Betten / auf der Südseite der Insel gelegen / 100 m zum Strand

- **Unterbringung / Ausstattung:** 6-Bett-Zimmer, Waschräume und WC auf den Etagen, Duschen im Untergeschoss
- **Verpflegung:** Frühstück, Lunchpaket bzw. Mittagessen, Abendessen
- **Besonderheiten:** Bettwäsche inklusive Handtücher bitte mitbringen
- **Freizeitmöglichkeiten:** Aufenthaltsraum, Tischtennis, TV und Video, Grillstelle
- **Ausflugstipps:**
  - Fahrt nach Helgoland
  - Fahrt zu den Seehundbänken oder Halligen
  - Wattwanderung nach Föhr
  - Ausflug zur Nachbarinsel Wyk
  - Badelandschaft Amrum

10 Nun hat dein Brieffreund noch einige Fragen. Ergänze das folgende Telefonat zwischen dir (B) und deinem Freund in England (A). Tipp: Du musst viele Begriffe nicht wortwörtlich übersetzen, sondern kannst sie umschreiben!

A: "Hi there, Many thanks for the information about Amrum. But can you help me with a few words?"

B: "Sure."

A: "OK. What does 'heilende Kraft der Nordsee' mean?"

B: "Well, ____."

A: "I understand. So this is just the place for me then. And what about 'Niedrigwasser'?"

B: "It has got something to do with the tides. ________________________

____

____"

A: "Of course. And I don't understand 'Wattwanderung'. I know what 'Watte' is."

B: "It has got nothing to do with 'Watte'. It's ________________________

____

____."

A: "Hey, and what is a 'Badelandschaft'? I understand 'Bade...' which is bathing and 'Landschaft' which is countryside."

B: "This is not easy, but I'll try. ______________________________

____

____

____

____"

A: "Thanks. Anyway. I might have some other question – but I'll mail you then – bye."

11 Dein Freund schickt dir nun noch eine E-Mail mit einigen Fragen zum Aufenthalt in der Jugendherberge auf Amrum. Beantworte sie mithilfe der Informationen aus Aufgabe 9.

A: "How many people sleep in one room at the youth hostel?"

B: "____."

A: "What about the toilets and the showers?"

B: "I'm afraid that ____.

____"

A: "Is the beach far from the youth hostel?"

B: "No, not really. ____"

A: "We do get a breakfast. But what if we are away for the whole day?"

B: "Don't worry, ____.

____"

A: "Can we watch TV there? It's the football World Cup. I don't want to miss a game."

B: "____"

A: "Do I have to bring along my own towels?"

B: "Yes, ______________________ and don't forget your ______________

____________ for the bed. You won't get any there."

12 Dein englischer Freund erzählt nun seinen Eltern von der Ferieninsel Amrum. Was wird er ihnen wohl sagen? Schreibe etwa acht Sätze.

Amrum is a little North Sea island _______________________________

____

____

____

____

Mathematik

1 Natürliche und ganze Zahlen

1.1 Darstellung großer Zahlen

1 Schreibe die Zahlen in Ziffern.

a) Sieben Millionen neunhundertachtzigtausenddreihundertdreiundzwanzig
b) Drei Billionen dreizehn Milliarden zweiundvierzig Millionen

2 Stelle die Zahlen mithilfe einer Zehnerpotenz dar.

a) 100 b) 10 000 c) 1 000 000 000 d) 3000 e) 1 f) 73 000 000

3 Schreibe die Zahlen ohne Zehnerpotenz.

a) $107 \cdot 10^2$ b) $5031 \cdot 10^7$ c) $213 \cdot 10^5$ d) $10^5 \cdot 10^3$

4 Fülle die Lücken sinnvoll mit nebenstehenden Zahlen.

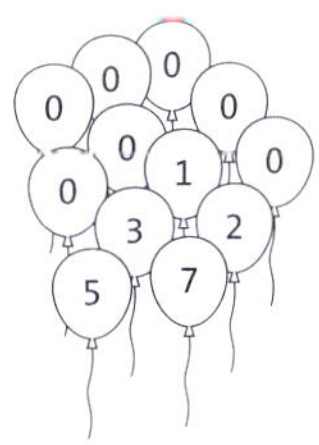

a) $1\_\_\_0 = 10^4$ b) $\_\_\_000 = 7 \cdot 10^3$

c) $10^2 \cdot 10^{\_} \cdot 10^5 = 10^9$ d) $5 \cdot 10^{\_} = 5$

e) $3\_\_\_ \cdot 10^2 = 303\,000$ f) $10^4 \cdot \_\_\_^8 \cdot 10_{\_} = 10^{17}$

G8 PRAXISTIPP

Bei Zehnerpotenzen ist der Exponent gleich der Anzahl der Nullen.

$10^0 = 1$ $\underbrace{1000} = 10^3$ ← Anzahl der Nullen

1.2 Zweiersystem und römische Zahlen

5 Übertrage die folgenden Zahlen vom Zweiersystem ins Zehnersystem.

a) $(10)_2$ b) $(111)_2$ c) $(1100)_2$ d) $(10001)_2$
e) $(11011)_2$ f) $(1100110)_2$ g) $(1001001)_2$ h) $(1111011)_2$

6 Übertrage die folgenden Zahlen vom Zehnersystem ins Zweiersystem.

a) 4 b) 0 c) 21 d) 15 e) 33 f) 88 g) 100 h) 137

7 Gib den Vorgänger und den Nachfolger im Zweiersystem an.

a) $(10)_2$ b) $(10101)_2$ c) $(10111)_2$ d) $(111110)_2$

8 Beantworte die folgenden Fragen.

a) Woran erkennt man im Zweiersystem die ungeraden (geraden) Zahlen?
b) Wie viele Zahlen liegen im Zweiersystem zwischen der größten dreistelligen und der kleinsten sechsstelligen Zahl?

9 Stelle die folgenden römischen Zahlen im Dezimalsystem dar.

a) XXI b) CIV c) XIX d) CDXCV
e) DCXCIX f) DI g) LXXXIII h) MMDCXIV
i) XLIX j) CLXXVIII k) CDXCVIII l) MMCDXLIV

10 Schreibe die folgenden Zahlen als römische Zahlen.

a) 39 b) 32 c) 70 d) 97 e) 378
f) 543 g) 766 h) 415 i) 1135 j) 2199

1.3 Teilbarkeitsregeln

11 Prüfe, ob die erste Zahl die zweite teilt. Setze passend | bzw. ∤ ein.

a) 3 ___ 42	b) 6 ___ 45	c) 4 ___ 54	d) 9 ___ 119
e) 5 ___ 88	f) 9 ___ 135	g) 6 ___ 68	h) 5 ___ 9875
i) 3 ___ 111	j) 8 ___ 259	k) 4 ___ 2980	l) 3 ___ 417
m) 3 ___ 446	n) 9 ___ 828	o) 4 ___ 732	p) 4 ___ 276
q) 8 ___ 288	r) 5 ___ 230	s) 9 ___ 891	t) 6 ___ 2352

12 Male alle Felder, in denen durch 3 oder 9 teilbare Zahlen stehen, grün und alle Felder, in denen durch 4 teilbare Zahlen stehen, rot aus.

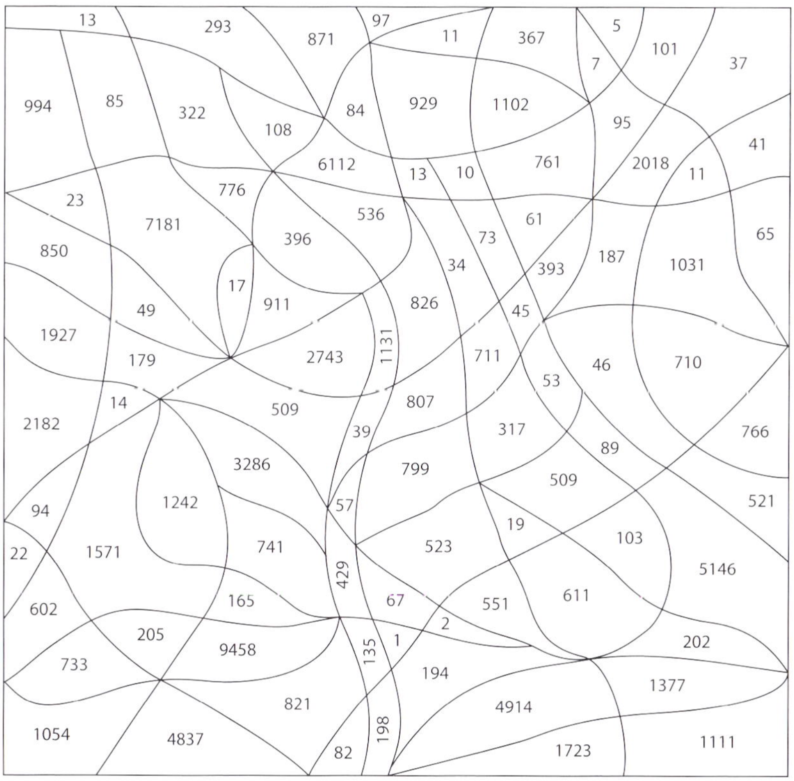

13 Schreibe die Zahlen als Produkt von Primzahlen.

a) 41 b) 37 c) 71 d) 49 e) 39 f) 57
g) 17 h) 93 i) 101 j) 21 k) 51 l) 78

14 Bestimme den größten gemeinsamen Teiler (ggT) bzw. das kleinste gemeinsame Vielfache (kgV).

a) ggT (12, 10) b) kgV (5, 13) c) ggT (28, 192) d) ggT (8, 12, 20)
e) kgV (12, 15) f) ggT (48, 64) g) kgV (150, 210) h) kgV (16, 24, 32)

G8 PRAXISTIPP

Die Zerlegung in Primfaktoren hilft bei der Bestimmung von **ggT** und **kgV:**
$12 = 2 \cdot 2 \cdot 3$; $15 = 3 \cdot 5$. ggT (12, 15) ist der größte Primfaktor, der bei beiden Zahlen vorkommt, also 3. Um das kgV (12, 15) zu berechnen, werden die jeweils höchsten Potenzen der vorkommenden Primfaktoren multipliziert: $2^2 \cdot 3 \cdot 5 = 60$.

15 Löse die folgenden Textaufgaben und schreibe einen Antwortsatz.

a) Herr Groß, Herr Klein und Herr Mittel sind Busfahrer. Herr Groß kommt alle 27, Herr Mittel alle 18 und Herr Klein alle 12 Tage nach Köln. In welchen zeitlichen Abständen treffen alle drei gleichzeitig dort ein?
b) Ein Garagenboden soll mit möglichst großen quadratischen, unzerteilten Fliesen ausgelegt werden. Die Garage ist 255 cm breit und 595 cm lang. Welche Kantenlänge hat eine Fliese und wie viele werden benötigt?

16 Zerlege die Zahlen in Primfaktoren. Streiche die verwendeten Faktoren (Buchstaben) durch. Die verbleibenden Buchstaben liefern ein Lösungswort.

a) 77 b) 12 c) 125 d) 66 e) 169
f) 30 g) 122 h) 323 i) 69

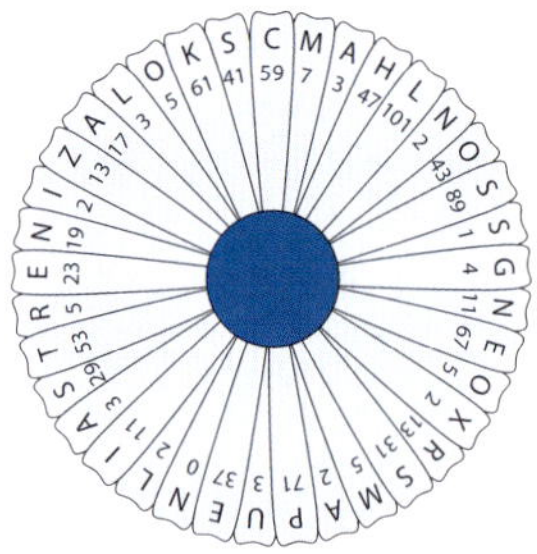

1.4 Anordnung und Betrag ganzer Zahlen

17 Trage die fehlenden Zahlen auf der Zahlengeraden ein.

a)

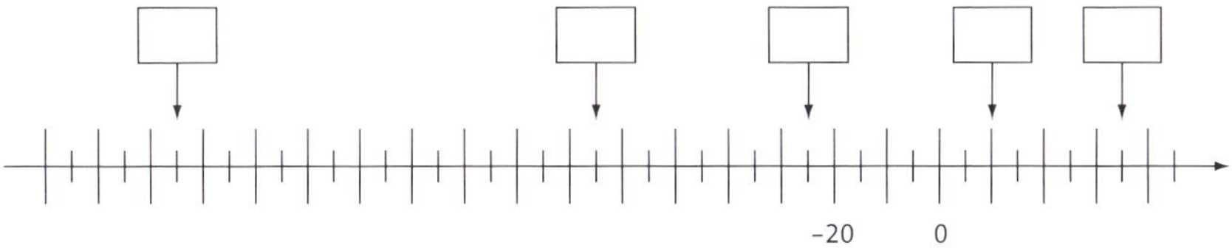

b)

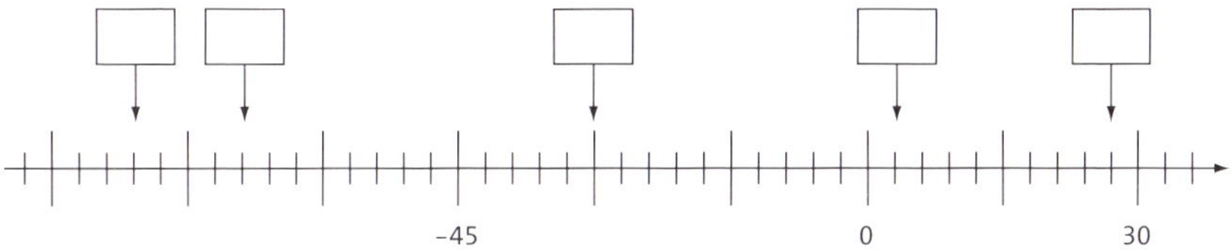

18 Ordne die Zahlen der Größe nach und verwende das Zeichen < („kleiner als").

a) −11; 9; −1; −37; 56; 8

b) −4; 0; |+1|; −1; |−1|; −3; |−4|; |−13|

19 Vervollständige die Tabelle.

Zahl	Gegenzahl	Betrag
7		
	−13	
		8
|−127|		

20 Welche Zahl liegt genau in der Mitte zwischen beiden Zahlen?

a) −3 und 7

b) −25 und 3

c) |−8| und 10

1.5 Schriftliche Rechenverfahren

21 Addiere und subtrahiere schriftlich.

a) 1473 + 10 783 b) 20 375 + 39 489 c) 23 984 – 4256
d) 33 049 – 29 597 e) 23 002 + 384 + 3994 f) 45 076 – 31 473 – 7994

22 Multipliziere und dividiere schriftlich.

a) 394 · 227 b) 57 · 68 c) 3984 · 23 d) 2384 · 375
e) 20 615 : 31 f) 2275 : 25 g) 90 828 : 27 h) 30 485 : 91

23 Fülle die Lücken so, dass richtige Rechnungen entstehen.

a)

	5	8	2	2	1
+			□	3	□
+		1	7	5	6
	□	0	4	0	8

b)

	1	□	9	8	7
+		8	3	□	5
+		4	3	0	7
	2	5	□	6	9

c)

	2	0	□	3	8
–			6	9	9
–		1	3	□	□
	□	8	5	3	2

d)

	□	7	5	9	9
–		□	7	□	1
–		5	6	1	□
	2	3	2	4	5

24 Löse die Textaufgaben durch schriftliche Rechnung und schreibe einen Antwortsatz.

a) Ein 8500 Liter fassender Öltank wird gefüllt. Pro Tag werden 23 Liter Öl verbraucht. Wie viele Liter sind nach 14 Tagen noch im Tank? Wann ist er leer?

b) Petra ist in dieser Woche viel Rad gefahren: Von Montag bis Freitag fuhr sie in die Schule, wobei der Weg in eine Richtung 3,5 km lang ist, am Dienstag und Donnerstag ist sie insgesamt 8 km zum Training gefahren und am Freitag war sie bei ihrer Freundin, die 6 km entfernt wohnt. Auf wie viele Kilometer kommt Petra diese Woche?

1.6 Rechengesetze

25 Berechne die Werte der Terme.

a) (+20) − (+3) b) (+11) + (−57) c) (−15) + (+27) d) (+13) − (−19) + (+7)
e) (−13) − (−29) f) (+92) − (−28) g) (−49) + (−85) h) −39 + (−22) − (−49)
i) (−20) · (+3) j) (−11) · (−5) k) (−49) : (−7) l) [(+84) : (−4)] : (+7)
m) 3 · (−5) · 2 n) (−2) · (+14) o) (+100) : (−25) p) [121 : (−11)] · (−9)

26 Fülle die Zahlenmauern aus. Das Rechenzeichen gibt an, wie die Zahlen zweier nebeneinanderliegender Steine verknüpft werden.

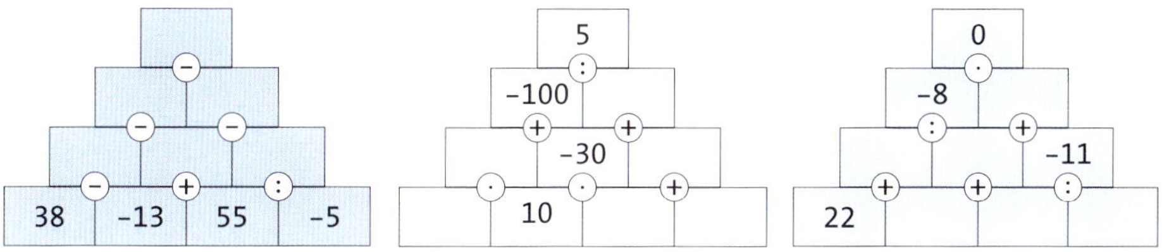

27 Schreibe die Terme zuerst ohne Klammern und berechne dann ihre Werte.

a) (+120) − (+33) − (−88) b) (−115) + [(−45) − (+18)] c) (+3) − (−31) + (+47)
d) (22 − 103) − (15 − 20) e) (−29) + (44 − 8) + (−12) f) −3 + (−40) − (3 − 14)
g) [−(−20) + (14 + 3)] + 5 h) (−4) + [−(1 − 7) + (−13)] i) −[(+8) + (−4) − (+9)]
j) (−4) · (−6 + 3) k) [(−12) − (−9)] · (+5) l) 7 · [11 + (−13)]

G8 PRAXISTIPP

Plusklammern darf man weglassen, wenn man die Vorzeichen aus der Klammer übernimmt. **Minusklammern** darf man weglassen, wenn man alle Vorzeichen aus der Klammer umkehrt.

Distributivklammern löst man auf, indem man den Faktor vor (oder nach) der Klammer mit jedem Summanden in der Klammer multipliziert und die Produkte addiert bzw. subtrahiert.

$$-35 \cdot (41 - 51) = -35 \cdot 41 - (-35) \cdot 51$$
$$= -1435 + 1785 = 350$$

28 Berechne die Werte der folgenden Terme.

a) 4^3 b) 7^3 c) -9^3 d) $-2^3 \cdot 3^3 \cdot 6$ e) 5^2 f) $3 \cdot 4 \cdot 2^6$
g) $2 \cdot 5^3$ h) 12^2 i) $(-3)^5$ j) $3 \cdot 10^3$ k) $7 \cdot 6^2$ l) $2^4 \cdot 10^2$

29 Berechne und achte dabei auf die „Vorfahrtsregeln“.

a) $-5-(+3 \cdot 4)$ b) $69 : (-3) + 5 \cdot (-12)$ c) $-3 \cdot [-7-(3+18)]$
d) $21 : (-7) + (-2)$ e) $1000 : (-25) + (+5)$ f) $4 \cdot [-(-3 \cdot 2) + (-8)]$
g) $7 \cdot [13 + (-11)]$ h) $10-(-1) \cdot (-10+3)$ i) $7 \cdot (-7) + 7 \cdot (-17+5)$
j) $-70 \cdot [0-(-15)]$ k) $(-2)^3 : [(+5) \cdot 4 - 18]$ l) $\{-2 \cdot [+4-(+9-3) \cdot 2]\} \cdot (-2)$

G8 PRAXISTIPP

Beachte beim Rechnen immer die „Vorfahrtsregeln“:
- Ohne Klammern gilt: „Potenzrechnung“ vor „Punktrechnung“ vor „Strichrechnung“.
- Bei Klammern gilt: Klammerinhalte zuerst rechnen.
- Bei mehreren Klammern gilt: Klammern „von innen nach außen“ rechnen.

30 Schreibe die Aufgaben erst als Terme und berechne dann deren Werte.

a) Subtrahiere –18 von der Summe aus –33 und 192.
b) Dividiere die Summe aus –4 und –22 durch die Differenz aus 47 und 60.
c) Das Produkt aus –3 und der zweiten Potenz von 8 wird zum Quotienten aus 15 und –5 addiert.
d) Addiere die Hälfte der Summe aus –45 und 135 zum Quotienten mit dem Dividenden –120 und dem Divisor 6.
e) Subtrahiere das Produkt aus dem Vierfachen von 19 und –3 von der Hälfte der Summe aus –10 und 238.

31 Fülle die Lücken mit Zahlen, Klammern und Rechen- oder Vorzeichen.

a) $-17 + 3 \cdot \_\_\_ + 8 = -15$ b) $-3 \cdot (\_\_\_\ 5\ \_\_\_\ 11) = 2 - 3 \cdot (-\_\_\_) - (-1)$
c) $(+5) \cdot (11 - \_\_\_) + (\_\ 3) = \_\_\_\ 8 \cdot (-\_\_\_)$ d) $(-30) : (12 + \_\_\_) = \_\_\_ 3$
e) $(-1) \cdot (+\_\_\_) \cdot (\_\_\_) \cdot (-1) = -26$ f) $(-\_\_\_)^2 \cdot 10 + \_\_\_ = \_\_\_ \cdot (-16)$

Thementest Natürliche und ganze Zahlen

1 Schreibe die Zahlen in Ziffern.

a) Fünfhundertdreiundzwanzig Millionen dreihundertdreitausendneunhundertacht
b) Siebzehn Billionen neunhundertsiebzehn Millionen vierhundertvierundsiebzig

2 Mit welcher Zahl muss man die angegebenen Zahlen jeweils multiplizieren, um ein Zehntausendstel zu erhalten?

a) 0,01 b) 0,000 000 000 1 c) 10^4

3 Berechne und stelle das Ergebnis mithilfe einer Zehnerpotenz dar.

a) $10^2 \cdot 10^3$ b) $10^7 \cdot 10^0$ c) $1000 \cdot 10^4 \cdot 10^1$ d) $1230 \cdot 10^2 \cdot 10^5$
e) Welche Beobachtung machst du in Aufgabe a)? Vervollständige den Text.

Werden zwei ______________________ miteinander multipliziert,

so erhält man das Produkt, indem man die ________________ addiert

und die Basis beibehält.

4 Beantworte die folgenden Fragen.

a) Wie verändert sich eine gerade Zahl im Zweiersystem, wenn man sie halbiert?
b) Gib die größte (kleinste) vierstellige (fünfstellige) Zahl im Zweiersystem an und schreibe sie dann im Zehnersystem.

5 Kontrolliere Sarahs Hausaufgaben und verbessere, falls nötig.

a) MMIX = 2009 b) 18 = VIIIX c) 1721 = MDCCXXI
d) DXIII = 63 e) 489 = IXD f) 108 = LLVIII

6 Berechne die Werte der Terme.

a) $8 + (-4) \cdot [-7 + 11]$
b) $-51 + 189 - (-45)$
c) $|-98 + 11 - 44| \cdot 3$
d) $56 + 2 \cdot (-3) \cdot (+5) - 1$
e) $7 \cdot |-3 + (-8)| + 5$
f) $(11 - 68) \cdot (3 + 17)$
g) $(47 - 65)^2$
h) $3 \cdot 4^2 - 5$
i) $10^3 - 5^2 \cdot 10$

7 Berechne schriftlich.

a) 35 889 + 2198 + 5893
b) 23 997 – 3599 – 237 – 1289
c) 4551 · 398
d) 24 310 : 65

8 Bearbeite die Textaufgaben in deinem Heft.

a) Wie viele Würfel mit einer Kantenlänge von 35 cm benötigt man mindestens, um einen Turm von der Erde bis zum Mond (Entfernung ca. 384 000 km) zu bauen? Schreibe das Ergebnis mithilfe einer Zehnerpotenz.

b) Herr Meier möchte ein neues Auto kaufen. Es kostet in der Grundausstattung 24 399 Euro zuzüglich 4599 Euro für die Sonderausstattung. Wie viel muss Herr Meier noch bezahlen, wenn er 5500 Euro für seinen Altwagen bekommt?

c) Yannick und Timea wollen für ihren Geburtstag Muffins backen. Yannick hat für seine Schokoladenmuffins ein Blech für 12 Muffins. Timea möchte Vanillemuffins backen und hat ein Blech für 15 Muffins. Wie viele Muffins muss jeder der beiden backen, wenn sie am Ende von beiden Sorten gleich viele Muffins haben wollen und immer nur volle Bleche in den Ofen schieben?

9 Sid und Manfred haben eine alte Steintafel aus der letzten Eiszeit gefunden, auf der sich zwei Nagetiere verewigt haben. Aus welchem Jahr stammt die Steintafel?

2 Brüche und Dezimalzahlen

2.1 Brüche und Anteile

1 Welcher Anteil der Flächen ist farbig? Stelle die Anteile als Bruch dar.

a)

b)

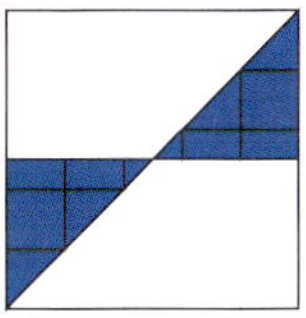

c)

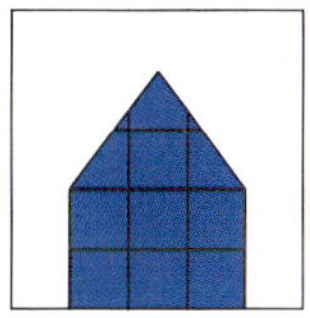

d)

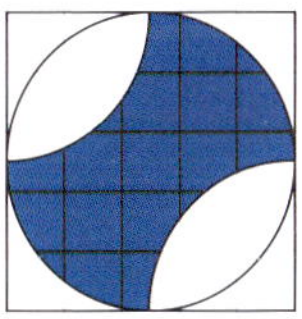

e)

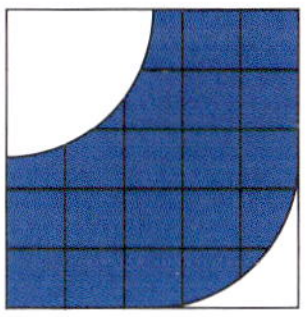

f)

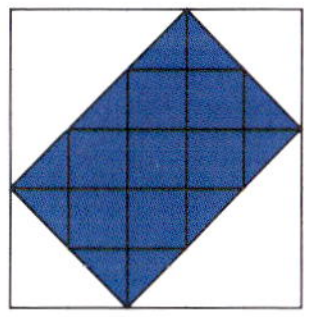

2 Markiere die angegebenen Anteile der jeweiligen Figur bzw. des Körpers entlang der Begrenzungslinien farbig.

a) $\frac{1}{3}$

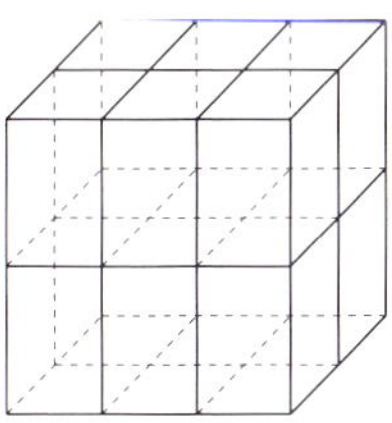

b) $\frac{1}{6}$

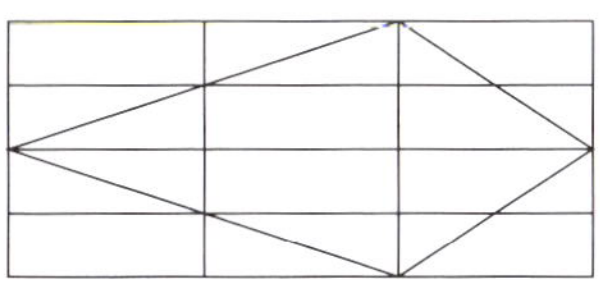

c) $\frac{1}{8}$

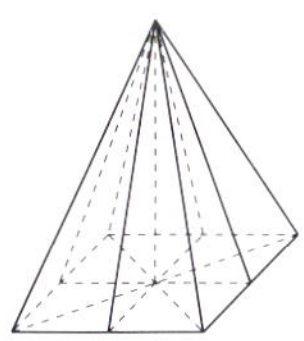

3 Berechne die angegebenen Anteile.

a) $\frac{3}{8}$ von 120 cm
b) $\frac{8}{25}$ von 1 ha
c) $\frac{5}{6}$ von 72 kg
d) $\frac{4}{5}$ von 25 dm
e) $\frac{1}{12}$ von 2 h
f) $\frac{7}{8}$ von 30 Tagen
g) $\frac{7}{73}$ von 1 Jahr
h) $\frac{11}{60}$ von 3 Tagen
i) $\frac{1}{5}$ von 625 ml

4 Fülle die Lücken. Über den Pfeilen steht der Bruch, mit dem multipliziert wird.

a) $156\ \text{m}^2 \xrightarrow{\cdot \frac{4}{13}}$ ____
b) $63\ \text{cm} \xrightarrow{\quad} 7\ \text{cm}$
c) ____ $\xrightarrow{\cdot \frac{2}{3}} 52\ €$
d) ____ $\xrightarrow{\cdot \frac{1}{5}} 12\ \text{s}$
e) $9\ \text{kg} \xrightarrow{\quad} 7\ \text{kg}$
f) ____ $\xrightarrow{\cdot \frac{4}{9}} 48\ \text{h}$
g) $272\ \text{a} \xrightarrow{\quad} 17\ \text{a}$
h) ____ $\xrightarrow{\cdot \frac{2}{3}} 4{,}48\ €$

5 Löse die folgenden Textaufgaben.

a) Beim Fußballspielen wollen sich Sören, Gabriel und Nahuel drei viertel Liter Apfelsaft teilen. Wie viele Liter bekommt jeder von ihnen?
b) Miriam wünscht sich von ihren Eltern eine Klarinette. Ihre Eltern geben ihr 215 € als Zuschuss. Sie selbst muss zwei Drittel des Kaufpreises von ihrem Sparbuch abheben. Wie viel Euro kostet die Klarinette?
c) Rosemarie arbeitet in einer Gärtnerei. Sie soll ein Beet von $\frac{4}{5}$ a mit Blumen bepflanzen. $\frac{3}{10}$ der Fläche sollen mit Rosen und $\frac{7}{16}$ mit Tulpen bepflanzt werden. Wie viele Quadratmeter muss sie für jede Blumensorte einplanen?
d) Ein neuer Tunnel in den Alpen soll 27 km lang werden. Dabei wird die Bohrung in mehrere Abschnitte aufgeteilt. Im ersten Bauabschnitt wird $\frac{1}{9}$ des Tunnels fertiggestellt. Das ebenfalls schon fertige Tunnelstück des zweiten Bauabschnitts ist 3 km lang. Welcher Anteil des Tunnels muss nun im letzten Bauabschnitt noch fertiggestellt werden?

2.2 Rechnen mit Brüchen

6 Berechne die Summen und Differenzen und gib das Ergebnis als vollständig gekürzten Bruch an.

a) $\frac{3}{7}+\frac{11}{7}$

b) $\frac{2}{3}-\frac{7}{3}$

c) $\frac{-1}{2}-\frac{2}{4}$

d) $\frac{2}{5}+\frac{3}{7}$

e) $-\frac{4}{11}-3$

f) $\frac{-5}{-7}+\frac{7}{-5}$

g) $\frac{1}{2}-\left(-\frac{7}{8}\right)$

h) $\frac{7}{6}-\frac{2}{9}+\frac{1}{27}$

i) $1\frac{1}{4}-\left(-2\frac{5}{12}\right)$

7 Welche Summen sind durch die farbigen Anteile dargestellt?

a)

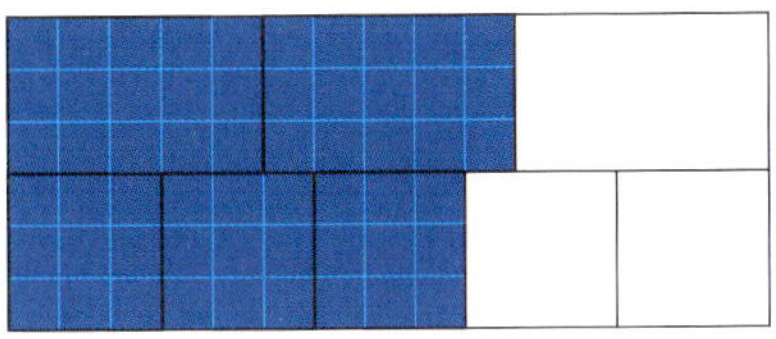

b)

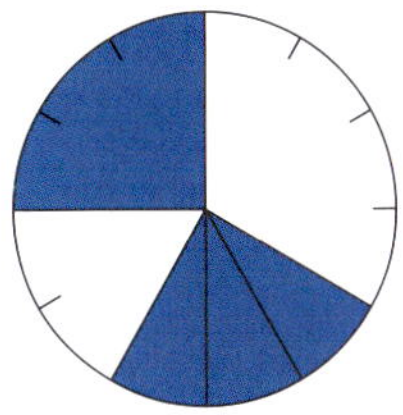

c)

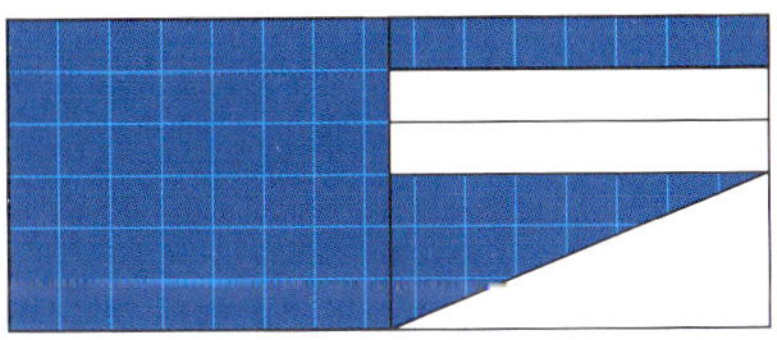

d)

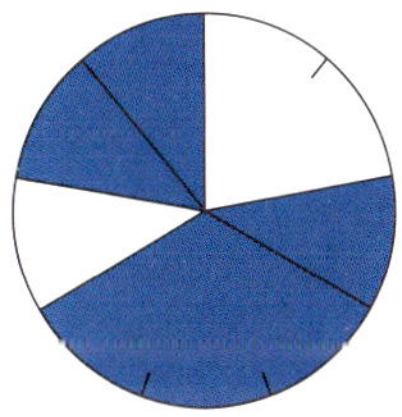

8 Fülle die Lücken in den Rechnungen mit den richtigen Zahlen oder Rechenzeichen.

a) $\frac{17}{11}+\frac{9}{11}=\frac{\square}{11}$

b) $\frac{8}{5}-\frac{\square}{5}=-\frac{3}{5}$

c) $\frac{\square}{5}-\frac{3}{10}=\frac{1}{10}$

d) $\frac{1}{2}-\left(-\frac{\square}{4}\right)=\frac{3}{4}$

e) $\frac{4}{7}-\frac{\square}{14}+2=0$

f) $4\frac{3}{8}-2\frac{\square}{16}=\frac{27}{16}$

9 Löse die erste Aufgabe (Buchstabe E). Das Ergebnis liefert dir jeweils die nächste zu lösende Aufgabe, wie bei einem Dominospiel. Wie lautet das Lösungswort?

$-\frac{1}{12}$	$\frac{2}{5}\cdot\frac{7}{3}$	E
$-\frac{5}{8}$	$\frac{64}{33}:\left(-\frac{8}{11}\right)$	K
$\frac{1}{44}$	$\frac{14^3}{13}\cdot\frac{0}{7}$	N
-1	$\frac{-0{,}5}{-3}\cdot\frac{1}{2}$	L
0	$-\frac{2}{15}:\left(\frac{14}{105}\right)$	A
$-\frac{2}{5}$	$-\frac{1}{2}:\frac{4}{5}$	S
$-\frac{8}{3}$	$-\frac{13}{121}\cdot\left(-\frac{11}{52}\right)$	A
$\frac{14}{15}$	$-\frac{1}{2}\cdot\frac{4}{5}$	I

10 Korrigiere die Fehler in Viviens Hausaufgaben.

a) $\frac{27}{13}+\frac{7}{4}=\frac{34}{17}$

b) $\frac{-6}{5}\cdot\left(-\frac{1}{-12}\right)=\frac{6}{10}$

c) $\frac{3}{4}:\frac{48}{39}=\frac{1\cdot 48}{4\cdot 13}=\frac{12}{13}$

d) $\frac{76}{35}-\frac{28}{44}=\frac{19}{5}-\frac{4}{11}=-\frac{15}{6}$

11 Berechne möglichst geschickt. Kürze vor dem Rechnen.

a) $\frac{27}{28}\cdot\frac{14}{81}$

b) $\frac{61}{19}\cdot\frac{95}{61}$

c) $-\frac{103}{196}\cdot\frac{14}{309}$

d) $\frac{4}{5}\cdot\left(-2\frac{7}{12}\right)$

e) $-3\frac{3}{7}\cdot\left(-2\frac{1}{16}\right)$

f) $2\frac{11}{12}\cdot 3\frac{1}{5}$

g) $-\frac{15}{7}\cdot\frac{63}{-25}\cdot\frac{-1}{9}$

h) $\frac{7}{13}\cdot\frac{3}{35}\cdot\frac{40}{33}\cdot\frac{39}{3}$

i) $\left(\frac{23}{111}:\frac{7}{81}\right):\left(\frac{46}{21}\cdot\frac{9}{37}\right)$

G8 PRAXISTIPP

Addition und Subtraktion von Brüchen: Achte auf gleiche Nenner.

Multiplikation von Brüchen: $\frac{\text{Zähler}\cdot\text{Zähler}}{\text{Nenner}\cdot\text{Nenner}}$

Division von Brüchen: Wandle die Division in eine Multiplikation mit dem Kehrbruch um.

2.3 Rechnen mit Dezimalzahlen

12 Fülle die Lücken. Wandle dabei Dezimalzahlen in Dezimalbrüche um und umgekehrt.

a) $0{,}7 = \frac{\square}{10}$

b) $0{,}0108 = \frac{\square}{\square}$

c) $\square = \frac{2705}{1000}$

d) $\frac{\square}{10^{\square}} = 0{,}08$

e) $\frac{\square}{10^{\square}} = 5{,}603$

f) $\frac{59}{10^8} = \square$

13 Trage die angegebenen Zahlen möglichst genau auf der Zahlengeraden ein. Verwende hierzu ein Lineal und markiere die Stellen mit einem Pfeil.

a) 1,1; –2,3; –3; 0,3; –1,7; 1,25; –0,05; –2,25

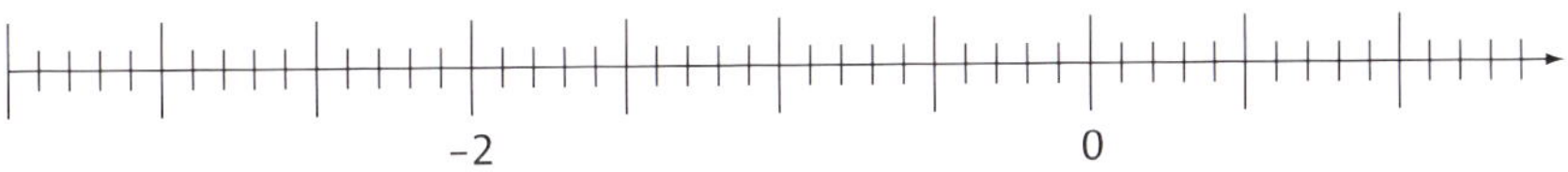

b) –4,03; –4,02; –4,045; –4,0025; –4,0175

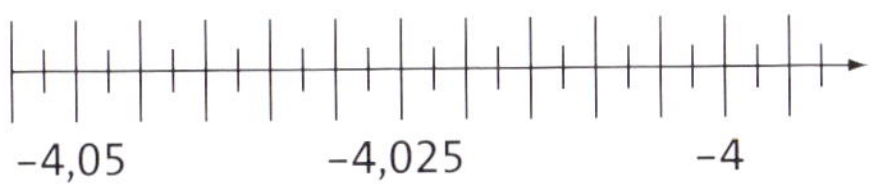

14 Fülle die Lücken so, dass richtige Rechnungen entstehen.

a)
```
    3 , 2 1
+ 9 , 7 4
-----------
  □□ , □□
```

b)
```
  1 8 , 6 5 7
+    9 , 0 7 □
--------------
  □□ , 7 □ 7
```

c)
```
  1 4 , 0 9
–    5 , 9 8
------------
  □□ , □□
```

d)
```
  1 4 , 2 9 □ 0
–    3 , 9 □ 0 2
----------------
  □□ , □ 0 0 □
```

e) 0,7 · 0,4 = ________

f) 2,25 : 15 = ________

2.4 Runden und Überschlagen

15 Runde auf die angegebene Stelle.

a)

	Hunderter	Tausender	Zehntausender	Hunderttausender
408 901				
317 459				
9 994 598				

b)

	Zehntel	Hundertstel	Tausendstel	Zehntausendstel
7,509 17				
23,711 978				
999,949 453				

16 Bei einem Formel-1-Rennen auf dem Hockenheimring sind laut Veranstalter 110 000 begeisterte Zuschauer gewesen.

a) Wie viele Zuschauer könnten es tatsächlich (mindestens, höchstens) gewesen sein, wenn der Veranstalter auf die Zehntausender-Stelle gerundet hat?

b) Wie groß ist damit die Ungenauigkeit der veröffentlichten Zuschauerzahl?

17 Überschlage das Ergebnis.

a) $7823 \cdot 8017$
b) $83\,789 : 687$
c) $4{,}79 + 13{,}07 - 5{,}23 + 7{,}38$
d) $0{,}062\,48 : 0{,}026$
e) $(9989 \cdot 97\,463) : 98$
f) $4 \cdot 10^5 + 9{,}734 \cdot 10^4 - 212\,003$

18 Thorsten behauptet, dass seine Eltern im Garten einen neuen rechteckigen Swimmingpool bekommen haben, der 35 m² groß ist.
Hat Thorsten geschwindelt?

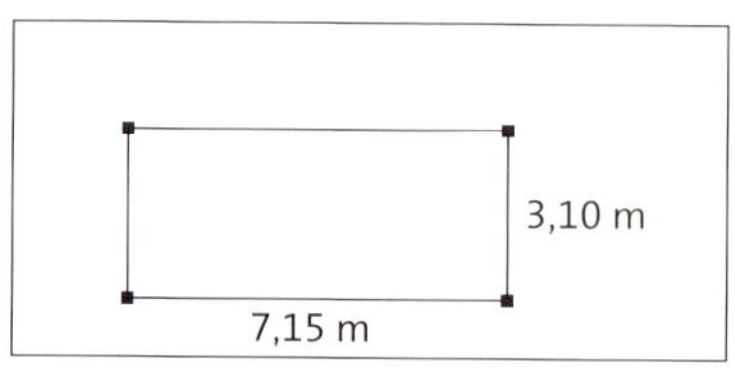

Thementest Brüche und Dezimalzahlen

1 Sind die Aussagen wahr oder falsch?

a) Addiert man einen Bruch mehrfach zu sich selbst, so erhält man irgendwann eine natürliche Zahl.
b) Subtrahiert man von einem Bruch seinen Kehrwert, so ist das Ergebnis immer größer als null.
c) Multipliziert man den Dividenden und den Divisor eines Quotienten mit der gleichen Zahl, so wird der Quotient verdoppelt.
d) Verschiebt man bei der Multiplikation zweier Dezimalzahlen bei beiden Faktoren das Komma um die gleiche Stellenzahl in entgegengesetzte Richtung, so bleibt das Ergebnis unverändert.
e) Wird der Divisor eines Quotienten halbiert, so verdoppelt sich das Ergebnis.

2 Entscheide, ob folgende Aussagen wahr oder falsch sind.

a) $0{,}1^2 < 0{,}1$
b) $(-0{,}1)^3 > 0$
c) $-2^2 = 4$
d) $(-14{,}3)^0 = 1$
e) $(-1)^{723} \geq 1$
f) $(-1)^2 = (-1)^{724}$

3 Ordne die angegebenen Zahlen mithilfe des Größer-als-Zeichens (>) und des Gleichheitszeichens (=).

a) $-17{,}030$; $4{,}3$; $0{,}7$; $1{,}7$; $1{,}07$; $-17{,}003$; $-17{,}303$; $\frac{107}{100}$

b) $-14{,}3$; $\frac{1}{3}$; $\frac{1}{5}$; $-5 \cdot 10^5$; $\frac{1}{2}$; $\frac{1429}{10^2}$; $-\frac{1}{10^4}$; $-\frac{1}{10^3}$; $0{,}2$; 10^4; $14{,}3$

4 Berechne und stelle das Ergebnis ohne Zehnerpotenz dar.

a) $4{,}17 \cdot 10^2$
b) $0{,}9873 \cdot 10^8$
c) $-\frac{1}{8} \cdot 10^4$
d) $\frac{3{,}93}{10^3}$
e) $(17{,}48 : 10^3) \cdot 10^7$
f) $1 : \left(\frac{10^3}{10^5}\right)$

5 Bearbeite die folgenden Textaufgaben in deinem Heft.

a) Ulrike reist nach ihrem Abitur 3 Monate durch Australien. Ihre Eltern überweisen ihr jeden Monat 380 € auf ein Konto. Sie hat für die 3 Monate ein Backpack-Busticket gebucht, durch das ihr Konto mit monatlich 112,79 € belastet wird. Für den Auslandskrankenschutz bezahlt sie im Vierteljahr 655 €. Durch einen Nebenjob während der Reise hofft sie, 360 € zusätzlich zu verdienen. Wie viel Geld kann sie während ihrer Reise für Essen und Sehenswürdigkeiten ausgeben?

b) Patrick sammelt bei der Fußball-WM Klebebilder seiner Lieblingsstars. Von den insgesamt 611 Bildern hat er bereits 458 in sein Album geklebt. Doch leider bekommt er fast nur noch doppelte Bilder, wenn er im Schreibwarenladen die neuen Päckchen à 5 Bilder kauft. Von 20 neuen Bildern sind $\frac{3}{5}$ Doppelte. Wie viele Päckchen muss Patrick mindestens noch kaufen, um sein Album zu vervollständigen? Glaubst du, dass diese Anzahl Päckchen ausreicht? Begründe deine Antwort.

6 Punkt P liegt auf der Strecke AB eines Rechtecks.

a) Welchen Anteil an der Gesamtfläche nimmt der Flächeninhalt des Dreieckes ein?

b) Wie verändert sich dieser Anteil, wenn der Punkt P entlang der Strecke AB verschoben wird? Begründe deine Antwort.

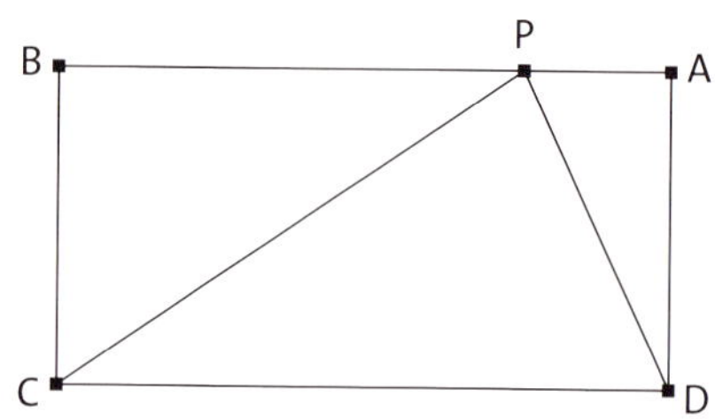

7 Stelle für jede Aufgabe zunächst einen Term auf und berechne anschließend das Ergebnis.

a) Multipliziere die Differenz der Zahlen $\frac{7}{5}$ und $\frac{2}{3}$ mit $\frac{1}{2}$.

b) Bilde den Quotienten aus der Summe von $\frac{4}{21}$ und $\frac{2}{3}$ und dem Divisor 9.

c) Dividiere die Summe der Zahlen $-\frac{11}{3}$ und $\frac{7}{6}$ durch ihre Differenz.

d) Addiere zu $\frac{9}{5}$ die 2. Potenz von $\frac{1}{5}$.

8 Berechne in deinem Heft.

a) $0{,}02 \cdot (-0{,}04) \cdot (0{,}03)$ b) $-0{,}149 \cdot 2{,}47$ c) $0{,}414\,613 : 0{,}17$

d) $\frac{1}{7} + \left(\frac{3}{4} - \frac{2}{7}\right) + \left(\frac{1}{7} + \frac{5}{4}\right) - \frac{3}{7}$ e) $\frac{1}{9} : \left[\left(\frac{1}{9} : \frac{1}{9}\right) : \frac{1}{18}\right]$ f) $1 : \left(-\frac{2}{5}\right) - \left(-\frac{1}{2}\right)^2$

g) $\left(0{,}1\overline{6} + \frac{7}{6}\right) \cdot \left(-0{,}125 \cdot \frac{8}{5}\right)$ h) $\left[1\frac{1}{2} \cdot \frac{2}{3} - \left(\frac{1}{2} + \frac{1}{4}\right)\right] \cdot 3\frac{1}{2}$ i) $\left(\left|-\frac{7}{8}\right| + \left|\frac{3}{8}\right|\right) : \left(\frac{5}{4}\right)$

9 Ergänze in den folgenden Gleichungen die fehlenden Klammern so, dass wahre Aussagen entstehen.

a) $\frac{7}{8} + \frac{1}{2} \cdot \frac{2}{3} = \frac{11}{12}$ b) $\frac{4}{7} : \frac{8}{9} \cdot \frac{27}{2} = \frac{1}{21}$

c) $-\frac{4}{3} \cdot \frac{5}{7} - \frac{12}{14} : \frac{1}{2} = -\frac{8}{21}$ d) $\frac{4}{5} \cdot -2 + 2 \cdot -\frac{5}{4} + \frac{11}{13} = \frac{11}{13}$

e) $\frac{15}{17} \cdot \frac{1}{15} - \frac{1}{15} \cdot \frac{5}{3} + \frac{1}{3} \cdot \frac{4}{7} - \frac{4}{7} \cdot \frac{35}{98} = 0$ f) $10^3 + 10^3 \cdot \frac{4}{5} - \frac{9}{5} \cdot \frac{11}{18} = -600$

10 Zahlen gehören zu verschiedenen Zahlenmengen.

a) Welche Zahlenmengen bezeichnen $\mathbb{N}$, $\mathbb{Z}$ und $\mathbb{Q}$?
b) Zu welcher Zahlenmenge gehören die Zahlen in der Tabelle? Ergänze „Ja“ oder „Nein“.

	-4	$\frac{7}{3}$	$-3{,}5$	0	$\frac{55}{11}$
$\mathbb{N}$					
$\mathbb{Z}$					
$\mathbb{Q}$					

11 Entscheide anhand von Beispielen, ob die Aussagen wahr oder falsch sind.

a) Addiert man zwei natürliche Zahlen, so erhält man nie eine rationale Zahl.
b) Subtrahiert man zwei natürliche Zahlen, erhält man immer eine natürliche Zahl.
c) Multipliziert man zwei ganze Zahlen mit verschiedenen Vorzeichen, so erhält man nie eine natürliche Zahl.
d) Dividiert man zwei ganze Zahlen und ist der Dividend kleiner als der Divisor, so liegt das Ergebnis immer zwischen 0 und 1.

3 Anwendungen

3.1 Prozente

1 Schreibe in Prozent.

a) $\frac{21}{100}$ b) $\frac{17}{100}$ c) $\frac{3}{50}$ d) $\frac{1}{3}$ e) $\frac{17}{25}$

f) 0,71 g) 0,33 h) 0,457 i) 0,125 j) 7 von 8

k) 1,93 l) $\frac{63}{50}$ m) 17 € von 20 € n) 1 cm von 1 m o) 24 g von 2 kg

2 Welcher prozentuale Anteil ist hier dargestellt?

a) 

b) 

c) 

3 Wie viel sind …

a) 3 % von 10 g? b) 17 % von 80 l? c) 110 % von 3 dm? d) 0,2 % von 150?

4 Bearbeite folgende Aufgaben in deinem Heft.

a) Von den 30 Schülern der Klasse 6a haben 3 in der Mathematik-Arbeit eine 1 geschrieben. Wie viel Prozent waren das?

b) Simon bekommt 10 € Taschengeld, seine Schwester bekommt 12 €. Wie viel bekommt sie mehr? Drücke dies als Anteil in einem Bruch und in Prozent aus.

c) Laura bekommt beim Einkaufen 10 % Rabatt auf ein 50 € teures Kleid. Wie viel spart sie?

3.2 Zuordnungen, Häufigkeiten und Schaubilder

5 Die Tabelle zeigt die Lieblingssportarten von Schülerinnen und Schülern der Klasse 6b. Erstelle ein Balken- bzw. Säulendiagramm.

Fußball	Volleyball	Turnen	Leichtathletik	Schwimmen	Handball
12	3	5	2	8	4

6 Diana hat in ihrer Klasse eine Umfrage gemacht und jeden nach seinem Lieblingsfach gefragt. Dann hat sie eine Strichliste angefertigt.

Sport	Mathematik	Deutsch	Musik	Biologie	Englisch
𝍸 |||	𝍸	|||	𝍸 |	||||	||||

a) Übertrage die Strichliste in folgende Tabelle:

	SP	MA	D	MU	BIO	E	Summe
Anzahl	8						
Anteil als Bruch							
Anteil in Prozent							
Winkel im Kreisdiagramm							

b) Fertige mit diesen Werten ein Kreisdiagramm an.

7 Maria hat eine Umfrage zu Freizeitbeschäftigungen gemacht und möchte das Ergebnis grafisch darstellen. Welche(s) Diagramm(e) eignet sich besonders, wenn ...

a) es Mehrfachnennungen gab?
b) es besonders viele Befragte waren?
c) deutlich werden soll, dass Sport am häufigsten genannt wurde?
d) deutlich werden soll, wie sich die Beschäftigungen prozentual verteilen?

8 Das folgende Schaubild zeigt die Tagestemperaturen im Februar.

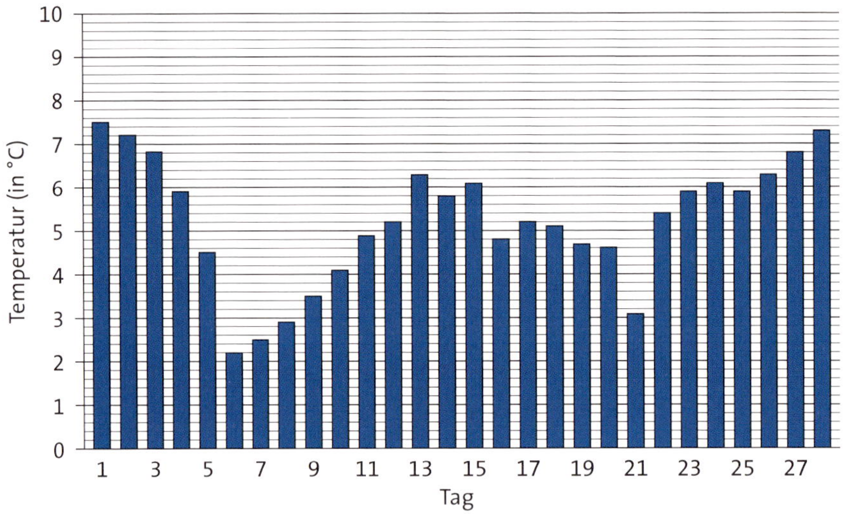

a) An wie vielen Tagen war es wärmer als 7 °C? Wie viel Prozent sind das etwa?

b) Lies außerdem ab, an wie vielen Tagen es zwischen 5 und 7 °C warm war, an wie vielen Tage zwischen 3 und 5 °C herrschten und an wie vielen Tagen es kälter als 3 °C war. Erstelle mit diesen Angaben ein Kreisdiagramm.

c) Lies die Temperaturangaben für die ersten 10 Tage möglichst genau (auf Zehntelgrad) ab und berechne (auf Zehntelgrad), wie hoch die Durchschnittstemperatur für diesen Zeitraum war.

9 Löse folgende Aufgaben. Schreibe in dein Heft.

a) In der Klasse 5e sind 27 Schüler und Schülerinnen. Davon sind 3 Kinder 10 Jahre alt, 15 sind 11, die restlichen Kinder sind schon 12 Jahre alt. Berechne das Durchschnittsalter.

b) Max brauchte 25 min für seine Hausaufgaben, Jonathan 15 min, Johanna 18 min und Selin 22 min. Wie lange hat Katharina gebraucht, wenn die 5 Kinder im Schnitt 19 min benötigt haben?

c) Wie ändert sich der Durchschnitt der Werte einer Messreihe, wenn die Messwerte alle verdoppelt werden? Wie ändert er sich, wenn alle Messwerte um 1 vergrößert werden?

d) Der Durchschnitt aus 5 aufeinanderfolgenden Zahlen lässt sich besonders einfach bestimmen. Wie groß ist dieser Durchschnitt? Kannst du das auch begründen?

3.3 Terme und Gleichungen

10 Setze die Zahlen in die Terme ein und bestimme die Werte der Terme.

Terme	$x = 1$	$x = -3$	$x = 2,5$	$x = \frac{3}{4}$
$x \cdot 3 + 3$				
$x - 2 \cdot x^2$				
$(1 - x)^2$				

11 Schreibe einen Term, der die angegebene Rechenvorschrift ausdrückt.

a) Die Zahl z wird um 3 vermindert.
b) Die Zahlen a und b werden addiert.
c) Von 10 wird die Zahl y subtrahiert und die Differenz verdoppelt.
d) Ein Drittel der Zahl z wird von –5 subtrahiert.
e) Aus Zähler x und Nenner 5 wird ein Bruch gebildet und dieser um 1 vermindert.

12 Finde eine Formel für den Umfang der Figuren.

a)
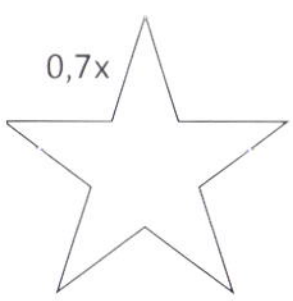

b)
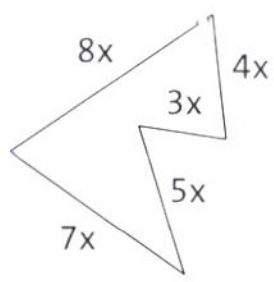

c)
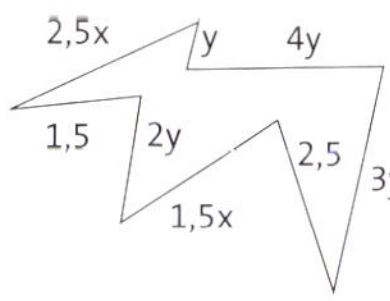

d) Wie groß muss x in a) gewählt werden, damit der Umfang 14 cm beträgt?

13 Welche Zahl erfüllt jeweils die Gleichung?

a) $25 - x = -18$
b) $x \cdot 5 = 105$
c) $3 \cdot x + 29 = 50$
d) $7 \cdot x - 3 = -45$
e) $101 - 3 \cdot x = 45,5$
f) $4 \cdot x + 4 = 5x$
g) $2x + x = 18$
h) $-3 \cdot 4 + x = 20 : 4$
i) $11x - 5 - x = 4 + x$

3.4 Dreisatz und Proportionalität

14 Beantworte folgende Fragen mithilfe des Dreisatzes.

a) Wenn 7 Packungen Nudeln 9,73 € kosten, wie viel kosten 3 Packungen Nudeln?
b) Wie viel wiegen 100 Bleistifte, wenn 3 Bleistifte 15 g wiegen?
c) Drei Handwerker brauchen für eine Wand 12 Stunden. Wie lang braucht ein Handwerker alleine? Wie lange brauchen vier Handwerker?
d) Eine Giraffe frisst in 2 Tagen 10 kg Futter. Wie viel braucht sie in einer Woche?
e) Auf einem Blumendünger steht als Dosierungsanleitung „2 Kappen auf 5 Liter". Wie viel Milliliter Dünger muss man 18 Litern Wasser zufügen, wenn eine Kappe 15 Milliliter enthält?

G8 PRAXISTIPP

Eine **Proportionalität** erkennt man daran, dass dem Doppelten der ersten Größe auch das Doppelte der zweiten Größe zugeordnet ist.

15 Vervollständige den Text.

Bei einer Zuordnung wird einer Größe x eine zweite Größe y zugeordnet (z. B. gehört zu jeder Person x eine Körpergröße y). Eine Proportionalität ist eine besondere ______________________. Man erkennt sie daran, dass zum Doppelten der Größe x auch das ________________ der Größe ____ gehört. Bei einer Antiproportionalität hingegen gehört zum Doppelten der Größe x ______________________ der Größe y.

Eine Rechenart, die man beim Rechnen mit Proportionalitäten und Antiproportionalitäten häufig verwendet, ist der ____________. Dabei rechnet man aus einer vorhandenen Angabe, wie z. B. „3 Brote wiegen 750 g", zunächst auf 1 Einheit „herunter": „____ Brot wiegt ______ g" und kann damit nun das Gewicht von ______ __________________ Broten ausrechnen.

16 Welche der Zuordnungen ist proportional? Kreuze an. Wie lautet das Lösungswort?

Zuordnung	Proportional	Nicht proportional
Das Gewicht einer Tafel Schokolade und die zugehörigen Kalorien	E	A
Die Anzahl gekaufter Brötchen und das dazugehörige Gesamtgewicht	N	R
Die Länge eines Kabels auf einer Kabelrolle und das zugehörige Gewicht der Kabelrolle mit Kabel	I	T
Das Gewicht eines Briefs und das zugehörige Porto	T	S
Die Anzahl 0,75-Liter-Wasserflaschen und das dazugehörige Gewicht	P	T
Die Anzahl gekaufter Brötchen und der dazugehörige Gesamtpreis	A	E
Die gefahrenen Kilometer und das dabei verbrauchte Benzin (bei gleichbleibender Geschwindigkeit)	N	S
Das Alter einer Person und ihr Körpergewicht	T	N
Das Alter eines Schülers / einer Schülerin und seine / ihre Schuhgröße	I	U
Anzahl von Arbeitern und die dazugehörige Arbeitszeit für ein Projekt	O	N
Anzahl von DIN-A4-Blättern und das Gewicht des Stapels aus diesen Blättern	G	N

17 Was ist falsch? Erkläre, warum man hier keinen Dreisatz benutzen kann.

a) Herr Munschel kauft 3 Brötchen für 87 ct, 20 Brötchen für 5 €.
b) Ein Ei ist in 6 min hart gekocht, fünf Eier brauchen dazu 30 min.
c) Eine halbe Glatze hat 500 Haare, eine ganze Glatze hat 1000 Haare.
d) Auf eine Pizza wartet man beim Pizzaservice 15 min, also wartet man auf drei Pizzen 45 min.
e) Ein Korb wiegt mit 2 Milchpackungen (à 1 kg) 2,3 kg, mit 4 Packungen wiegt er 4,6 kg.
f) Der Zug braucht bei 100 km/h eine Stunde Fahrzeit, also braucht er bei 200 km/h zwei Stunden Fahrzeit.

Thementest Anwendungen

1 Welche Zahl erfüllt die Gleichung?

a) $-30 - x = 54$
b) $x : 8 = 12$
c) $4 \cdot x + 3 = 17$
d) $\frac{1}{3}x = 45$
e) $\frac{x}{3} = 7$
f) $\frac{13}{x} = -\frac{65}{15}$

2 Schreibe die Aufgaben zunächst als Gleichungen und löse diese.

a) Pro Kind bekommt man einen Zuschuss von 150 €. Wie hoch ist der Zuschuss bei z Kindern?
b) Eine Filmentwicklung kostet 2,39 € zuzüglich 0,49 € pro Abzug. Wie viel zahlt man bei n Abzügen?
c) Eine Kugelschreiberfüllung ist 10 cm hoch. Pro Woche „verschreibt" man etwa 5 mm. Wie hoch ist die Füllung nach m Wochen noch?
d) Bei einem Handyvertrag zahlt man 5 € Grundgebühr und für jede telefonierte Minute 39 ct. Was zahlt man bei x Minuten? Wie viele Minuten hat man bei einer Rechnungshöhe von 28,40 € telefoniert?

3 Miss die Mittelpunktswinkel der Segmente im Kreisdiagramm und gib an, wie viel Prozent vom Vollkreis die Segmente jeweils einnehmen.

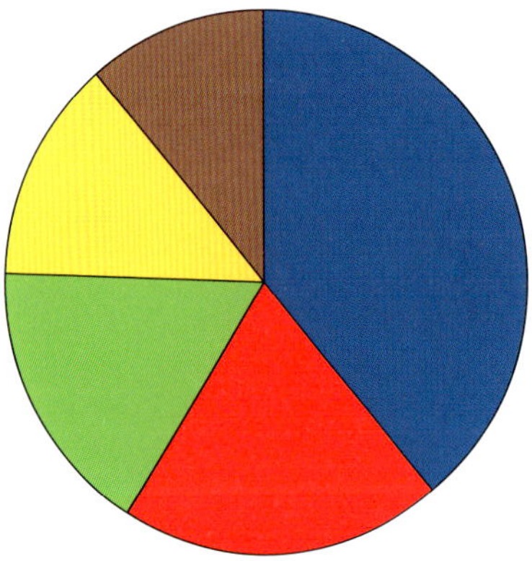

4 Lies den Artikel und beantworte anschließend die Fragen.

Bedrohlicher Waldverlust

Die weltweite Waldfläche nahm in den letzten Jahren kontinuierlich ab. Insgesamt gingen jährlich etwa 11½ Mio. Hektar Waldfläche auf der Erde verloren.
In den Jahren 2000 bis 2005 hatten Brasilien mit 3 103 000 Hektar und Indosien mit 1 871 000 Hektar pro Jahr den größten Waldflächenverlust zu verzeichnen. Doch es gibt auch Länder, die durch Aufforstungsprogramme versuchen, die Waldfläche zu vergrößern. In China hat die Waldfläche in den letzten Jahren um durchschnittlich 2,4 Mio. Hektar pro Jahr zugenommen. Auch in Spanien mit einer Zunahme von 296 000 Hektar Waldfläche pro Jahr und in Vietnam mit 241 000 Hektar mehr Wald pro Jahr sind diese Programme erfolgreich.
In der Gesamtbilanz ergibt sich leider immer noch ein (Netto)Verlust von weltweit rund 7,3 Mio. Hektar Waldfläche pro Jahr. […]

a) Wie viel Waldfläche wird weltweit jährlich hinzugewonnen? Verwende für die Rechnung den Nettoverlust.
b) Wie viele Quadratkilometer Waldfläche gehen jährlich in Brasilien und Indonesien verloren? Wie viel Prozent der Fläche Deutschlands (rund 357 092 km^2) sind das jeweils?
c) Die Waldfläche in Deutschland beträgt ca. 10 Mio. Hektar. Wie viel Prozent der Fläche Deutschlands macht Wald aus?
d) Wie lange würde es in Brasilien dauern, bis eine Waldfläche, die der kompletten Waldfläche in Deutschland entspricht, verschwunden wäre?
e) Wie viel Fläche Wald geht in einer Minute weltweit verloren? Vergleiche mit der Fläche eines Fußballfeldes (ca. 6 Ar).

5 Beantworte folgende Fragen mithilfe des Dreisatzes.

a) Wie viele Kilokalorien hat 1 Liter Cola, wenn 0,33 Liter 143 kcal haben?
b) In einem Vertrag kosten 15 min telefonieren 1,35 € (Minutentakt) und 25 SMS 2,75 €. Wie viel kosten im selben Vertrag 27 min telefonieren und 53 SMS?
c) Eine Lampe verbraucht bei Dauergebrauch pro Stunde 0,1 kWh (Kilowattstunden), ein Computer mit Drucker 7,2 kWh am Tag. Wie groß wäre der Energieverbrauch durch Lampe und Computer in 60 Tagen bei Dauergebrauch?
d) Fünf Maurer brauchen für eine 10 m lange Mauer zwei Tage. Wie lange brauchen vier Maurer für eine 5 m lange Mauer?
e) Wenn ein 3 mm dickes Stahlblech von 4 m^2 Fläche 94,2 kg wiegt, wie schwer ist dann ein Stahlblech von nur 1 mm Dicke und einer Fläche von 5 m^2?

4 Geometrische Grundbegriffe

4.1 Punkt, Strecke, Gerade und Winkel

1 Finde mithilfe des Geodreiecks parallele und senkrechte Geraden. Verwende dabei die Zeichen || für „parallel“ und ⊥ für „senkrecht“. m || n bedeutet z. B. „Die Gerade m ist parallel zur Geraden n“.

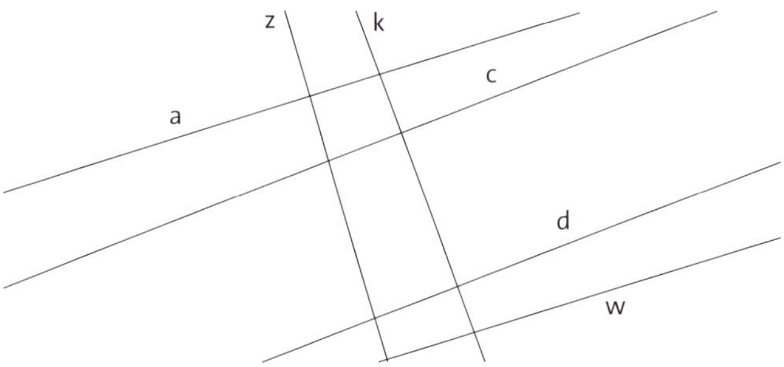

2 Miss die Winkel und gib ihr Winkelmaß an. Entscheide anschließend, ob es sich um spitze, stumpfe ... usw. Winkel handelt.

α = ______

β = ______

δ = ______

∢ XZB = ______

∢ TKX = ______

∢ FGA = ______

∢ HTK = ______

∢ XKX = ______

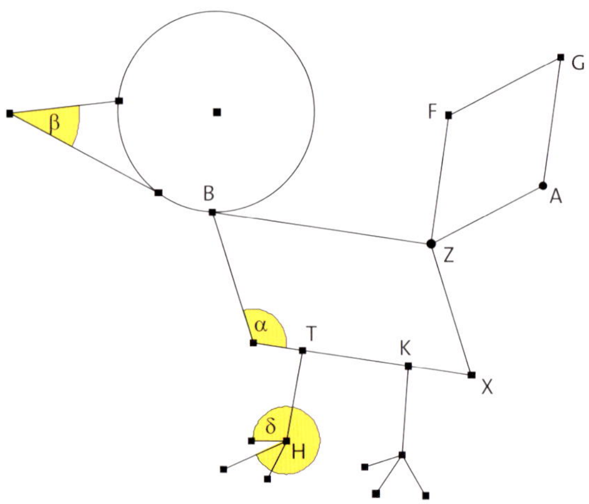

4.2 Das Koordinatensystem

3 Bearbeite folgende Aufgaben im abgebildeten Koordinatensystem.

a) Lies die Koordinaten der Punkte A, B, C, D, M und N aus dem Koordinatensystem ab.

b) Verbinde die Punkte A, B, C und D miteinander. Verbinde entsprechend A, M, N und D.

c) Zeichne folgende Punkte ins Koordinatensystem ein: E (–2|1,5), F (–2|3), G (–2|4), H (–1|3), O (0|1,5), P (0|3), Q (0|7), R (4|2), Y (6|–1), Z (8|–2), K (–1|2) und L (4|1,5).

d) Verbinde die Punkte A, K, L und D; E, F und G; F und H; O, P und Q; P und R; sowie D und Y miteinander.

e) Ergänze die Punkte Q, P und R zu einem Parallelogramm, die Punkte G, F und H zu einem Quadrat und die Punkte Y und Z zu einem Rechteck. Lies die Koordinaten der neu hinzugefügten Punkte ab.

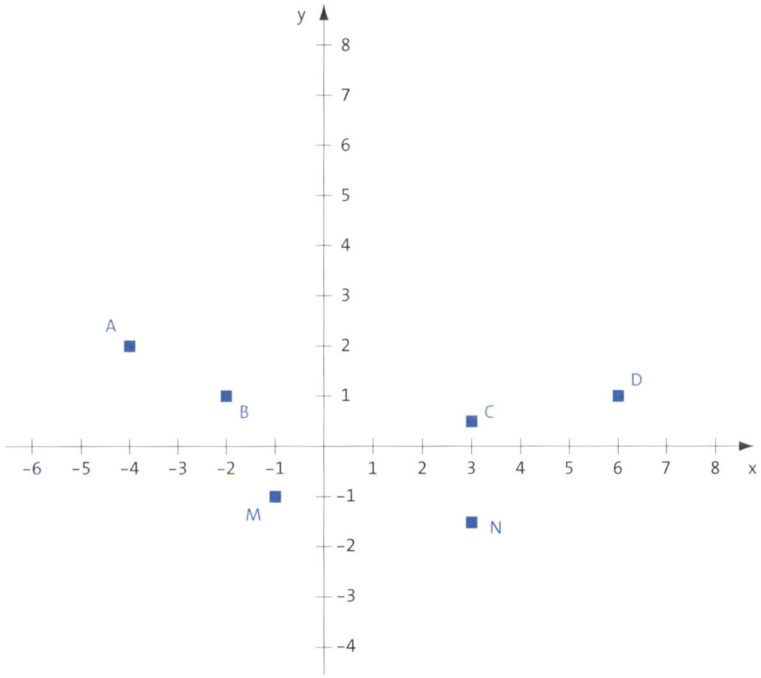

4.3 Figuren

4 Vervollständige die folgenden Figuren zu regelmäßigen, möglichst symmetrischen Vierecken und gib an, wie die Figuren heißen.

a) 

Rechteck

b) 

Quadrat

c) 

~~Rechteck~~ Parralelogramm

d) 

Parallelogramm

e) 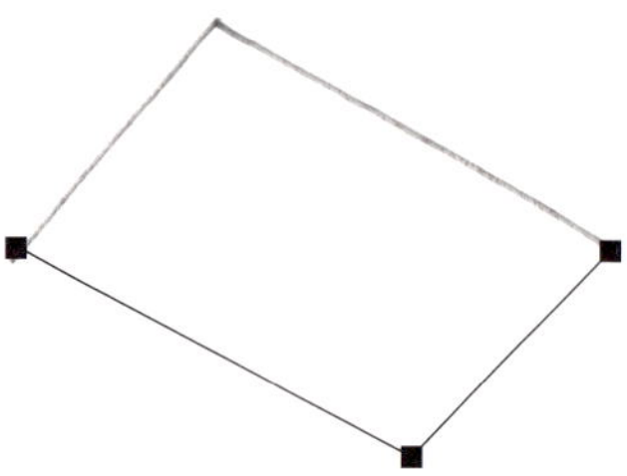

Parallelogramm

f) 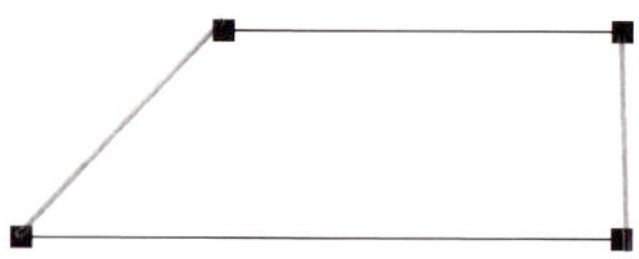

5 Mit welchem Namen bezeichnet man den Abstand eines Eckpunktes von der gegenüberliegenden Seite in Dreiecken?

6 Bestimme jeweils den Abstand der Punkte zu den gegenüberliegenden Seiten. Schreibe dabei die Abstände (z. B. des Punktes A von der Strecke BC) in der Form d(A; BC) = ... Ein Kästchen entspricht 1 cm.

a)

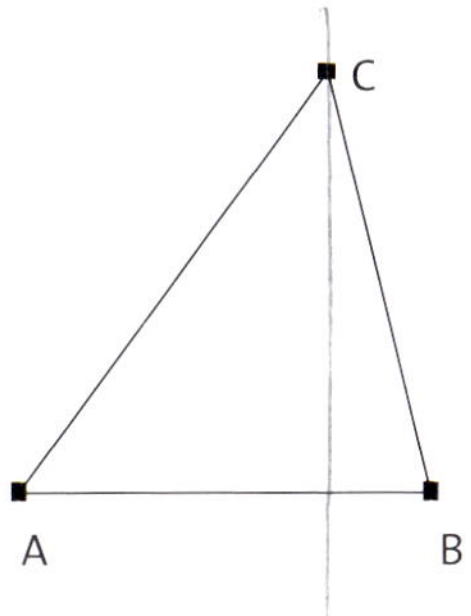

d(C; AB) = 2,7 d(A; BC) = ____

d(B; AC) = ____

b)

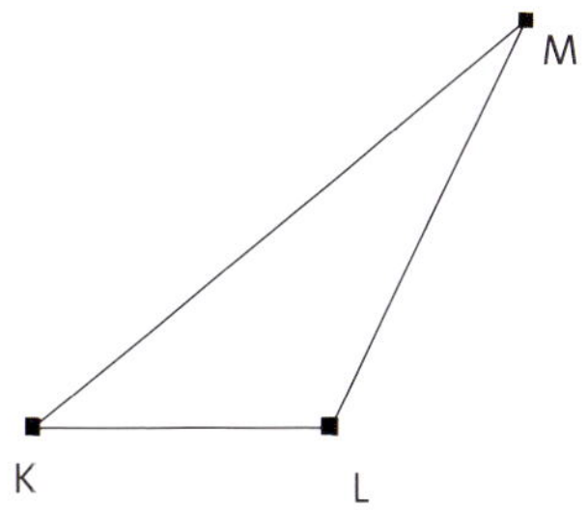

d(M; KL) = ____ d(K; LM) = ____

d(L; KM) = ____

c)

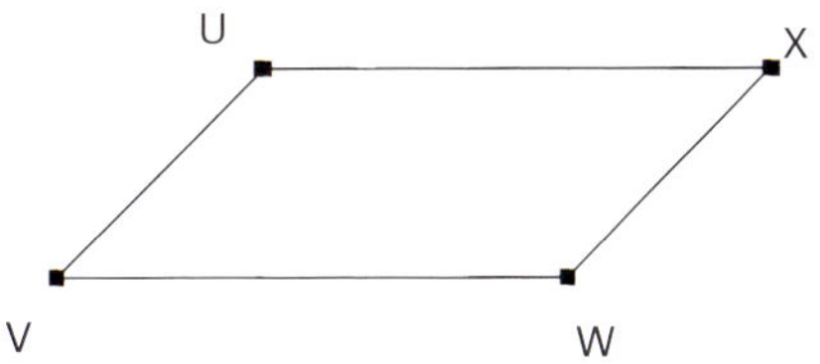

d(W; UV) = ____ d(V; XW) = ____

d(U; VW) = ____

d)

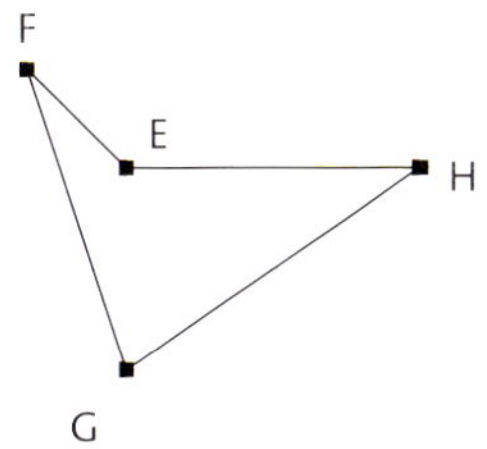

d(E; FG) = ____ d(H; FG) = ____

d(G; EF) = ____

7 Beantworte die folgenden Fragen.

a) Welches Viereck entsteht, wenn sich zwei Paare von parallelen Geraden mit gleichem Abstand schneiden?
b) Welches Viereck entsteht, wenn sich zwei Paare von parallelen Geraden mit unterschiedlichem Abstand schneiden?
c) Welches Viereck entsteht, wenn man eine Ecke eines Rechtecks an seiner Diagonalen spiegelt?
d) Welches Viereck entsteht, wenn man von einem Parallelogramm (kein Rechteck) ein rechtwinkliges Dreieck abschneidet?
e) Welches Viereck entsteht, wenn man zwei deckungsgleiche Dreiecke an gleich langen Seiten aneinander anlegt?

4.4 Symmetrie und Spiegelungen

8 Gib an, welche der abgebildeten Firmenlogos achsen-, punkt- und / oder drehsymmetrisch sind (mit Angabe des Drehwinkels zur Drehsymmetrie).

a) 

b) 

c) 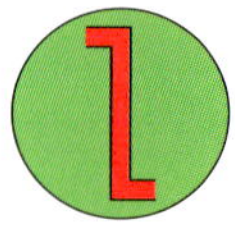

d) 

e) 

f) 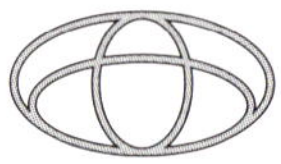

g) 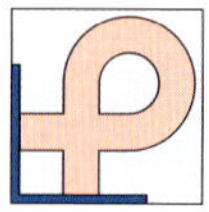

h) 

i) 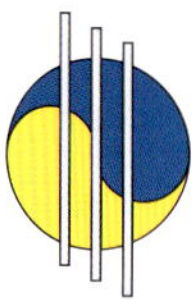

j) 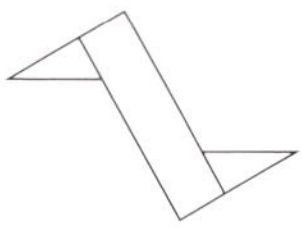

k) 

l) 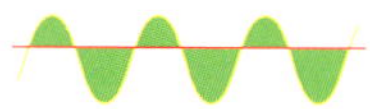

9 Spiegele die Punkte F, G und H an der Geraden h.

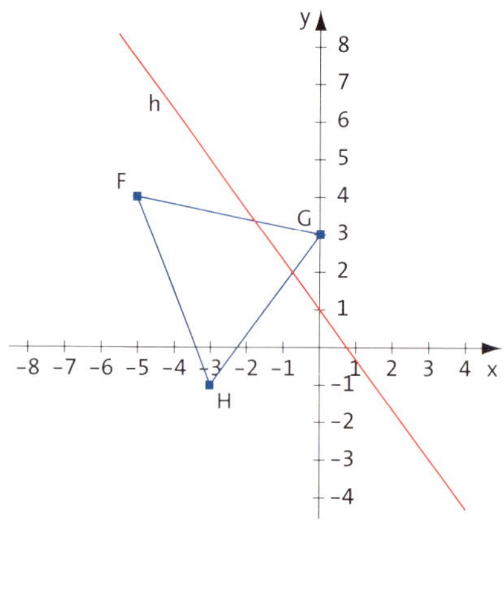

10 Welche Koordinaten haben die Bildpunkte …

a) der Punkte A (–2|3), B (0|8), C $\left(\frac{1}{2} \mid \frac{1}{2}\right)$ und D (9|0) nach einer Spiegelung an der x-Achse?

b) der Punkte M (–4|1), N (–3|0), O (0|–7,2) und P $\left(\frac{-2}{7} \mid \frac{2}{-3}\right)$ nach einer Spiegelung an der y-Achse?

11 Spiegele die Punkte W, X, Y und Z am Punkt D.

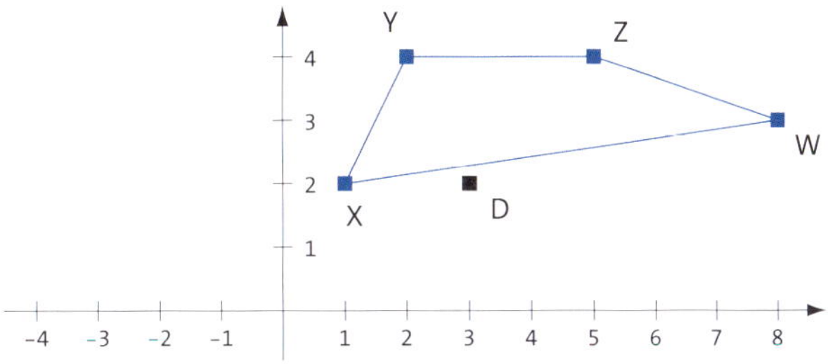

12 Ergänze die Muster mit möglichst wenigen Hinzufügungen so, dass in a) achsensymmetrische und in b) punktsymmetrische Muster entstehen. Die jeweiligen Symmetrieachsen und Symmetriezentren sind eingezeichnet.

a)

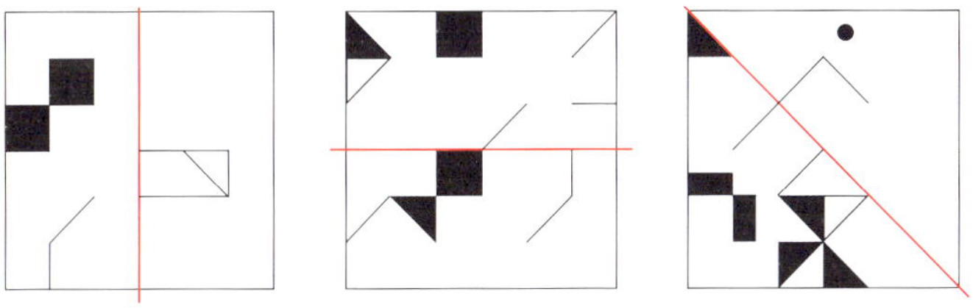

b)

13 Bearbeite folgenden Aufgaben auf Karopapier.

a) Zeichne die Punkte A (–6|2), B (–4|1), C (–1|1,5), D (0|1) und E (–2|–2) in ein Koordinatensystem ein und verbinde sie zu einem Fünfeck.

b) Zeichne nun die Punkte M (–4|5) und N (–2|3) ein.

c) Spiegele die Punkte A bis D an der Geraden durch M und N. Benenne die Bildpunkte mit A' bis D'.

d) Führe anschließend eine Punktspiegelung der Bildpunkte A' bis D' am Punkt Z (2|3) durch. Gib die Koordinaten der hierbei entstandenen Bildpunkte A'' bis D'' an.

4.5 Verschiebungen und Drehungen

14 Verschiebe die abgebildete Figur entlang des Verschiebungspfeils. Gib die Koordinaten der so entstandenen Bildpunkte an.

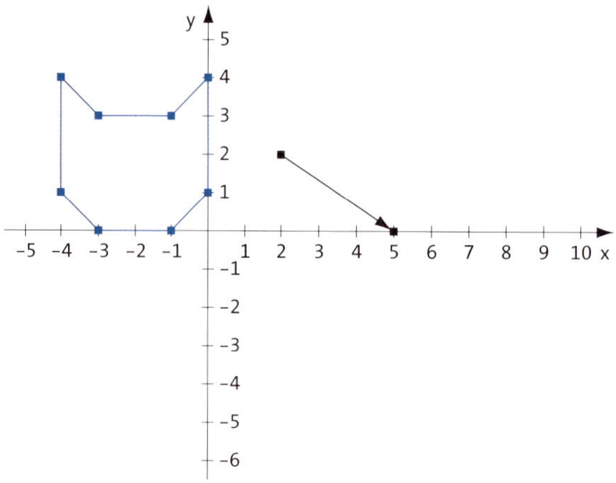

15 Verschiebe zunächst die abgebildete Figur entlang des Verschiebungspfeils und drehe sie anschließend um 90° um den Punkt Z. Gib die Bildpunkte nach der Drehung an.

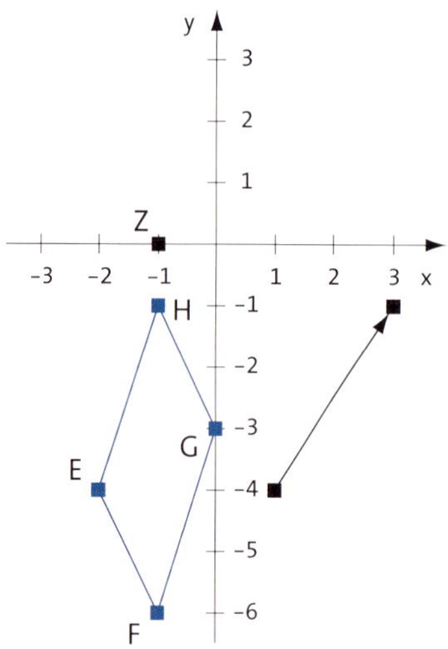

Thementest Geometrische Grundbegriffe

1 Wie viele Symmetrieachsen sind in den drei Figuren vorhanden? Zeichne die Symmetrieachsen in die Figuren.

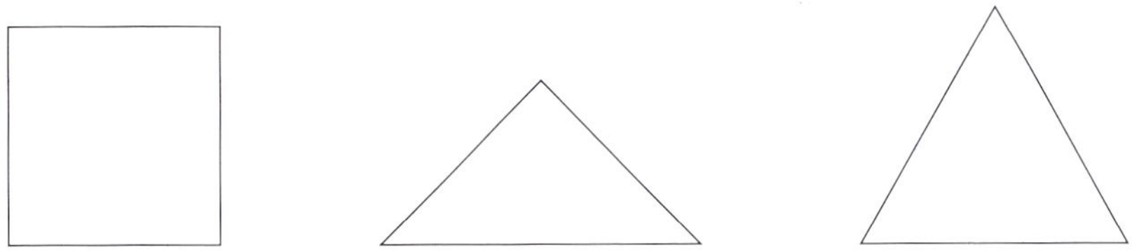

2 Welche der beiden Figuren ist punktsymmetrisch? Markiere falls möglich das Symmetriezentrum.

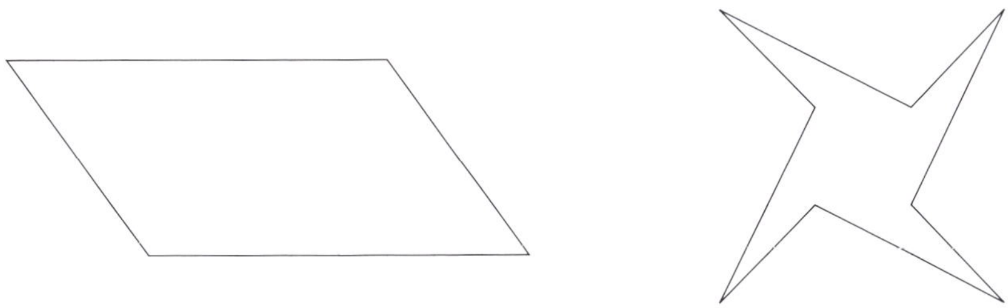

3 Sind die folgenden Aussagen wahr oder falsch?

a) Jedes Quadrat ist ein Rechteck.
b) Jedes Rechteck ist ein Parallelogramm.
c) Jedes Rechteck mit vier gleich langen Seiten ist eine Raute.
d) Jedes Trapez mit mindestens einer Symmetrieachse ist ein Parallelogramm.
e) Jedes Viereck, in dem sich die Diagonalen halbieren, ist ein Parallelogramm.
f) In einem Drachen stehen die Diagonalen immer senkrecht aufeinander.
g) In einem gleichschenkligen Trapez sind die Diagonalen unterschiedlich lang.
h) Ein Parallelogramm mit gleich langen Seiten ist immer ein Rechteck.

4 Skizziere auf einem Blatt ein Dreieck, ein Viereck, ein Fünfeck und ein Sechseck.

a) Gib an, in wie viele Dreiecke man das jeweilige Vieleck zerlegen kann.

Vieleck	**Dreieck**	**Viereck**	**Fünfeck**	**Sechseck**
Anzahl der Dreiecke				

b) Gib einen Term an, mit dessen Hilfe sich die Anzahl der Dreiecke aus a) berechnen lässt. x sei dabei die Anzahl der Ecken des Vielecks.

c) Untersuche die Vielecke auf ihre Diagonalen hin. Gib an, wie viele Diagonalen das jeweilige Vieleck hat.

Vieleck	**Dreieck**	**Viereck**	**Fünfeck**	**Sechseck**
Anzahl der Diagonalen				

d) Findest du eine Regelmäßigkeit in Aufgabenteil c)?

5 Bestimme den Abstand der Geraden durch die Punkte C und D zu der Geraden durch E und F. Fertige hierzu eine Zeichnung auf Karopapier an. Zwei Kästchen (also 1 cm) sollen dem Punktabstand „1" entsprechen.

a) Gerade I: C (−2|0), D (1|2); Gerade II: E (−2|−2), F (4|2)

b) Gerade I: C (−3|2), D (−2|−2); Gerade II: E (0|4), F (1|0)

6 Übertrage die abgebildeten Figuren auf Karopapier und bilde mit ihnen eine Parkettierung. Bei einer Parkettierung legt man dieselben Figuren immer wieder aneinander, wobei sie gedreht werden dürfen.

a)

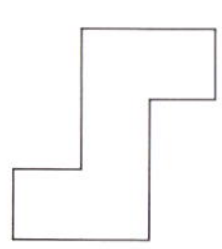

b)

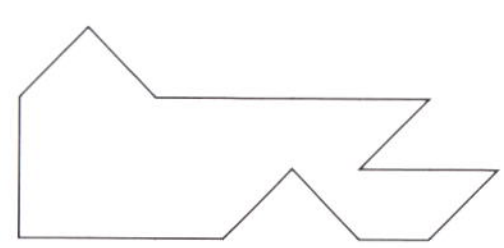

7 Zwei Geraden schneiden sich entweder gar nicht oder in einem Punkt. Haben sie alle Punkte gemeinsam, bezeichnet man sie als identisch. Wie viele Schnittpunkte können drei bzw. vier Geraden miteinander haben?

8 Vervollständige den Text.

Ein Quadrat ist ein spezielles __Rechteck__, in dem alle vier Seiten gleich lang sind. Dabei gibt es in jedem Rechteck nur __rechte__ Winkel. Jedes __Quadrat__ ist ein Rechteck, aber nicht jedes __Rechteck__ ist ein Quadrat. In einem Parallelogramm sind __alle__ Seiten parallel. Eine Raute ist ein besonderes Viereck, in dem alle Seiten __gleich__ lang sind. Gegenüberliegende Seiten sind auch hier __parallel__. Somit ist auch jede Raute ein Parallelogramm. Sind in einem Viereck mindestens zwei Seiten zueinander parallel, so nennt man dieses Viereck __Parallelo…__. Sind in einem Viereck je zwei Paare benachbarter Seiten gleich lang, so handelt es sich um einen __Drache__. Dieser hat mindestens ________ Symmetrieachse. Die meisten Symmetrieachsen findet man im Quadrat, nämlich genau ________ Stück .

9 In den abgebildeten Quadraten wird mit jedem Schritt ein Teil der Fläche herausgeschnitten. Das ursprüngliche Quadrat hat eine Seitenlänge von 2 cm.

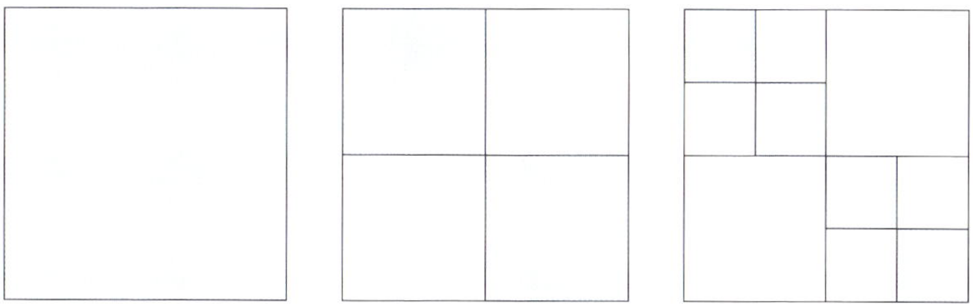

a) Bestimme den Flächeninhalt der farbigen Quadrate für den 0. bis 5. Schritt.
b) Stelle nun einen Term mit einer Variablen auf, der die Größe des Flächeninhalts für den n-ten Schritt beschreibt, und zwar ab dem 1. Schritt.
c) Wie groß ist der Umfang der farbigen Flächen und wie verändert er sich?

5 Flächen und Körper

5.1 Umfang und Flächeninhalt von Vielecken

1 Bestimme die Flächeninhalte und Umfänge der abgebildeten Vielecke.

a)

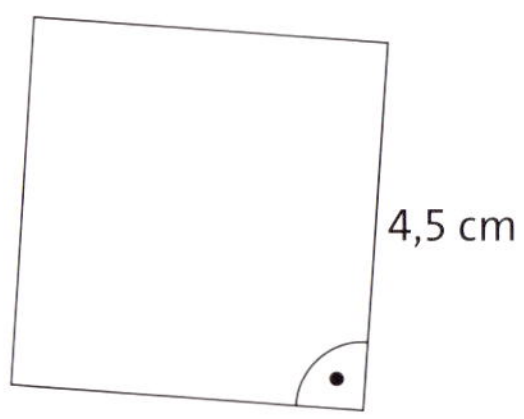

b)

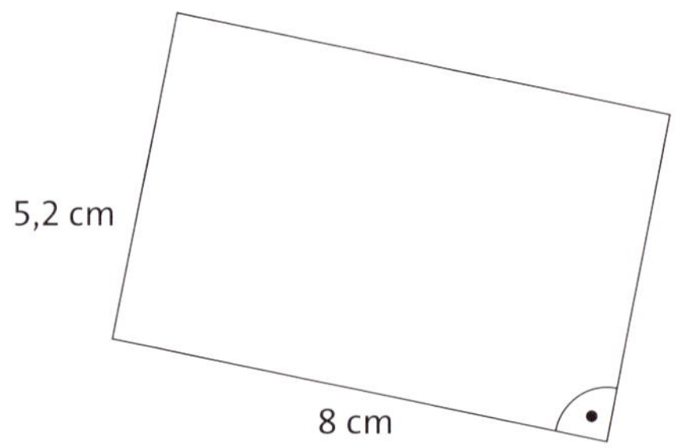

c)

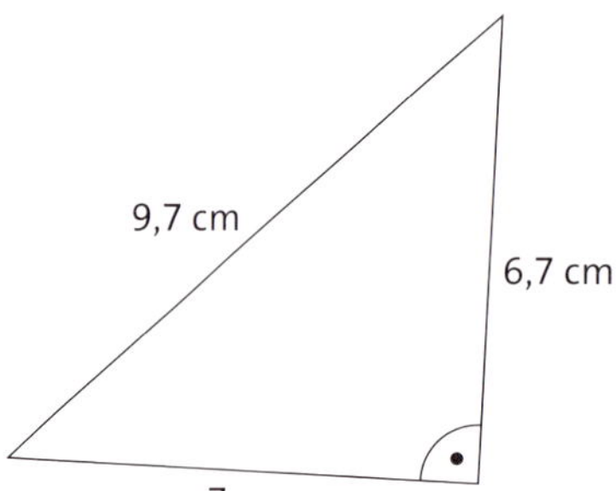

d)

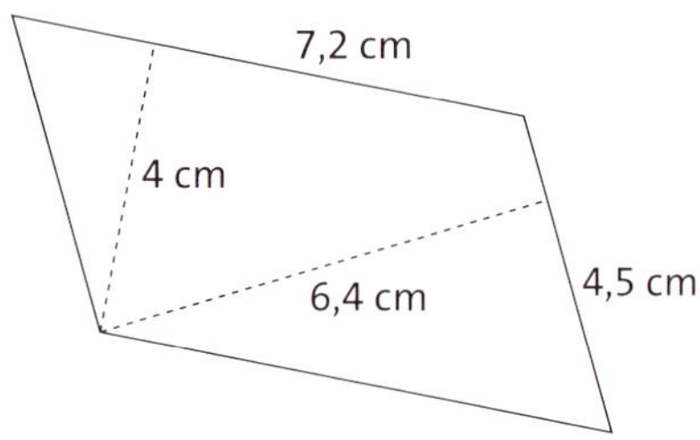

e)

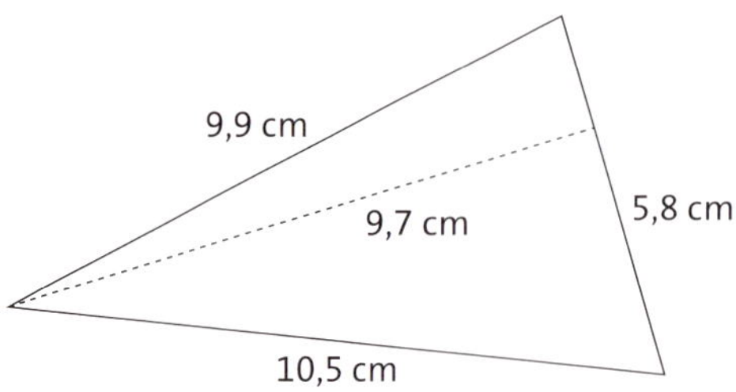

2 Zeichne ein Koordinatensystem und trage die Punkte A (0|1), B (9|2), C (4|–3), D (15|1), E (14|–3) und F (5|6) ein. Berechne anschließend den Flächeninhalt.

a) des Vierecks ACBF
b) des Dreiecks ACB
c) des Dreiecks ACE
d) des Vierecks ACED
e) des Vierecks ADFB

3 Berechne Flächeninhalte und Umfänge der abgebildeten Figuren. Zerlege die Figuren dazu in geeignete Teilflächen.

a)

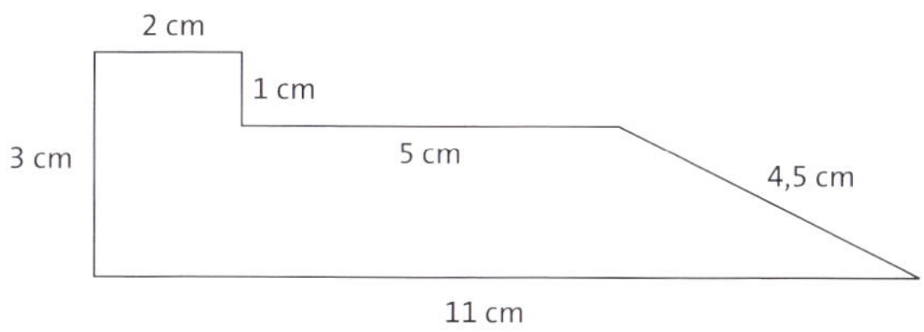

b)

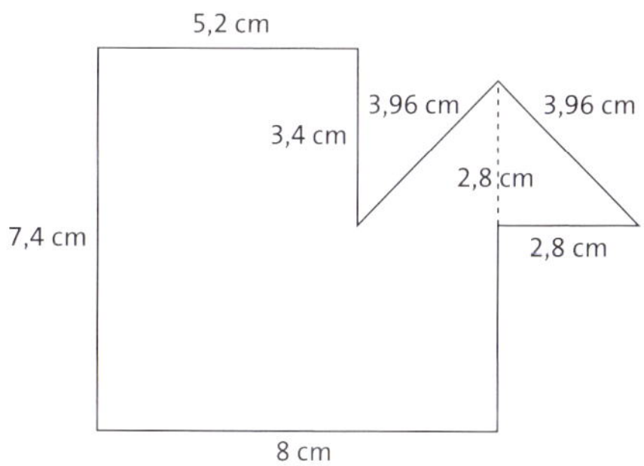

c)

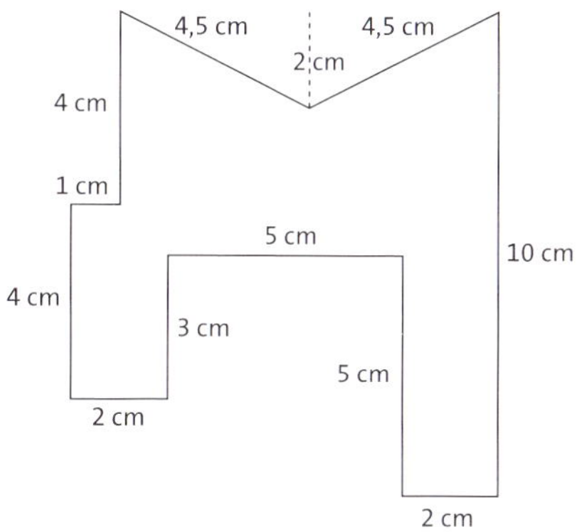

5.2 Kreise

4 Vervollständige die Tabelle. Runde dabei, auch in Zwischenschritten, auf 2 Dezimale.

Radius	Durchmesser	Umfang	Flächeninhalt
3,20 cm			
		9,42 m	
	7,60 m		
			50,26 dm^2

5 Berechne Umfänge und Flächeninhalte der farbigen Flächen. Ein Kästchen hat die Länge 1 cm.

a)

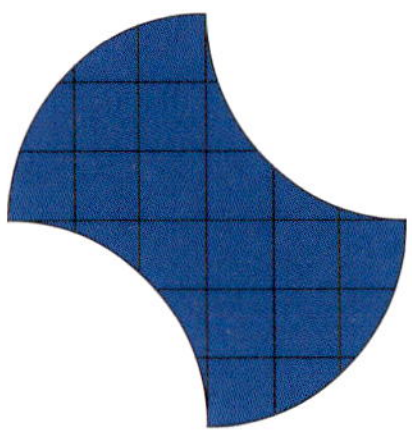

b)

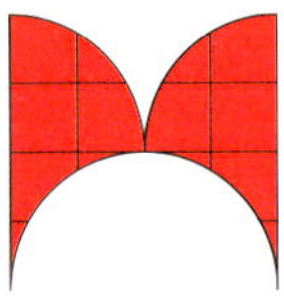

c)

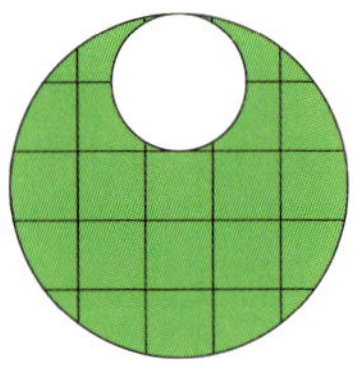

d)

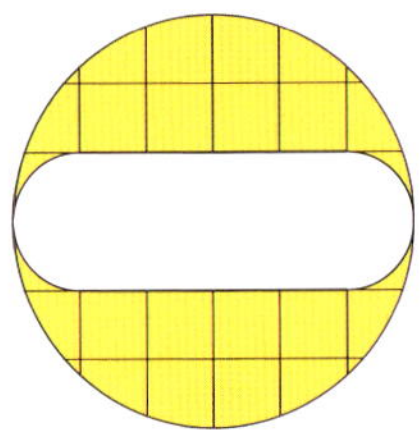

6 Bearbeite folgende Aufgaben in deinem Heft.

a) Der Erdumfang beträgt etwa 40 000 km. Wie groß wäre demnach der Erdradius? Wie weit sind Nord- und Südpol in gerader Linie voneinander entfernt, wenn man die Erde als Kugel auffasst?

b) Das Vorderrad eines Fahrrades hat einen Außendurchmesser von 65 cm. Wie oft dreht sich das Rad auf einer Strecke von 1 km?

5.3 Körper

7 Welches der abgebildeten Netze ist kein Würfelnetz?

a) 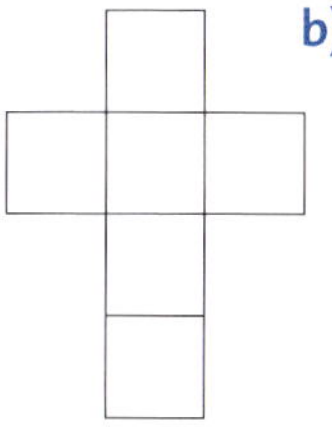

b) 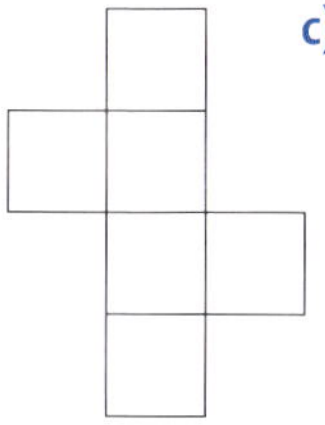

c) 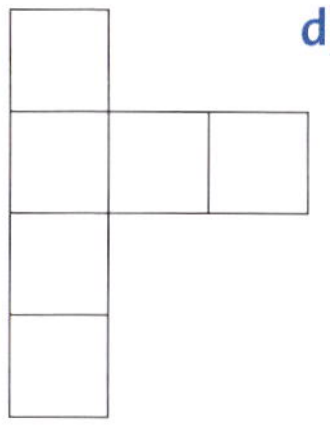

d) 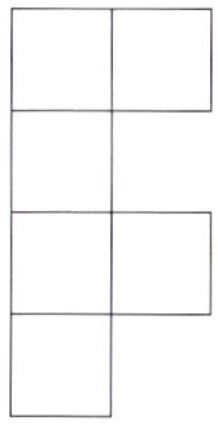

e) 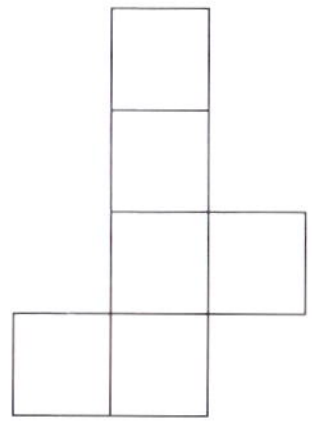

8 Zeichne die Netze aus Aufgabe 7 ab, die zu einem Würfel zusammengefaltet werden können, und markiere die Kanten, die sich berühren, in jeweils derselben Farbe.

9 Zeichne zu den folgenden (nicht maßstabsgetreuen) Körpern Netze in dein Heft. Übertrage auch die farbigen Linien in die Netze.

a) 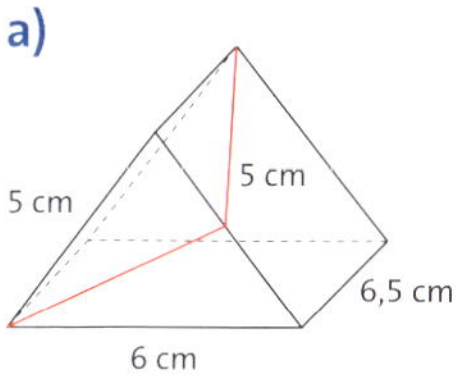

b) 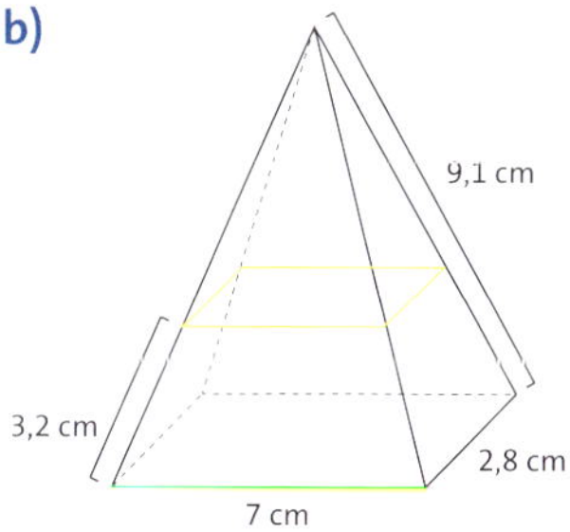

c) 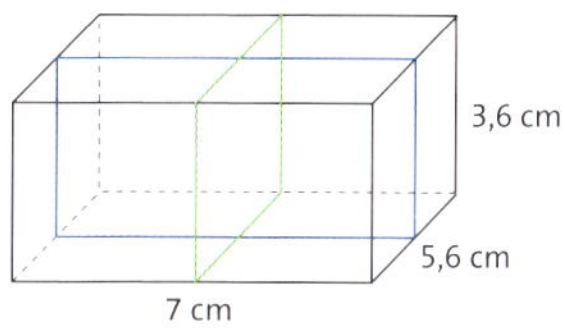

10 Zeichne das Schrägbild ...

a) eines Quaders mit den Kantenlängen a = 2 cm, b = 3,5 cm und c = 7 cm. Dabei sollen sich die Kanten a und b vorn befinden und die längere soll unten liegen.

b) eines Würfels mit der Kantenlänge 4 cm.

c) eines Dreiecksprismas, dessen Grundseite ein rechtwinkliges Dreieck mit den Längen 3 cm, 4 cm und 5 cm ist und das die Höhe h = 8 cm hat. Dabei soll sich das Dreieck vorn befinden und auf der 4-cm-Kante liegen.

11 Zeichne Schrägbilder der Körper. Die Blickrichtung wird durch den Pfeil angegeben. Verwende 1 cm als Kantenlänge der Würfelchen.

a)

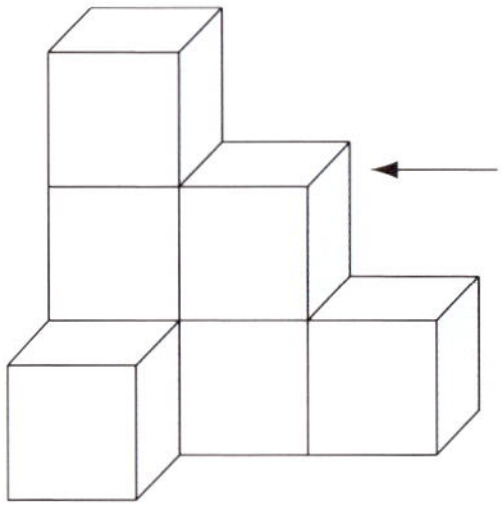

b)

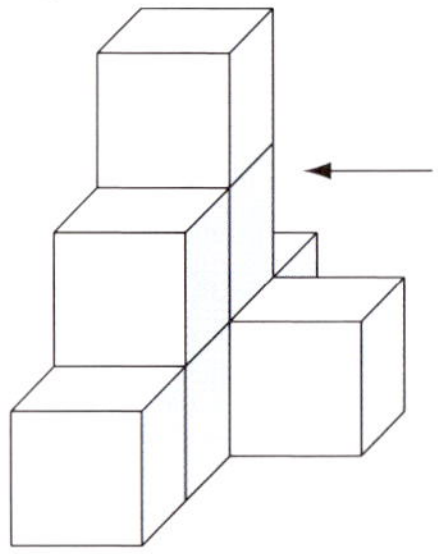

c)

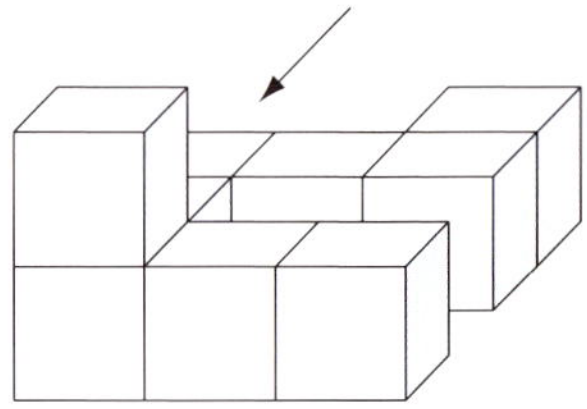

12 Berechne die Rauminhalte der folgenden Körper.

a)

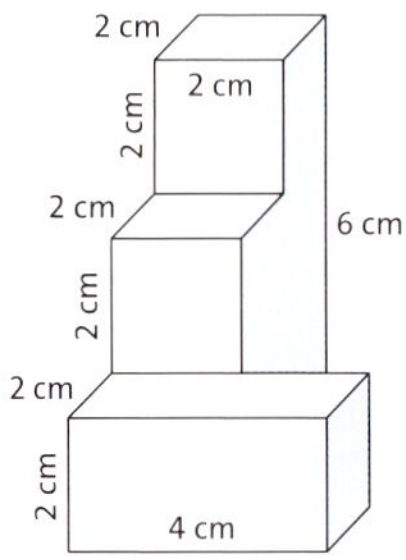

b)

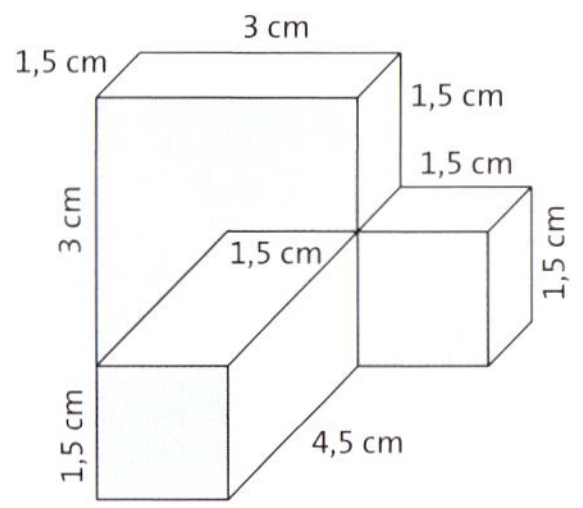

13 Bearbeite die Aufgaben zu dem abgebildeten Körper.

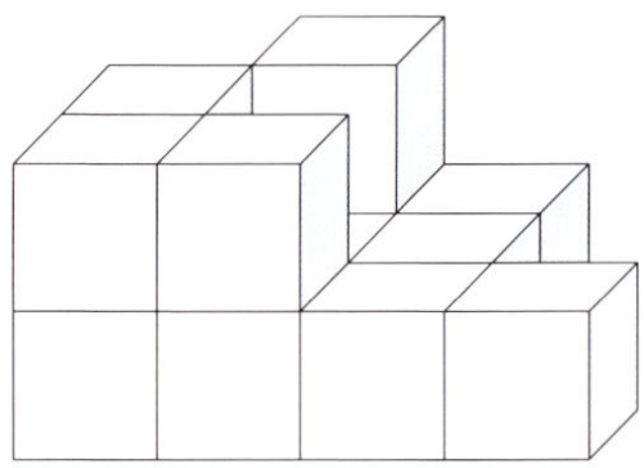

a) Aus wie vielen Würfeln besteht der Körper mindestens und höchstens? Warum ist keine genaue Aussage möglich?

b) Der Körper soll durch Hinzufügen weiterer Würfel zu einem Quader ergänzt werden. Wie breit, wie hoch und wie tief müsste dieser Quader mindestens sein?

c) Kann mit der Mindestanzahl Würfel aus a) bereits ein „großer" Würfel – also einer, der aus mehreren kleinen Würfeln zusammengesetzt ist – gelegt werden? Falls ja, wie viele Würfel bleiben übrig? Falls nein, wie viele Würfel fehlen dazu?

Thementest Flächen und Körper

1 Berechne die Flächeninhalte der abgebildeten Figuren möglichst geschickt.
(1 Kästchen ≙ 1 cm)

2 Ergänze die abgebildeten Figuren so, dass das Schrägbild eines Dreiecksprismas entsteht.

a)

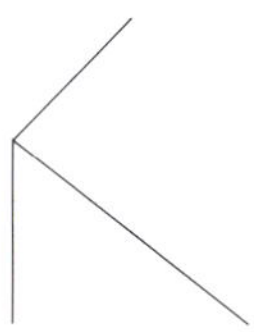

b)

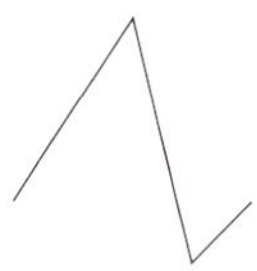

c)

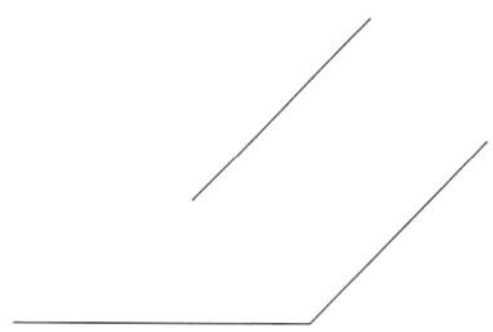

3 Welche Körper ergeben sich beim Falten der abgebildeten Netze?

a)
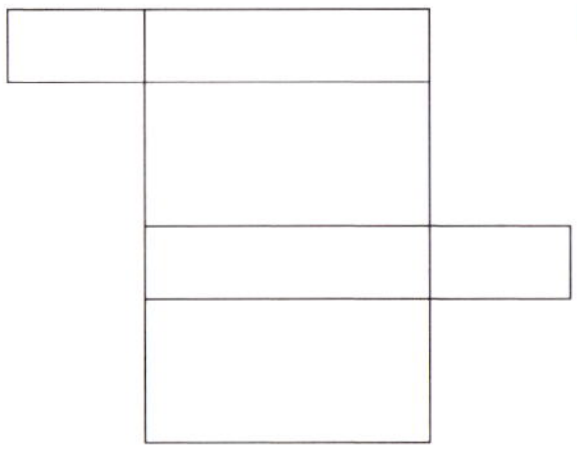

b)
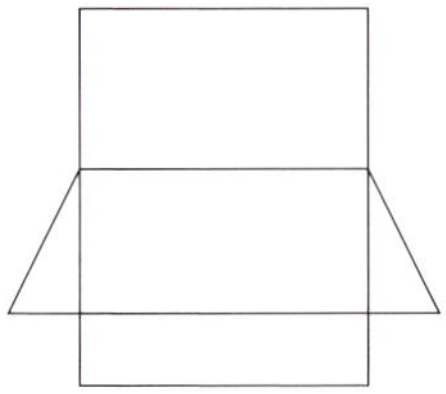

c)
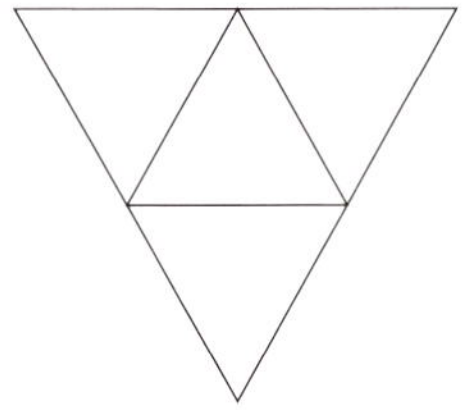

d)
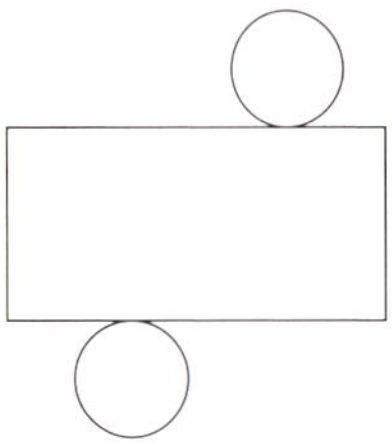

e)
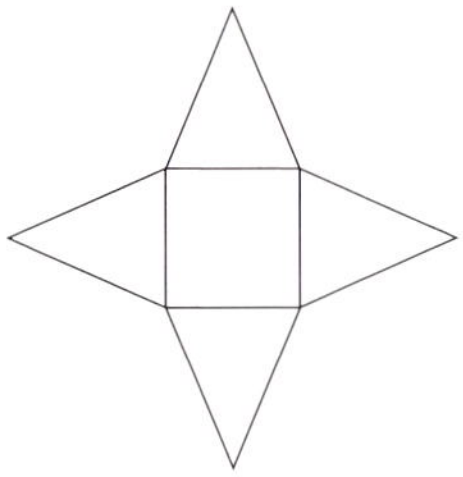

4 Die Abbildung zeigt den Grundriss eines Hauses.

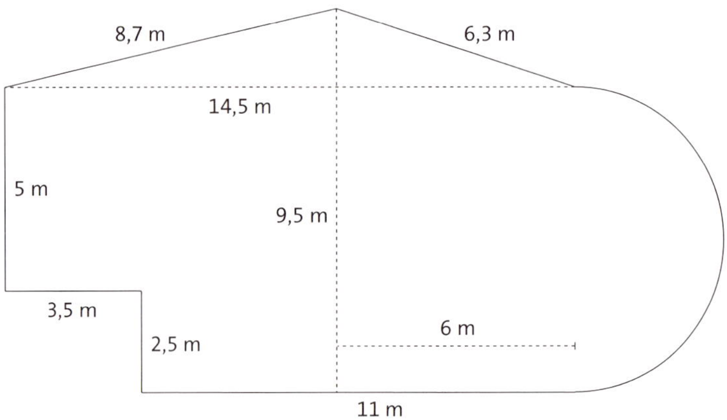

a) Wie groß ist die gesamte Grundfläche des Hauses?

b) Um das Haus herum soll direkt am Sockel eine Reihe Fliesen zur Dekoration angebracht werden. Wie viele Fliesen braucht man mindestens, wenn sie jeweils 15 cm lang sind?

5 Berechne in deinem Heft.

a) Familie Heinz zieht um und bestellt dazu einen Lkw mit einem Laderaum von 4 m Breite, 10 m Länge und 3,50 m Höhe. Wie viele ihrer Umzugskisten von 60 cm Breite, 50 cm Länge und 40 cm Höhe passen theoretisch in den Lkw?

b) Bei dem abgebildeten Verbotsschild ist der Radius des inneren weißen Kreises doppelt so groß wie die Breite des roten Streifens. Wie groß ist der Gesamtdurchmesser des Schildes, wenn der rote Streifen 8 cm breit ist? Wie groß sind dann die rote und die weiße Fläche?

c) Ein kreisförmiges Beet mit dem Radius r = 3,75 m soll mit Holzbrettern eingezäunt und unter anderem mit Tulpen bepflanzt werden. Was kostet die Beeteinfassung, wenn ein Brett von 10 cm Breite 0,69 € kostet? Wie teuer werden die Tulpen, wenn pro Quadratmeter 5 Stück à 1,09 € benötigt werden?

6 Bearbeite die folgenden Textaufgaben in deinem Heft.

a) Der abgebildete Körper besteht aus Würfeln der Kantenlänge 2,5 m. Die nach vorne und hinten zeigenden Flächen sollen gelb, die nach rechts und links zeigenden Flächen grün, die nach oben und unten zeigenden Flächen grau bemalt werden. Wie viele Liter jeder Farbe werden benötigt, um den Körper zu bemalen, wenn 1 Liter für eine Fläche von 3,5 m^2 ausreicht?

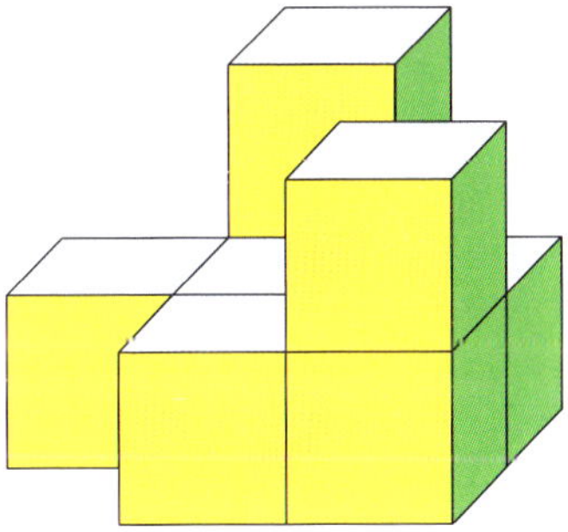

b) Sarah möchte eine zylinderförmige Schachtel mit Deckel basteln. Die Dose soll 8 cm hoch sein und der Boden soll einen Durchmesser von 10 cm haben. Der Deckel soll 2 cm hoch sein und 2 mm breiter als die Dose, um Spielraum zu haben. Wie viel Karton wird sie theoretisch mindestens brauchen?

6 Größen

6.1 Geld, Zeit und Gewicht

1 Wandle in die angegebenen Einheiten um.

a) 1,34 € = ______ ct	b) 50 ct = ______ €	c) 11 € 3 ct = ______ ct
d) 90 min = ______ d	e) 135 min = ______ h	f) 3,5 h = ______ min
g) 1,788 kg = ______ g	h) 2550 g = ______ kg	i) 234 g = ______ kg
j) 3055 kg = ______ t	k) 40 g = ______ kg	l) 0,13 t = ______ kg

2 Berechne in deinem Heft.

a) $25 \cdot 1{,}8$ kg	b) 11,5 kg : 5	c) 35 min + $\frac{1}{2}$ h
d) 34 g + 1,2 kg	e) 23,55 € + $4 \cdot 70$ ct	f) 5805 g + $3 \cdot 0{,}7$ kg

3 Bearbeite die folgenden Textaufgaben schriftlich.

a) Frau Meier hat an der Käse- und Fleischtheke eingekauft: $\frac{1}{4}$ kg Salami, 150 g Schinken, 0,455 kg Edamer und $\frac{1}{2}$ kg Käseaufschnitt. Wie schwer muss sie tragen?

b) Herr Müller wiegt zur Zeit 90 kg. Er plant, wöchentlich etwa 500 g abzunehmen. Wie schwer wird er in 10 Wochen noch sein? Wie lange wird es dauern, bis er sein Wunschgewicht von 82 kg erreicht hat?

c) Sophie kauft im Schreibwarengeschäft drei Schreibhefte à 78 ct, eine Packung mit Bleistiften für 2,49 € und drei Packungen Füllerpatronen zu je 2,35 €. Sie zahlt mit einem 20-€-Schein. Wie viel Restgeld bekommt sie?

d) Peter plant eine Fahrt nach Karlsruhe. Dazu muss er zunächst 12 min mit der Straßenbahn fahren. Nach 5 min Umsteigezeit setzt er sich in den Zug, der um 8.43 Uhr abfährt und um 9.27 Uhr in Karlsruhe ankommt. Wie lange dauert Peters Fahrt insgesamt? Wann muss er aus dem Haus, wenn er noch 5 min zur Haltestelle laufen muss?

6.2 Längeneinheiten

4 Gib jeweils in der nächstkleineren Einheit an.

a) 25,2 km b) 3 cm c) 21,3 cm d) 5,1 dm e) 0,03 m f) 0,78 dm

5 Gib jeweils in der nächstgrößeren Einheit an.

a) 34 mm b) 510 m c) 879 cm d) 219 dm e) 2 m f) 12,6 dm

6 Berechne. Benutze die größte Einheit, in der noch ohne Komma geschrieben werden kann.

a) 32 m + 24 dm b) 12 cm + 4450 mm c) 2,39 m + 42,1 dm
d) 3 · 18 cm + 0,2 cm e) 66 cm – 18 · 2 mm f) 5,4 m – 71 cm + 2 dm

7 Bearbeite die folgenden Textaufgaben in deinem Heft.

a) Die Klasse 5a absolviert im Sportunterricht einen Mannschaftswettbewerb, bei dem alle Weitsprungweiten in der Gruppe addiert werden. Welche Gruppe siegt?

Gruppe A	Anna	Florian	Sebastian	Mona
Sprungweite	2,85 m	3 m 2 cm	2,99 m	2,34 m
Gruppe B	Lisa	Matthias	Susi	Alex
Sprungweite	3,11 m	$2\frac{1}{2}$ m	2,48 m	3 m 12 cm

b) Herr Huber ist Busfahrer und fährt Montag bis Mittwoch die Strecke A (12,1 km) täglich achtmal. Donnerstag und Freitag fährt er je zwölfmal die Strecke B (5,9 km) sowie je dreimal die Strecke C (2,5 km). Wie viele Kilometer legt Herr Huber in der Woche mit dem Bus zurück?

c) Ein Paket DIN-A4-Papier mit 500 Blatt ist etwa 5,4 cm hoch. Wie dick ist ein einzelnes Blatt Papier? Wie viele Blätter liegen in einem 1-cm-Stapel aufeinander?

d) Bauer Hans hat 100 m Maschendrahtzaun, mit dem er seine Ziegen einzäunen möchte. Wie viele getrennte rechteckige Gehege mit den Seitenlängen 6 m und 4 m kann er bauen? Für wie viele quadratische Gehege mit 5 m Seitenlänge reicht der Zaun, wenn die Gehege direkt aneinander grenzen und in einer Reihe liegen? Fertige eine Skizze als Hilfe an.

6.3 Flächeneinheiten

8 Gib jeweils in der nächstkleineren Einheit an.

a) $1{,}30\ m^2$ b) $71\ cm^2$ c) 15 ha d) $8{,}1\ km^2$ e) 0,09 a f) $0{,}11\ dm^2$

9 Gib jeweils in der nächstgrößeren Einheit an.

a) $25\ mm^2$ b) $239\ cm^2$ c) $23{,}8\ m^2$ d) 0,5 ha e) 20 000 a f) $50{,}05\ dm^2$

10 Ordne der Größe nach. Rechne dazu in eine geeignete Einheit um.

a) $7000\ cm^2$; $0{,}75\ m^2$; $71{,}4\ dm^2$
b) 5,56 a; 0,43 ha; $5500\ m^2$; $\frac{1}{2}$ ha
c) $0{,}0117\ m^2$; $11{,}8\ cm^2$; $1200\ mm^2$
d) $0{,}45\ km^2$; 4480 a; $4\,400\,000\ dm^2$

11 Bearbeite die folgenden Textaufgaben schriftlich.

a) Von einem 9,5 ha großen Grundstück müssen 20 a an die Gemeinde abgegeben werden. Der Rest soll in 30 gleich große Grundstücke aufgeteilt werden. Wie groß werden diese Grundstücke?
b) Frau Heinrich kauft Blumen für ihren Garten. Für das 3,50 m lange und 40 cm breite Beet benötigt sie pro Quadratmeter 15 Blumen. Wie viele Blumen kauft sie?
c) Ein Fußballfeld ist 50 m lang und 100 m breit. Wie viele Fußballfelder würden Münchens Fläche von rund $310\ km^2$ bedecken?
d) Sebastian will eine 20 cm lange, 15 cm breite und 8 cm hohe Holzkiste ohne Deckel innen mit Folie auskleben. Wie viele Quadratzentimeter Folie benötigt er?
e) In einem Inserat wird ein Haus mit Grundstück angeboten. Das Haus besitzt zwei gleich große Stockwerke mit insgesamt $180\ m^2$ Wohnfläche. Das Grundstück ist 4,5 a groß. Wie viele Quadratmeter des Grundstücks sind nicht bebaut?

12 Familie Meier möchte Marias Kinderzimmer neu tapezieren. Alle vier Wände sind 2,25 m hoch und 3,50 m breit. Eine 50 cm breite Tapetenrolle reicht für $5\ m^2$ und kostet 8,99 €. Wie teuer wird die Renovierung? Beachte: Eine Bahn ist immer zusammenhängend (es wird nicht „gestückelt“).

6.4 Volumeneinheiten

13 Gib jeweils in der in Klammern vorgegebenen Einheit an.

a) $3{,}3\ m^3$ (dm^3)
b) 45 l (ml)
c) $1{,}15\ m^3$ (l)
d) 0,56 hl (l)
e) $4\,570\,500\ mm^3$ (dm^3)
f) 23,76 hl (cm^3)
g) $42{,}12\ m^3$ (ml)
h) $57{,}145\ dm^3$ (mm^3)
i) $3\,400\,000\ mm^3$ (l)
j) $800\ dm^3$ (hl)
k) 23 600 ml (mm^3)
l) $0{,}003\ m^3$ (cm^3)

14 Ordne der Größe nach. Rechne dazu in eine geeignete Einheit um.

a) 333 ml; $0{,}3\ dm^3$; $2950\ cm^3$
b) 0,15 cl; 1550 ml; $1{,}56\ dm^3$
c) $8900\ mm^3$; $0{,}095\ dm^3$; 990 ml
d) $411\ m^3$; $41\,110\ dm^3$; 410 hl

15 Berechne in deinem Heft.

a) $51\ dm^3 : 3 - 1{,}1\ l$
b) $3{,}54\ m^3 + 250\ dm^3$
c) $5\ hl - 2 \cdot 0{,}55\ l - 20\ ml$
d) $34\ mm^3 + 0{,}8\ cm^3$
e) $1{,}27\ hl + 500\ ml$
f) $2{,}7\ m^3 + 3 \cdot 0{,}7\ l + 543\ dm^3$

16 Bearbeite die folgenden Textaufgaben schriftlich.

a) Wie viele Liter Wasser fasst ein Schwimmbecken von 8 m Breite, 10 m Länge und 2,50 m Tiefe? Wie lang muss ein Becken derselben Breite und Tiefe sein, wenn es 600 000 Liter fassen soll?
b) Für eine Feier stehen 12 Flaschen Sekt à 0,75 l zur Verfügung. Wie viele 20-cl-Gläser können damit gefüllt werden?
c) Zwei Regentropfen haben etwa das gleiche Volumen wie ein Würfel der Kantenlänge 1 mm. Wie viele Regentropfen ergeben 1 Liter?
d) Zwei Orangensaftpackungen haben die Form eines Quaders. Die erste ist 21 cm hoch und je 11 cm breit und tief. Die zweite Packung ist 25 cm hoch, 12 cm breit und 9 cm tief. Welche Packung fasst mehr Orangensaft?
e) Für einen 75 m langen, 50 m breiten Sportplatz wird Sand zu einem Preis von $8{,}50\ €/m^3$ gekauft. Der Transporter kann in einer Fuhre $50\ m^3$ bringen. Was kostet eine 10 cm hohe Sandschicht? Wie oft muss der Transporter fahren?
f) Wenn $1\ cm^3$ Wolle 300 mg wiegt und $1\ cm^3$ Stahl 7,85 g, was ist dann schwerer: $\frac{1}{2}\ dm^3$ Stahl oder $13\ dm^3$ Wolle?

Thementest Größen

1 Schreibe in der in Klammern angegebenen Einheit.

a) 4520 dm (km)
b) 325 l (m^3)
c) $\frac{12}{5}$ m^2 (dm^2)
d) 3,2 h (min)
e) 4 500 216 mm^3 (m^3)
f) $\frac{250}{8}$ hl (dm^3)
g) 8,23 a (dm^2)
h) $\frac{4320}{100}$ € (ct)
i) 33 224 956 mm (m)
j) $\frac{3}{4}$ dm^3 (cm^3)
k) 0,23 t (g)
l) 1 253 332 ct (€)

2 Vervollständige die Sätze.

a) Frau Büchner schafft beim Tippen 420 Anschläge in einer Minute. Sie schlägt also pro Sekunde ________ Tasten an.

b) Beim Bäcker kostet ein 50-g-Brötchen 35 ct. Für 12 Brötchen zahlt man also ________ €. Diese wiegen ________ kg.

3 Bearbeite die folgenden Textaufgaben schriftlich.

a) Sandra kauft Obst für einen Obstsalat: 300 g Erdbeeren für 1,79 €, 250 g Bananen für 85 ct, $\frac{1}{2}$ kg Äpfel für 1,23 € und 200 g Birnen für 78 ct. Wie viel kostet der Obstsalat, wenn sie noch 100 g Nüsse für 1,19 € hinzukauft? Wie schwer wird der Salat, wenn durch Schälen und Schneiden etwa 10 % Gewicht verloren gehen?

b) Max trainiert für einen Halbmarathon und hat in den letzten Wochen folgende Strecken zurückgelegt: 15 km; 13,8 km; 21 km; 18,3 km; 5,1 km; 9,75 km; 17,25 km und 19 km. Wie groß ist die absolvierte Gesamtstrecke und wie groß war seine durchschnittliche Trainingsstrecke? Wie viele Stunden hat er insgesamt dafür etwa gebraucht, wenn er durchschnittlich $5\frac{1}{2}$ min pro Kilometer benötigt?

c) Auf ein 7 a großes Grundstück wird ein Haus mit einer Grundfläche von 65 m^2 gebaut. Die angrenzende Garage ist quadratisch mit einer Länge von 5 m. Die Zufahrt ist 4 m lang und 2,50 m breit, der Vorgarten misst 48 m^2. Wie groß kann der restliche Garten maximal noch sein? Wie groß ist der Gesamtrauminhalt von Haus und Garage, wenn die Garage 1,95 m und das Haus durchschnittlich 6 m hoch ist?

7 Abschlusstests

Test 1

1 Beantworte die Fragen zu den abgebildeten Figuren.

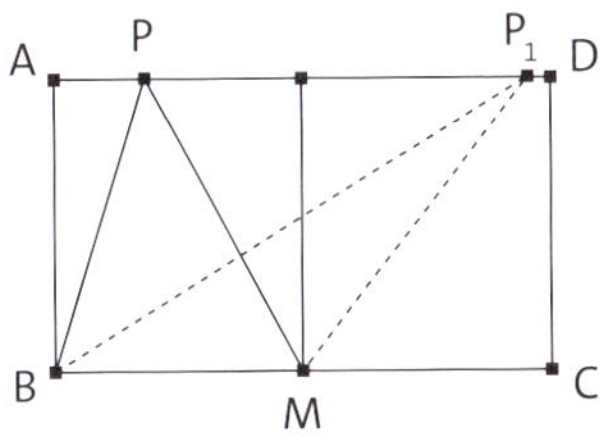

a) Wie groß ist der Anteil des Dreiecks BMP am gesamten Flächeninhalt des Rechtecks ABCD? Beachte, dass M in der Mitte der Strecke BC liegt.

Anteil des Dreiecks: __________

b) Wie verändert sich der Flächeninhalt des Dreiecks, wenn der Punkt P auf den Punkt P_1 verschoben wird?

____

____

2 Berechne und kreuze die richtige Lösung an.

a) $4,\overline{6} + 2,\overline{3} - 3,\overline{1} =$

☐ $-\frac{35}{9}$ ☐ 10 ☐ $\frac{35}{9}$ ☐ $3,\overline{8}$

b) $-\frac{3}{4} + \frac{4}{5} : \frac{2}{3} + \frac{1}{8} =$

☐ $\frac{23}{40}$ ☐ $-\frac{3}{4}$ ☐ $\frac{3}{4}$ ☐ $-\frac{1}{3}$

c) $(10^3 \cdot 10 \cdot 10^5) : 10^7 =$

☐ 10^{16} ☐ 10^2 ☐ $\frac{1}{10^2}$ ☐ 1000

3 Herr Mathefix hat eine neue Rechenart „modulo“ (Abkürzung: mod) erfunden. Er verwendet folgende Schreibweise:

Beispiele:
(1) statt $10 - (2 \cdot 4) = 2$ schreibt er: 10 mod 4 = 2
(2) statt $5 - (0 \cdot 8) = 5$ schreibt er: 5 mod 8 = 5
(3) statt $13 - (4 \cdot 3) = 1$ schreibt er: 13 mod 3 = 1

a) Berechne 10 mod 7 Ergebnis: ____________

b) Berechne 5 mod 9 Ergebnis: ____________

c) Wie erhält man bei der Rechenoperation „modulo“ das Ergebnis 1? Was muss für die Zahlen a und b bei a mod b = 1 gelten?

Antwort: ____

4 Kreuze alle Felder an, die den Anteil $\frac{2}{3}$ beschreiben.

- ☐ $\frac{1}{15}$
- ☐ 4 : 6
- ☐ 66 %
- ☐ $\frac{66}{100}$
- ☐ 0,666
- ☐ $0,\overline{6}$
- ☐ $0,\overline{6}$ %
- ☐ $\frac{14}{21}$
- ☐ $66,\overline{6}$ %

5 Ein Kreis soll einen Flächeninhalt von ca. 12,6 cm^2 haben.

a) Wie groß ist sein Radius ungefähr? Kreuze das richtige Ergebnis an.

☐ 1 cm ☐ 2 cm ☐ 3 cm ☐ 4 cm

b) Mit welcher Formel lässt sich der Umfang eines Kreises berechnen?

____

c) Vervollständige den Text.

Ein Kreis ist der geometrische Ort aller Punkte, die vom ____________________ den gleichen ____________________ haben. Verdoppelt man den Radius, so wird der Flächeninhalt ____________________.

6 Bearbeite die Aufgabe im abgebildeten Koordinatensystem.

a) Zeichne das Viereck ABCD mit A (–2|0), B (0|2), C (–1|2) und D (–2|4).

b) Dieses Viereck wird an einem Punkt gespiegelt. Dabei wird der Punkt C auf C' (1|2) abgebildet. Welche Koordinaten hat das Spiegelzentrum?

c) Spiegle nun die übrigen Punkte A, B und D ebenfalls am Spiegelzentrum und gib die Koordinaten der Bildpunkte an.

A' (____|____);

B' (____|____);

D' (____|____)

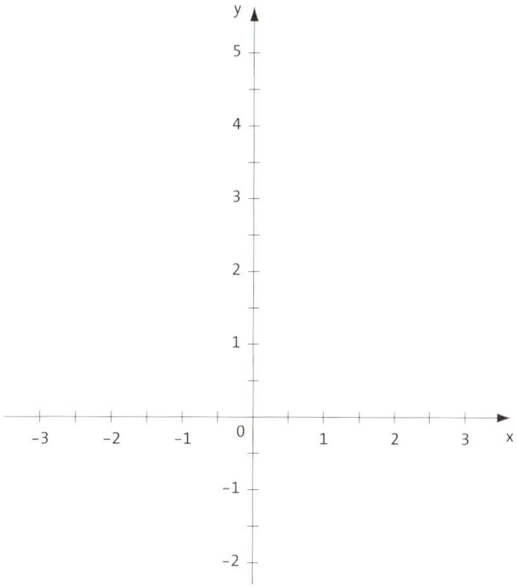

7 Bearbeite die Aufgaben im abgebildeten Gitter.

a) Zeichne ein rechtwinkliges Dreieck mit dem Flächeninhalt 4 cm^2.

b) Zeichne daneben ein Dreieck mit gleichem Flächeninhalt, das *nicht* rechtwinklig ist.

8 Ergänze die fehlende Maßzahl bzw. die fehlende Einheit.

a) 13 500 m = ______________ km
b) 0,073 m^3 = ______________ l
c) 2,34 a = ______________ m^2
d) 1,4 h = 84 ______________
e) 5,38 t = 5 380 000 000 ______
f) 1250 mm^3 = ______________ dm^3

9 Aus Würfeln wurden die abgebildeten Körper zusammengelegt. Für das erste Kreuz benötigt man 5, für das zweite Kreuz schon 12 Würfel.

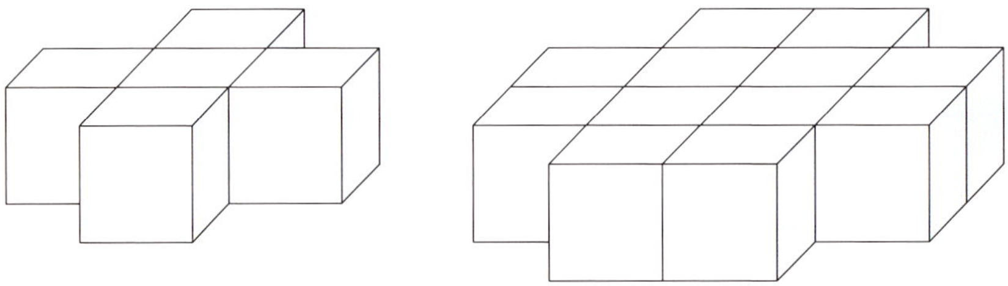

a) Wie viele Würfel benötigt man für das vierte und fünfte Kreuz, wenn man die Reihe nach dem gleichen Muster fortsetzt?
b) Stelle einen Term auf, mit dessen Hilfe sich die benötigte Anzahl von Würfeln für das n-te Kreuz berechnen lässt. (Die Variable steht für das n-te Kreuz.)

10 Malte sammelt mit Begeisterung Fußballbilder seiner Lieblingsstars. Um die Lücken in seinem Album zu schließen, schlägt er seinem Freund Lukas, der ebenfalls sammelt, ein Wettspiel vor. Gespielt wird mit einem Würfel. Als Spieleinsatz muss jeder ein Fußballbild bereithalten und der Gewinner erhält dann beide Fußballbilder. Malte schlägt vor, dass er gewinnt, wenn eine Zahl kleiner als 5 fällt. Lukas soll das Spiel gewinnen, wenn eine gerade Zahl fällt. In allen anderen Fällen erhält jeder seinen Einsatz zurück.

a) Welche Würfe sind bei diesem Spiel möglich?
b) Haben beide Mitspieler dieselben Chancen oder hat einer von beiden einen Vorteil?

11 In einer Fachzeitschrift wurde im Herbst des Jahres 2010 ein Artikel über den Marktanteil von Spielekonsolen veröffentlicht. In dem Artikel war das abgebildete Diagramm zu sehen. Darunter standen die in der Tabelle aufgeführten Angaben.

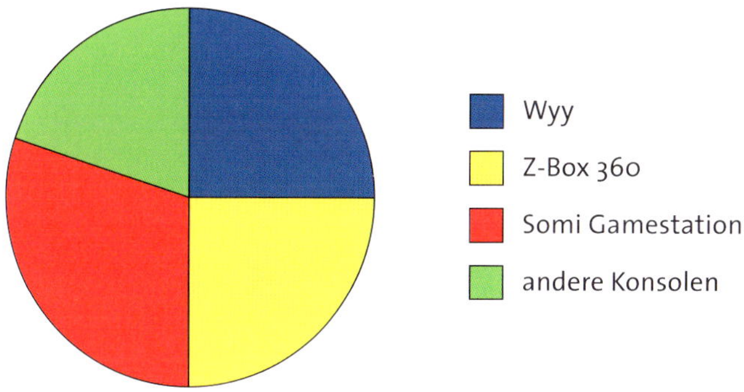

Wyy	Z-Box 360	Somi Gamestation	andere Konsolen
35 %	35 %	20 %	10 %

a) Was fällt dir auf, wenn du die Werte in der Tabelle mit denen des Diagramms vergleichst?

b) Welche Mittelpunktswinkel hätte man in dem Diagramm erwarten müssen? Berechne diese Winkel.

12 Setze für x in den folgenden Termen die Zahlen ein und berechne das Ergebnis.

	$x = 3$	$x = -2$
$3 \cdot x + 4$		
$(-2 + x) \cdot 7 + x$		
$\frac{x}{2} \cdot \frac{5}{x}$		
$x^2 + x \cdot 4$		
$-x^2 + (-x)^2$		

13 Einige Ecken in den Quadernetzen sind farbig markiert worden. Kennzeichne nun die Ecken, die an eine bereits markierte Ecke stoßen, wenn man die Netze zu Quadern faltet. Nimm jeweils die Farbe der Markierung.

a)

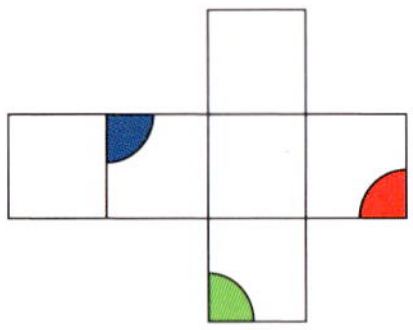

b)

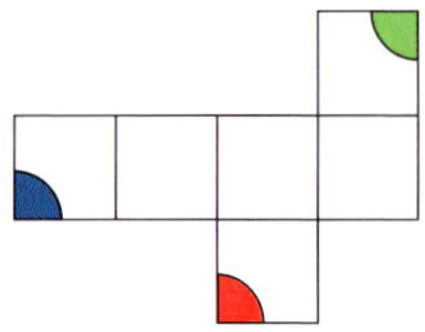

c)

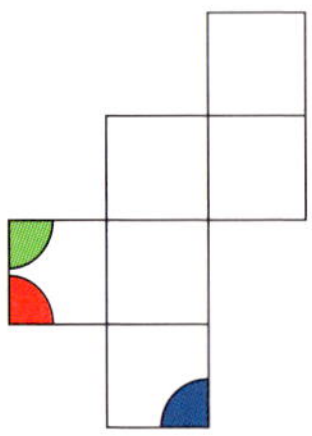

d)

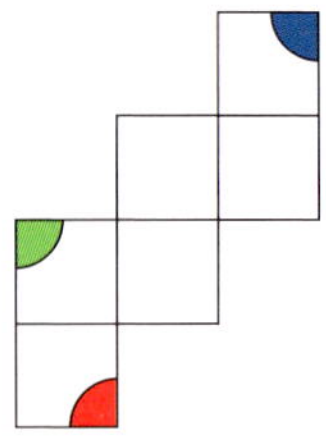

14 Welche Uhrzeit zeigt die jeweilige Uhr an, wenn (1) der Stundenzeiger um 120° gegen den Uhrzeigersinn gedreht wird oder (2) der Minutenzeiger um 240° im Uhrzeigersinn gedreht wird.

a) 13.00 Uhr

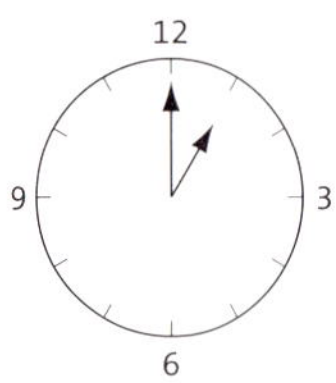

(1) ____________

(2) ____________

b) 3.05 Uhr

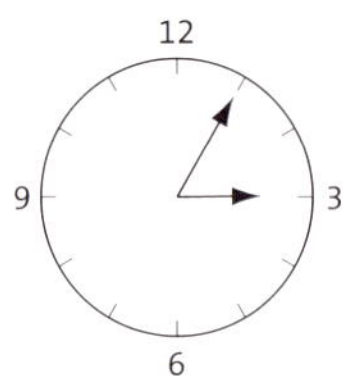

(1) ____________

(2) ____________

c) 22.40 Uhr

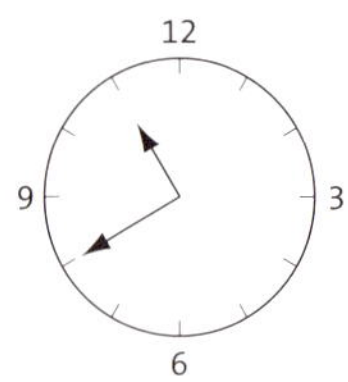

(1) ____________

(2) ____________

15 Beantworte die folgenden Fragen. Fertige Skizzen dazu an.

a) Wie können zwei beliebige Geraden zueinander liegen?

b) Wie viele gemeinsame Punkte haben sie bei jeder dieser Möglichkeiten?

Test 2

1 Berechne in deinem Heft.

$1{,}5 + 4{,}5 \cdot (-3{,}1 + 16{,}4) - 3^2$

2 Welche Zahl musst du für x einsetzen?

$1 + 7 \cdot x + 13 = -21$

3 Berechne die Werte der Terme und kreuze alle richtigen Ergebnisse an.

a) 6 kg 534 g 3 mg + $\frac{3}{4}$ kg + 3445 mg =

☐ 10,729 003 kg ☐ 10,7293 kg ☐ 7,287 448 kg

b) 2,33 a + 5 ha – 2455 m^2 =

☐ 47,778 m^2 ☐ 4,7778 ha ☐ 0,4778 a

c) 30,5 l + 2333 cm^3 + 1 hl – 45,5 dm^3 =

☐ 0,873 33 m^3 ☐ 87,333 l ☐ 0,873 33 hl

4 Ein Pizzaservice bietet eine Pizza Margherita in verschiedenen Größen an: klein (⌀ 26 cm) für 3,50 €, mittel (⌀ 28 cm) für 4,50 €, groß (⌀ 32 cm) für 5,50 € und Family (45 cm · 35 cm) für 11 €. (Du darfst den Taschenrechner benutzen.)

a) Berechne die Flächeninhalte der verschiedenen Pizzen. Runde auf volle Quadratzentimeter.

b) Vergleiche die von der Pizzeria geforderten Preise mit den Flächeninhalten aus Aufgabenteil a). Welche Größe ist die billigste, welche Größe die teuerste?

c) Wie teuer darf die Partygröße (60 cm · 40 cm) höchstens sein, damit sie nicht teurer als die billigste Pizzagröße ist?

5 Ein „Morgen“ ist eine alte Flächeneinheit, die etwa 25 a beträgt. In einem Lexikon für Landwirtschaft findet man als Platzbedarf für eine Kuh 1 Morgen und für ein Schaf 0,2 Morgen Weideland. Wie viele Kühe und wie viele Schafe könnte man jeweils auf einem Weideland von 40 ha halten? Wie viele Kühe und Schafe könnte man dort halten, wenn man von beiden Sorten gleich viele haben möchte?

6 Ein Turm aus würfelförmigen Bausteinen wird durch Hinzufügen neuer Bausteine immer größer. Die ersten drei Türme sind abgebildet.

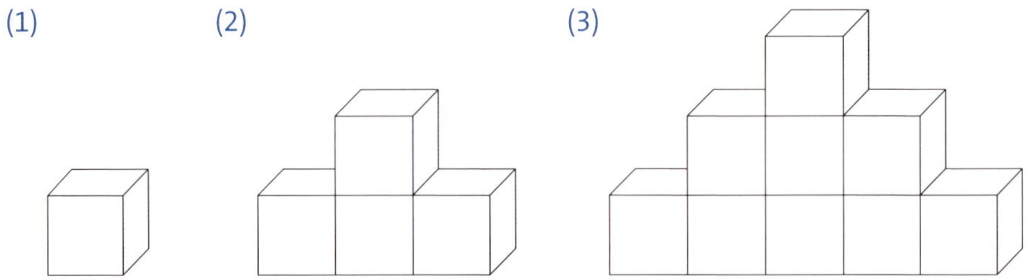

a) Wie viele Bausteine braucht man für den vierten und fünften Turm? Vervollständige die Tabelle.

Turmnummer	**1**	**2**	**3**	**4**	**5**
Anzahl Bausteine	1				

b) Finde eine Formel, die die Anzahl der Bausteine für den n-ten Turm beschreibt. Wie viele Bausteine braucht man demnach für den zehnten Turm?

____

____

____

c) Wie groß ist das Volumen des siebten Turms, wenn ein Baustein die Kantenlänge 3 cm hat?

____

____

____

7 Lies den folgenden Artikel und beantworte anschließend die Fragen.

Weniger Raser auf deutschen Straßen

Auf deutschen Straßen ist es ruhiger geworden. Während 2010 noch jeder achte Autofahrer zu schnell fuhr, ist es heute nur noch jeder siebte. Doch auch sieben Prozent sind noch zu viel. Ein Polizeisprecher meinte: „Wir streben einen Prozentsatz von 5 % an, so dass wir ein Verhältnis von 1 : 20 von Rasern zu gesitteten Autofahrern haben. Deshalb werden wir in Zukunft noch mehr kontrollieren müssen.“

a) Welche Fehler findet man im Text?

____

____

____

b) Welcher Bruch gibt das Verhältnis 1 : 20 an? Kreuze an.

☐ $\frac{1}{20}$ ☐ $\frac{1}{19}$ ☐ $\frac{1}{21}$ ☐ $\frac{20}{1}$

c) Welcher der folgenden Ausdrücke beschreibt die Formulierung „jeder achte“? Kreuze an.

☐ $\frac{1}{8}$ ☐ $\frac{8}{100}$ ☐ 12,5 % ☐ 8 %

8 Herr Müller fährt mit seiner Familie in Urlaub. Er hält eine relativ konstante Geschwindigkeit von 95 km/h. Bisher hat er von den 55 Litern, die sein Tank fasst, 28,5 Liter verbraucht und damit 570 km zurückgelegt.

a) Wie lange ist Herr Müller bereits unterwegs (reine Fahrzeit)?
b) Wie viele Liter Benzin verbraucht Herrn Müllers Auto durchschnittlich für 100 km?
c) Wie viele Kilometer kann er voraussichtlich noch mit dem Rest des Tankinhaltes fahren?
d) Wann wird er bei gleichbleibender Geschwindigkeit tanken müssen?
e) Wann wird er voraussichtlich an seinem 820 km entfernten Ziel ankommen?

9 Zeichne eine Gerade g und zwei Punkte P und Q, die nicht auf g liegen. Arbeite im Buch.

a) Finde alle Punkte, die 1,5 cm von g entfernt sind.
b) Finde alle Punkte, die 2,5 cm von P entfernt sind.
c) Wo liegen alle Punkte, die von P und Q jeweils 4 cm entfernt sind?
d) Wo liegen alle Punkte, die 2 cm von g und 3,5 cm von Q entfernt sind? Wie viele solcher Punkte kann es geben?

10 Eine Untersuchung zu Freizeitbeschäftigungen von Grundschulkindern hatte folgendes Ergebnis:

	Computer	Fernsehen	Freunde treffen	Sonstiges	Summe
Prozent	35 %			13 %	
Anteil			$\frac{1}{5}$		
Anzahl		320			

a) Vervollständige die Tabelle. Wie viele Kinder wurden insgesamt befragt? ______
b) Zeichne ein Kreisdiagramm in dein Heft.

11 Löse die Aufgabe im abgebildeten Koordinatensystem. Ein Kästchen entspricht 1 cm.

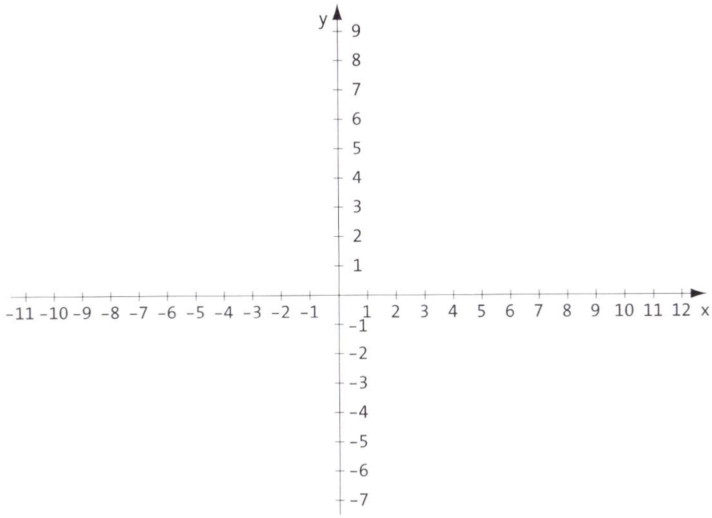

a) Zeichne die Punkte A (0|3), B (3|−3) und C (3|5) in das Koordinatensystem.

b) Spiegele das Dreieck ABC an der Geraden durch B und C. Welches besondere Viereck entsteht dabei?

___

c) Der Spiegelpunkt von A soll D heißen. Wie weit ist A von D entfernt, wie weit ist B von C entfernt? Welchen Winkel schließen die beiden gemessenen Strecken ein? Kannst du das begründen?

___

___

d) Wie kann man mit diesen beiden Strecken den Flächeninhalt des Vierecks ABCD besonders einfach ausrechnen? Tipp: Zerlege das Viereck geschickt.

___

___

___

e) Finde damit eine allgemeine Formel zur Berechnung des Flächeninhaltes solcher Vierecke.

___

12 Aus dem abgebildeten Quader (ein Kästchen entspricht 1 cm; die Tiefe beträgt 5,5 cm) wird entlang der roten Linie ein Prisma ausgesägt.

a) Zeichne ein maßstabsgetreues Netz des entstandenen Prismas.
b) Welchen Prozentsatz nimmt der Rauminhalt des Prismas am Rauminhalt des Quaders ein?
c) Welche Grundkantenlänge müsste eine quadratische Säule haben, wenn ihre Höhe gleich der Tiefe des Quaders ist und sie das gleiche Volumen wie das Prisma haben soll?

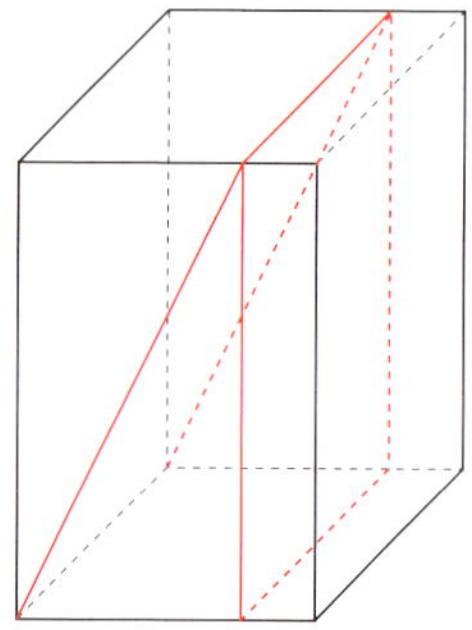

13 Mario möchte ein Hundehaus bauen und hat dazu eine Zeichnung angefertigt. Das Haus soll 1,20 m breit und 2 m lang werden. An den langen Seiten sollen die Wände 1 m hoch sein. An den beiden Giebelseiten – also an Vorder- und Rückseite – soll das Häuschen bis zum First 1,50 m hoch sein. Der auszusägende Eingang besteht aus einem Quadrat mit aufgesetztem Halbkreis. Er soll 80 cm breit werden.

a) Zeichne den Boden, eine Seitenwand sowie Vorder- und Rückseite im Maßstab 1 : 50.
b) Miss in deiner Zeichnung, wie lang die beiden vorderen, auf dem Giebel aufliegenden Dachkanten sein müssen. Zeichne anschließend eine der Dachflächen im selben Maßstab, wobei die Dachflächen in jeder Richtung (außer am First) 10 cm überstehen sollen.
c) Berechne den Materialbedarf an Holz (bevor die Tür ausgesägt wurde) mithilfe deiner Zeichnungen.

d) Wie viel Fläche geht durch das Aussägen der Tür verloren?
e) Das Häuschen soll nach Fertigstellung komplett (einschließlich Boden) angestrichen werden. Wie viele Liter Farbe werden benötigt, wenn 1 Liter für 2 m² reicht?

1 Grammatik

1.1 Die Wortarten erkennen und unterscheiden

1 S. 8 b) der / ein Garten (Maskulinum Singular); c) die / — Kinder (Neutrum Plural); d) die / — Tische (Maskulinum Plural); e) die / eine Tochter (Femininum Singular)

2 S. 8 a) Das Buch **der Lehrerin** ist verschwunden. b) Ich gebe **meinem Bruder** von **meiner Schokolade** ab.

3 S. 8 **Ich** lese gerne. **Meine** Lieblingsbücher sind Abenteuergeschichten. Am liebsten mag ich **die** mit dem Jungen Huckleberry Finn. **Er** erlebt die spannendsten Geschichten!

4 S. 9 Das Nibelungenlied **ist** eine meiner liebsten Sagen. Es **geht** darin um den Helden Siegfried, der in seiner Jugend viele Abenteuer **besteht.** So **kämpft** er unter anderem mit einem Drachen, **badet** in dessen Blut und **wird** bis auf eine kleine Stelle seines Körpers unverwundbar. Leider **lässt** eine Frau, Brunhild, ihn am Ende durch einen Ritter **töten.**

5 S. 9

	A	B	C	D	E	F	G	H
1	Ä	N	S	S	S	W	A	C
2	V	R	C	I	P	F	W	X
3	K	K	H	I	A	N	I	V
4	L	Ö	W	U	N	I	J	Y
5	E	Ö	E	J	N	G	S	D
6	D	Ö	R	X	E	N	G	B
7	I	V	D	D	N	E	K	C
8	G	L	N	L	D	G	U	T

spannend – langweilig; schwer – leicht; ledig – verheiratet; wenig – viel; eng – weit / breit; gut – schlecht

6 S. 9 **Lösungsvorschlag:** Das Buch ist sehr **spannend.** Heute ist mir aber **langweilig!** Ist deine Katze **schwer** geworden! Watte ist **leicht.** Unser Lehrer ist **ledig.** Meine Tante ist seit gestern **verheiratet.** Das ist **wenig** überzeugend! Ich finde, dass wir heute **viel** zum Arbeiten bekommen haben. Die Hose ist mir zu **eng.** Eine Nummer größer wäre mir zu **weit.** Die Straßen in den USA sind sehr **breit.** Das Essen schmeckt **gut.** Ich habe dein Haus nur **schlecht** gefunden.

7 S. 10 b) menschlich sein; c) massig sein; d) breiig sein

8 S. 10 a) Weil; b) während; c) Nachdem

9 S. 10 Du willst zum Kino? Dann gehst du am besten diese Straße entlang in Richtung Fächerbad. An der nächsten Kreuzung, beim „Wilden Mann“, biegst du links in die „Schlossstraße“ ein. Diese läufst du etwa 100 Meter weiter, vorbei am Gartencafé und durch den Park. Gleich nach dem Park siehst du auf der rechten Seite das Kino.

10 S. 10 a) am; b) ins; c) aufs

1.2 Die Zeitformen des Verbs

11 S. 11 **schreiben:** ich schreibe; ich schrieb; ich habe geschrieben; ich hatte geschrieben; ich werde schreiben; ich werde geschrieben haben
sagen: ihr sagt; ihr sagtet; ihr habt gesagt; ihr hattet gesagt; ihr werdet sagen; ihr werdet gesagt haben
sein: sie ist; sie war; sie ist gewesen; sie war gewesen; sie wird sein; sie wird gewesen sein
schwimmen: wir schwimmen; wir schwammen; wir sind geschwommen; wir waren geschwommen; wir werden schwimmen; wir werden geschwommen sein

12 S. 11 **Futur I:** Morgen werde ich ein Solostück in einer Aufführung singen.
Futur II: Wenn du wieder aus dem Urlaub hier bist, dann werde ich ein Solostück in einer Aufführung gesungen haben.

13 S. 12 Da das Wetter sich verschlechtert hatte, ging ich früher aus dem Schwimmbad nach Hause. Da ich dem Friseur die

Haarfarbe ungenau erklärt hatte, erhielt ich lilafarbene Haare. Weil ich keine Hausaufgaben gemacht hatte, bekam ich eine schlechtere Note in Deutsch. Nachdem ich meine Mutter geärgert hatte, musste ich mein Mittagessen selbst kochen.

14 S. 12 a) Gestern **las** ich ....
b) ... dann **werde** ich ... **geplant haben.**
c) ... **werden** wir gemeinsam **verreisen.**
d) Ich **arbeite** gerade an einem Bild.
e) Nachdem ... **gekocht hatte, sprang** meine Katze ... **stieß** den Topf **um.**

1.3 Die Satzarten

15 S. 13 Fragezeichen; Ausrufezeichen; Punkt; Punkt; Punkt; Ausrufezeichen; Punkt (Ausrufezeichen); Punkt; Fragezeichen; Punkt (Ausrufezeichen); Punkt; Punkt (Ausrufezeichen); Punkt; Fragezeichen; Ausrufezeichen (Punkt); Punkt; Punkt; Punkt (Ausrufezeichen); Fragezeichen; Ausrufezeichen (Punkt); Punkt; Punkt; Punkt; Punkt

16 S. 13 **Fragesatz:** Wer soll das bezahlen?
Aussagesatz: Ich werde das bezahlen.
Ausrufesatz: Du bezahlst das!

17 S. 14 a) **Fragesatz:** Gehst du (bitte) weg? **Aussagesatz:** Du gehst weg. b) **Fragesatz:** Rufst du den Hund (bitte) zurück? **Aussagesatz:** Du rufst den Hund zurück.

18 S. 14 a) Ergänzungsfrage; b) Ergänzungsfrage; c) Entscheidungsfrage; d) Entscheidungsfrage; e) Entscheidungsfrage; f) Ergänzungsfrage

1.4 Die Satzglieder

19 S. 15 a) In der Schule feiern wir heute meinen Geburtstag. Feiern wir heute in der Schule meinen Geburtstag? Meinen Geburtstag feiern wir heute in der Schule. **Satzglieder:** Heute / feiern / wir / in der Schule / meinen Geburtstag.
b) Meine Mutter hat dafür einen großen Kuchen gebacken. Hat meine Mutter dafür einen großen Kuchen gebacken? Einen großen Kuchen hat meine Mutter dafür gebacken. **Satzglieder:** Dafür / hat / meine Mutter / einen großen Kuchen / gebacken.
c) Den Kuchen darf das Geburtstagskind anschneiden. Darf das Geburtstagskind der Kuchen anschneiden? **Satzglieder:** Das Geburtstagskind / darf / den Kuchen / anschneiden.

20 S. 15 Vorsichtig fährt meine Mutter den großen Geburtstagskuchen in die Schule. Ich halte ihn auf dem Schoß. Die ganze Fahrt über quassle ich meiner Mutter die Ohren voll. Ich bin einfach so aufgeregt! Plötzlich tritt meine Mama auf die Bremse. Mein Kopf fällt nach vorne. Sanft landet er in meinem Geburtstagskuchen. Nun hat dieser eine große Delle oben. Mir kommen die Tränen. Doch meine Mama weiß immer einen Rat. Sie fährt zum Lebensmittelladen und kauft Gummibärchen. Diese schütten wir in die Delle. Meine Klassenkameraden sind begeistert. Sie haben noch nie einen so tollen Geburtstagskuchen gesehen!

21 S. 15 a) Alle Klassenkameraden drängeln sich ~~begeistert um meinen Geburtstagskuchen~~. b) Die Lehrerin sieht ~~ihnen lächelnd und zufrieden dabei~~ zu.
c) Unser Schulleiter erscheint ~~plötzlich mit zornigem Gesicht an der Tür~~.

22 S. 16 a) meinem Opa: Dativobjekt; einen Brief: Akkusativobjekt
b) den fertigen Brief: Akkusativobjekt; meiner Mutter: Dativobjekt
c) ihn: Akkusativobjekt; unserem Nachbarn: Dativobjekt d) meinen Brief: Akkusativobjekt e) die Briefmarke: Akkusativobjekt
f) dem Postboten: Dativobjekt

23 S. 16 a) Wir gedenken **des Verstorbenen.** b) Ich kann ... **des Urlaubs** erinnern ...
c) Er schämte sich **seiner Herkunft.**

d) Der Mechaniker ... **des Autos** an.
e) Leider ... **meiner Sache** nicht sicher.
f) Die Bäckerin rühmt sich **ihrer Torte.**
g) Er ist sich **der großen Ehre** bewusst.

24 S. 16 b) Wessen kann ich mich noch gut erinnern?
c) Wessen schämte er sich?
d) Wessen nimmt sich der Mechaniker an?
e) Wessen bin ich mir leider nicht sicher?
f) Wessen rühmt sich die Bäckerin?
g) Wessen ist er sich bewusst?

25 S. 17 **Wie Till Eulenspiegel dreimal (1) an einem Tag (2) getauft wurde**
Till Eulenspiegel stammt aus dem Dorf Kneitlingen (3). Als er geboren wurde (4), schickten die Eltern das Kind in das Dorf Ampleven (5) und ließen es auf den Namen Till Eulenspiegel taufen. Nachdem Eulenspiegel getauft war, (6) musste die Patin, die das Kind trug, über einen Bachsteg (7) gehen. Weil es Brauch war (8), hatte sie jedoch ziemlich viel (9) Bier getrunken und fiel deshalb (10) schnell (11) in das trübe Wasser. (12) Die anderen Frauen halfen der Patin mit dem Kind behutsam (13) aus dem Wasser (14) und brachten die beiden heim in ihr Dorf (15). Dort (16) wuschen sie Till Eulenspiegel in einem Wasserkessel (17) und machten ihn sauber. So (18) wurde Eulenspiegel an einem Tage (19) dreimal (20) getauft.
Adv. Best. der Zeit: 1, 2, 4, 6, 19, 20; **adv. Best. des Ortes:** 3, 5, 7, 12, 14, 15, 16, 17; **adv. Best. des Grundes:** 8, 10; **adv. Best. der Art u. Weise:** 9, 11, 13, 18

26 S. 17 **Lösungsvorschlag:**
a) **Wegen des schlechten Wetters** können wir ... b) Wir fahren **nach Italien.**

27 S. 18 Es war einmal ein **armes** Dienstmädchen, das jeden Tag das Haus der **vornehmen** Herrschaft fegte. Den **staubigen** Kehricht schüttete es auf einen **großen** Haufen vor die Tür. Eines **schönen** Morgens fand das Mädchen einen **geheimnisvollen** Brief auf dem Dreckhaufen. Es war eine Einladung von den Wichtelmännern, die das Mädchen baten, zu ihnen zu kommen. Das Mädchen willigte ein und die **kleinen** Wichtelmänner kamen, um es zu holen. Sie führten die Dienstmagd in einen **hohlen** Berg, der mit allerlei **kostbarem** Schmuck ausgestattet war. Die Wichtelmänner waren sehr lieb zu der Dienstmagd und das Mädchen verlebte **wunderschöne** Tage in dem Berg. Als es Zeit wurde, ging das Mädchen wieder nach Hause, nahm den **alten** Besen zur Hand und wollte kehren. Da kamen **fremde** Leute und sagten ihr, sie wäre nicht drei Tage, wie sie gedacht hatte, sondern sieben Jahre im Berg gewesen. Ihre **frühere** Herrschaft war in dieser Zeit gestorben.

Thementest Grammatik

1 S. 19 stolzes Pferd – den grünen Wald – den schönen Kopf – eines großen Baumes – träger Esel – peinlichen Fehlers – kleinen Patzer

2 S. 19 **lesen:** sie liest, sie las, sie hat gelesen, sie hatte gelesen;
sprechen: du sprichst, du sprachst, du hast gesprochen, du hattest gesprochen;
laufen: sie laufen, sie liefen, sie sind gelaufen, sie waren gelaufen;
lügen: wir lügen, wir logen, wir haben gelogen, wir hatten gelogen

3 S. 19 **Futur I:** Morgen werden wir ein chinesisches Gericht kochen.
Futur II: Bis du endlich zu Hause bist, werden wir ein chinesisches Gericht gekocht haben.

4 S. 20 Ausrufezeichen; Fragezeichen; Punkt; Punkt; Ausrufezeichen (Punkt); Punkt; Punkt; Punkt (Ausrufezeichen); Fragezeichen; Punkt; Punkt; Punkt; Ausrufezeichen

5 S. 20 Eines Tages stöberte mich Tom Sawyer auf. Er wollte eine Räuberbande

Deutsch Lösungen

gründen. Ich fand die Idee super. Um mitzumachen, musste ich zur Witwe zurückgehen. Deshalb ging ich zurück. Die Witwe weinte. Dann kaufte sie mir neue Kleider. Die Kleider kratzten. Beim Essen musste ich mich benehmen. Das Essen war in vielen Schüsseln. Jede Schüssel enthielt eine eigene Beilage. Ich wollte alles vermatschen. Dann schimpfte die Witwe. Ständig ermahnte sie mich. Abends musste ich ihr immer vorlesen.
Damit ich es lerne! Lange hielt ich das nicht aus. Nach etwa 5 Wochen haute ich ab.

6 S. 20 a) Wir bedürfen ... der Ruhe.
b) Sie bedient sich des Kuchens am Büfett.

2 Rechtschreibung und Zeichensetzung

2.1 Dehnung und Schärfung

1 S. 21 **Mit Dehnungs-h:** Mehl, Stuhl, Bohrer
Mit -ie-: Wiege, Fliege, Fieber
Mit -i-: Tiger, Biber, Prise
Mit doppeltem Vokal: Beet, Moos, Paar

2 S. 21 Endlich Sommerferien! Gestern sind wir hier am Meer angekommen. Unsere Ferienwohnung liegt direkt neben einer Klippe. Von dort aus kann man ins Meer springen und schwimmen. Heute wollen wir uns ein Paddelboot ausleihen. Doch das Wetter ist nicht so gut. Hoffentlich rüttelt der Wind nicht so sehr an unserem Boot. Sonst kippt es um und wir fallen alle zusammen ins Wasser.

2.2 Gleich und ähnlich klingende Wörter

3 S. 22 a) Ferse / Verse; b) Leere / Lehre; c) Grad / Grat; d) Nachname / Nachnahme; e) Rad / Rat; f) Laib / Leib; g) Seite / Saite; h) Waise / Weise

4 S. 23 a) **Seit** Ostern ... b) Ihr **seid** ja ... c) **Seid** ihr ... d) Ihr **seid** doch nicht etwa **seit** heute Morgen auf den Beinen?

5 S. 23 a) **Wider**willen; b) **wieder** einmal; c) **Wieder**holung; d) **wieder**finden; e) **wieder** einmal **wider**sprochen

6 S. 23 a) **Tod**esfall; b) **Tot**e; c) **Tot**schlag; d) **Tod**esurteil; e) der **tot**e Hund; f) **tod**krank; g) **tot**enbleich; h) **Tod**esstille; i) mause**tot**

2.3 Die s-Laute

7 S. 24 a) die Lo**s**e; b) die Grä**s**er; c) le**s**en; d) ra**s**en; e) der Kie**s**el; f) die Erlö**s**e; g) die Glä**s**er; h) hau**s**en

8 S. 24 a) heiß; b) Fuß; c) beißen; d) genießen; e) groß

9 S. 25 **1.** hassen; **2.** wissen; **3.** messen; **4.** küssen; **5.** vermissen; **6.** essen; **7.** lassen

10 S. 25 Wa**s** **s**ind da**s** blo**ß** für Fragen! „**S**o, Dieter, ich will von dir wi**ss**en, ... „I**s**t doch klar“, brummt Dieter. „Wenn **s**ie **s**ie **s**chmei**ß**en würden, gingen **s**ie doch alle zu Bruch.“
Wa**s** geht über da**s** Wa**ss**er und wird nicht na**ss**? Lösung: Die Brücke.
Wenn man einen wei**ß**en **S**tein in das Rote Meer wirft, wie wird er dann? Lösung: na**ss**.

11 S. 26 a) Das Kleid, **das** ich gestern gesehen habe, würde ich mir gerne kaufen. Probe: Das Kleid, welches ich gestern gesehen habe ... → *dieses, jenes* oder *welches* passt, also *das*.
b) Er meint, **dass** er nicht kommen kann. Probe: *(Er meint, welches er nicht kommen kann.)* → *dieses, jenes* oder *welches* passt nicht, also *dass*.

12 S. 26 a) Mir gefällt **das** Fahrrad gut.
b) Ich bin mir sicher, **dass** du morgen ein gutes Diktat schreiben wirst. (Konj.)
c) **Das** gefällt mir! (Demonstrativpron.)

2.4 Groß- und Kleinschreibung

13 S. 27 **N**achdem die **M**utter das **Z**eugnis ihrer **T**ochter **g**esehen hat, **m**acht sie ein **e**ntsetztes **G**esicht. „**S**onja, dein **Z**eugnis ist eine einzige **K**atastrophe! **W**as soll ich denn dazu sagen?" „**W**as du früher immer **g**esagt hast, **w**enn mir etwas **S**chlimmes **p**assiert ist", **s**chlägt die Tochter vor. **N**achdem die **M**utter sich etwas **b**eruhigt hat, **f**ragt sie: „**U**nd was habe ich da **g**esagt?" „**H**auptsache, du bist **g**esund, mein **K**ind, **a**lles andere dagegen ist **u**nwichtig."

14 S. 27 b) die Heiterkeit; c) das Ereignis; d) die Befreiung; e) die Freiheit; f) die Belegschaft / die Belegung; g) das Heiligtum / die Heiligkeit; h) die Feigheit / der Feigling

15 S. 27 a) der Säug~~nis~~ – der Säugling; b) die Beschaff~~keit~~ – die Beschaffung; c) die Forder~~heit~~ – die Forderung; d) die Wirr~~ling~~ – die Wirrnis; e) die Bereit~~ung~~ – die Bereitschaft; f) der Wüst~~heit~~ – der Wüstling

16 S. 28 b) ... etwas **Passendes.** c) ... alles **Besinnliche** und **Heitere** ... d) Das **Betreten** ... e) Die **Glückliche!**

17 S. 28 der Berliner Pfannkuchen; das Wiener Schnitzel; der Kölner Dom; die Schweizer Schokolade; die Schwarzwälder Kirschtorte

18 S. 29 „Nun, Thomas, kannst du mir sagen, zu welcher Familie der Wal gehört?", fragt der Lehrer. Thomas überlegt eine Weile und schüttelt dann den Kopf: „Nein", meint er schließlich, „ich kenne keine Familie, die einen hat."

„Du da neben der Tür", fragt der Lehrer, „wann wurde Goethe geboren?" Der junge Mann zuckt mit den Schultern: „Das weiß ich nicht", antwortet er. „Hm. Und wann wurde Schiller geboren?", fragt ihn der Lehrer lauter. Der junge Mann sieht ihn an: „Weiß ich auch nicht." „Sag mal, hast du gestern Hausaufgaben gemacht?" Der Lehrer wird wütend. „Nein, Skat gespielt", sagt der Mann. „Aha. Und was willst du dann eigentlich hier?" „Die Glühbirnen auswechseln. Ich bin der Elektriker."

19 S. 29 b) Das größte und schönste Fahrrad gehört mir!
c) Ich weiß, dass mir die vielen Süßigkeiten nicht bekommen.
d) Der große Pinguin ist der frechste.

20 S. 30 Ihnen – Sie – Ihrer – Sie – Ihnen – Ihrem – Ihrem – Sie – Sie – Sie – Ihre

21 S. 30 Morgen; frühmorgens; Tag; Heute Morgen; nachts; Morgen; Abend

22 S. 30 a) Ich habe Angst. b) Mir wird angst. c) Er ist schuld. d) Ich gebe ihm die Schuld.

2.5 Zeichensetzung

23 S. 31 a) Heute gehe ich in die Bücherei, meine Freundin will mit mir kommen.
b) Ich werde nach Sachbüchern suchen(,) und sie will sich nach Pferdebüchern ...
c) Entweder ich nehme ein Sachbuch über Tiere oder ein Sachbuch über Autos.
d) Bestimmt werde ich mich wieder einmal nicht entscheiden können und, da ich Tiere und Autos mag, mich mit beiden ...
e) Ich mag das Lesen, andere Jugendliche hören gerne Musik.
f) Obwohl ich auch gerne Musik höre, Ich bin eben vielseitig interessiert.

24 S. 31 Ich kann mich vor allem auch deshalb nie für ein Buch entscheiden, weil die Auswahl so groß ist. Da gibt es zum Beispiel nicht nur ein Buch über Tiere, sondern man findet gleich mehrere. Ich müsste viele Stunden in unserer Bücherei zubringen, damit ich die Bücher einigermaßen unterscheiden kann. Weil ich diese Zeit nicht habe, leihe ich eben mehrere Bücher aus. Welch ein Glück, dass dies erlaubt ist!

Deutsch Lösungen

25 S. 32 a) **Nachdem** wir das Diktat geschrieben hatten, … b) … Stuhl, **damit** die Schmerzen … c) … mich, **weil** ich so gerne eine gute Note in Deutsch bekommen möchte, … d) **Wenn / Falls** ich keinen Fehler gemacht habe, … e) … überanstrengt, **sodass** sämtliche … f) **Falls / Wenn** es bis zur Mittagspause nicht besser wird, …
g) Dann werde ich, **indem** ich nicht in die Pause gehe, …

26 S. 33 a) Von Münchhausen, der auch „Lügenbaron" genannt wird, gibt es die tollsten Geschichten. b) So bindet er bei dichtem Schnee sein Pferd an einen Pflock, der sich nach der Schneeschmelze als Kirchturmspitze erweist. c) Oder er schießt einem Hirsch eine Ladung Kirschkerne auf den Kopf, die sich dann zu einem Kirschbaum entwickeln.

27 S. 33 Ich liebe die Geschichten von Münchhausen, Eulenspiegel, den Schildbürgern und anderen lustigen Menschen. Die Schildbürger zum Beispiel bauen ein Rathaus, verschieben das Rathaus, versalzen den Gemeindeacker und versenken eine Glocke im See. Mehrere Städte reißen sich heute darum, Vorlage für die „echten Schildbürger" gewesen zu sein: Schildau bei Torgau, Schilda in Brandenburg, Beckum in Nordrhein-Westfalen sowie Teterow in Mecklenburg-Vorpommern. Heute versteht man unter „Schildbürgerstreich" aberwitzige, irreführende Regelungen. Bei Till Eulenspiegel gefallen mir am besten die Geschichte von der Taufe, wie er einem Herrn die gebratenen Hühner wegaß, wie er die Fleischer zu Erfurt um einen Braten betrog und wie er alle Kranken eines Spitals an einem einzigen Tag gesund machte. Obwohl Eulenspiegel als Narr erscheint, ist er tatsächlich seinen Mitmenschen an Klugheit, Geisteskraft, Durchblick, Intelligenz und Witz überlegen.

28 S. 34 Der Kaiser wollte die Schildbürger besuchen. Er ließ ihnen ausrichten: „Kommt mir halb geritten und halb gegangen entgegen." … „Was soll das wohl heißen?", meinte der eine. „Vielleicht ein Fuß auf dem Steigbügel, ein Fuß auf dem Boden?", rief der andere. … „Wenn wir hölzerne Steckenpferde ritten", meinte er, „dann wären wir halb zu Pferd und halb zu Fuß!" … „Ha, die Schildbürger", rief er, „haben sich mal wieder etwas ganz Besonderes ausgedacht!"

29 S. 34 **„**Ich mag die Schildbürger nicht!**"**, sagt Timo. **„**Wieso nicht?**"**, fragt Sina nach. **„**Ich finde die Geschichten ziemlich witzig.**" „**Witzig? Die Leute sind doch einfach nur dumm!**"**, poltert Timo los. Jetzt muss ich mich einmischen: **„**Die Schildbürger waren nicht dumm. … zu anstrengend geworden.**"** Timo ist erstaunt: **„**Das wusste ich ja gar nicht**"**, meint er. **„**Nun sehe ich … mit anderen Augen.**" „**Na, dann lass uns … lesen**"**, schlage ich vor.

Thementest Rechtschreibung und Zeichensetzung

1 S. 35 a) die Wa**h**l; b) die Banane; c) der Wa**h**nsinn; d) der Maler

2 S. 35 a) Bi**e**ne; b) Bi**b**er; c) Kl**i**ma; d) Li**e**be

3 S. 35 a) Kla**mm**er; b) Kle**tt**e; c) Wa**nd**

4 S. 35 a) Ein Laib ist eine Brotform. b) Eine Waise ist ein Kind, das keine Eltern mehr hat. c) Die Ferse befindet sich am hinteren Teil unseres Fußes.

5 S. 35 a) **Seit** den Sommerferien …. b) Ihr **seid** schon aus den Ferien zurück?

6 S. 36 a) Du bist **wieder** zu spät! b) Wieso **wider**setzt du dich?

7 S. 36 a) Ich glaube, **dass** du lügst! b) Ich glaube, **das** ist falsch.

8 S. 36 „Die Hoffnung stirbt zuletzt", sagt meine Mutter immer. Was sie wohl

mit diesem Spruch meint? Sie sagt, es heißt, dass man auch in ausweglosen Situationen daran glauben soll, dass sich noch alles zum Guten wendet. Vor einigen Tagen nun haben wir in Mathematik eine Arbeit geschrieben. Ich hatte keine Zeit zum Lernen und dachte, ich hätte eine schlechte Note. Dann habe ich mich an den Spruch meiner Mutter erinnert. Ich habe fest daran geglaubt, dass sich alles zum Guten wendet. Als wir die Arbeit zurückbekamen, hatte ich eine Fünf! Seither können mir kluge Sprüche gestohlen bleiben ...

9 S. 36 Heute gehe ich ins Schwimmbad und dann zu meiner Freundin. Ich freue mich darauf, weil es bei meiner Freundin immer etwas Gutes zum Essen gibt. Das letzte Mal gab es gefüllte Blätterteigtaschen, davon habe ich viel zu viel gegessen. Während ich die letzten Krümel verputzte, wurde mir schon schlecht. Am nächsten Morgen ging es mir wieder prima, ich schlenderte mit bester Laune in die Schule. Als meine Freundin von meiner Genesung hörte, freute sie sich. „Ich habe dir auch was mitgebracht", meinte sie und gab mir ein Päckchen. Ich packte es gespannt aus. Es waren – Blätterteigtaschen!

3 Ausdrucksvermögen

3.1 Wortbedeutungen

2 S. 37 a) behutsam; b) verschreiben; c) Schwierigkeit

3 S. 38 a) „entlegen" bedeutet „abgelegen, entfernt, weit weg". Der Hof liegt abseits der Stadt. b) Eine „tannene" Stubentüre ist eine Tür, die aus Tannenholz gefertigt wurde. c) Unter einem „Tränklein" versteht man eine flüssige Arznei, die der Apotheker zusammenstellt.

4 S. 38 a) Stubentüre; b) Feder; c) Not

5 S. 38 schmiert – kratzt; verlegt – verlegen; Kreis – Winkel / Ecke; Triumphvoll – Triumphierend; hiervon – hiermit; Blamabel – Blamage; Nervenfaden – Geduldsfaden; Beinen – Schritten

3.2 Synonyme

6 S. 39 a) froh; b) necken; c) Gegenkraft; d) Bedeutung; e) furchtsam; f) festlich; g) Untersagung; h) Notbehelf; i) real; j) böse; k) belanglos; l) Tipp

7 S. 39 **Lösungsvorschlag:**
Sicher war dem Doktor bewusst, dass der Mann nun Schwierigkeiten mit dem an die Tür geschriebenen Rezept haben würde. **Er** konnte natürlich nicht so einfach mit dem **Holztor** zur Apotheke fahren.

8 S. 40 a) Benehmen, Manieren; b) gelockert; c) mutwillig; d) Ungebundenheit, Selbstbestimmung; e) Niedergeschlagenheit; **Lösungswort:** *Synonym*

Thementest Ausdrucksvermögen

2 S. 41 a) augenblicklich; b) furchtlosesте; c) hinabgelassen; d) Unvollkommenheit

3 S. 42 a) Ein Held ist jemand, der siegreich aus Kämpfen hervorgeht und der von allen anderen bewundert wird. b) Beim Gehen tritt man zuerst mit der Ferse auf und rollt dann den ganzen Fuß ab. Achilles wurde von seiner Mutter an diesem Teil des Fußes gehalten, damit er nicht in das Wasser fiel. c) Achilles fühlte sich von König Agamemnon beleidigt und in seinem Stolz verletzt. d) Achilles steigt wieder in den Kampf ein, als es so scheint, dass die Trojaner die Schlacht gewinnen würden. Sie steuern auf den Sieg zu.

4 S. 42 **Richtig:** siegreichen; Gefecht; unangreifbar; Stromes; überlieferten

5 S. 42 Nach der Sage war die Ferse die einzige Stelle, an der Achilles verwundbar war. Genau an dieser Stelle wurde er von ei-

Deutsch Lösungen

nem Pfeil getroffen und tödlich verletzt. Im übertragenen Sinn versteht man unter „Achillesferse“ die Stelle, an der ein Mensch (auch eine Gesellschaft oder ein System) verwundbar ist. Dies kann bei einem Menschen zum Beispiel eine übersteigerte Eifersucht oder überhöhte Angst vor Krankheiten sein.

4 Umgang mit Texten

4.1 Lesestrategien

1 S. 43 **Diese Begriffe solltest du markiert haben:** Zerstörung, Erdatmosphäre, Südpol, Nordpol, Gasmoleküle, Ozonschicht, UV-Strahlung, Hautkrebserkrankungen, Erwärmung

2 S. 43 a) Die Ozonschicht ist ein Teil der Stratosphäre (= zweite Schicht der Erdatmosphäre). Sie liegt in 20–50 km Höhe. b) Die UV-Strahlung (ultraviolette Lichtstrahlung) ist eine unsichtbare elektromagnetische Strahlung. Die Strahlen verursachen Sonnenbrand und können die Haut dauerhaft schädigen.

3 S. 44 Zeilen 1–3: Ozonloch über Nord- und Südpol; Zeilen 4–9: Zerstörung der Gasmoleküle durch UV-Strahlung; Zeilen 10–12: Hautkrebserkrankungen; Zeilen 12–14: Klimaveränderungen

4 S. 44 **1.** Ozonschicht; **2.** Hautkrebs; **3.** Nordpol; **4.** Chlor; **5.** Klima

4.2 Texte verstehen

6 S. 45 **Richtig:** a), d), e), h)

7 S. 46 a) Zeilen 4–5: „Wie wäre das möglich“, erwiderte das Lämmchen schüchtern, „ich stehe hier unten und du so weit oben ...“/ Zeilen 10–12: „Ach, Herr!“, flehte das zitternde Lämmchen, „ich bin ja erst vier Wochen alt ...“; b) Zeile 1: Ein Lämmchen löschte an einem Bach seinen Durst. c) Zeilen 11–12: „Wieso sollte ich dann für ihn büßen?“

8 S. 46 a) Der Wolf tötete das Schaf, weil dieses ihn angeblich beleidigt hatte. b) Der Wolf will dem Lamm heimzahlen, dass er von allen Schafen gehasst wird.

9 S. 46 Der Wolf spielt seine Wut vor, indem er seine Zähne zeigt und das Lamm als „unverschämt“ bezeichnet. Er wirft dem Lamm vor, ihm nicht mit dem nötigen Respekt entgegengetreten zu sein und ihn dadurch beleidigt zu haben. Hiermit sucht er einen Grund, das Lamm zu töten.

4.3 Informationen im Text finden

10 S. 47 **Diese Wörter solltest du markiert haben:** also halb so hoch wie ich (Zeile 7), schicken Klamotten (Zeilen 8–9), blaue Stoffhose hatte bereits Risse (Zeilen 9–10), schwarzen Lackschuhe (Zeile 10), weißes Hemd (Zeile 11), keine Familie (Zeile 25), kurzen, braunen Haare (Zeile 27), dreizehn Jahre alt (Zeile 33)

11 S. 48 Huckleberry Finn ist ein Junge von dreizehn Jahren. Er ist etwa 1,40 Meter groß und hat kurze, braune Haare. Huckleberry trägt schicke Klamotten, nämlich eine blaue Stoffhose, die mittlerweile Risse hat, ein weißes Hemd und schwarze Lackschuhe. Er hat keine Familie.

12 S. 48 a) Manche der Jungen fanden, dass man nicht nur den Jungen töten solle, der die Geheimnisse der Bande verrät, sondern auch dessen Familie. b) Huck Finn wäre beinahe aus der Bande ausgeschlossen worden, weil er keine Familie hat, die die Jungs im Falle eines Verrats töten könnten. c) Huck Finn hat den Jungs seine Pflegemutter, Miss Watson, als Familie angeboten. Damit waren die Jungs einverstanden.

13 S. 48 Hier solltest du den Hügel gezeichnet haben, auf dem Tom und Huck stehen. Über dem Hügel befinden sich Sterne und unter dem Hügel fließt ein Strom. Hier liegt auch die Stadt.

14 S. 49 Jeder Junge muss zur Bande halten und darf keines ihrer Geheimnisse verraten. Sollte einem Mitglied der Bande etwas angetan werden, muss jeder Junge, dem es befohlen wird, den Täter und dessen ganze Familie töten. Wer die Geheimnisse der Bande verrät, wird getötet. Das Wahrzeichen der Bande ist ein Kreuz. Dieses darf von niemandem benutzt werden, der nicht zur Bande gehört.

15 S. 49 Hügel – Sterne – Strom – Gerberei – Geheimnis – Höhlenloch – Gang – Raum – Eid – Huckleberry – Familie – Miss Watson – Nadel – Kennzeichen

4.4 Informationen entnehmen

17 S. 50 **Richtig:** a), b), e)

18 S. 50 a) Im Jahr 2001 gab es etwa 400 000 10-jährige Mädchen in Deutschland.
b) Es lebten etwa 200 000 Männer um die 80 Jahre in Deutschland.

19 S. 51 Bei einer Podiumsdiskussion unterhalten sich etwa 6 Teilnehmer über ein bestimmtes Thema. Ein Diskussionsleiter führt das Gespräch. Bei einer Podiumsdiskussion sind Zuhörer erwünscht.

20 S. 51 **Richtig:** a), b), d)

21 S. 51 Diese wird häufig von einem ~~Teilnehmer~~ (richtig: Diskussionsleiter) geleitet.

4.5 Eigene Gedanken entwickeln

23 S. 53 **Richtig:** c)

24 S. 53 Dem Gleichnis nach kann man den als Nächsten bezeichnen, der ausgeraubt wurde, also den hilflosen Mitmenschen.

25 S. 53 Der Satz bedeutet, dass man seine Mitmenschen genauso mögen soll, wie man sich selbst mag. Dazu gehört auch, dass man ihnen das tun soll, was man selbst auch gerne hätte. Wenn ich mich zum Beispiel über ein nettes Kompliment freue, dann sollte ich es meinen Mitmenschen auch geben. Nach dem Gleichnis ist jeder Mensch mein Nächster, also auch der Mensch, den ich nicht kenne. So soll ich auch fremden Menschen hilfsbereit und liebevoll begegnen.

26 S. 54 **Lösungsvorschlag:** Ja, er würde anders handeln, weil das Gleichnis ihm die Augen geöffnet hat. Er erkennt, dass Jesus recht hat.
Nein, er würde nicht anders handeln, weil er sich von Jesus beleidigt fühlt: Jesus sprach im Gleichnis von einem Mann seiner Volksgruppe, einem Leviten, der nicht geholfen und deshalb falsch gehandelt hat.

27 S. 54 Hier zählt nur deine eigene Meinung. Wichtig ist, dass du diese begründest.

28 S. 54 Hier könntest du Situationen in der Familie oder der Schule beschreiben. Du kannst auch an weltpolitische Ereignisse denken: Wo und wann werden Menschen ausgeplündert, wird ihnen alles genommen, was sie haben, werden sie verletzt oder ungerecht behandelt? Beschreibe eine Situation ausführlich.

Thementest Umgang mit Texten

1 S. 55 **Diese Begriffe könntest du markiert haben:** Pseudonym, fingierter Name, Schriftstellern und Künstlern, Leben lang, bestimmte Phase, unterschiedlichen Gründen, Verfolgungen, Unsicherheit, Rücksicht, Originalität, Vereinfachen, Fantasienamen, geschützt

2 S. 55 Zeilen 1–4: Pseudonym als Künstlername; Zeilen 5–12: Gründe für die Wahl eines Pseudonyms; Zeilen 13–14: Fantasienamen sind namensrechtlich geschützt

3 S. 55 **a)** Ein Skandal ist ein Ärgernis, das Aufsehen erregt. Es wird meist durch eine Verhaltensweise, die als anstößig und unerhört empfunden wird, ausgelöst.
b) Unter Originalität versteht man etwas Einzigartiges, Besonderes, Außergewöhnliches. Künstler wollen durch Pseudonyme auf sich aufmerksam machen und ihre Einzigartigkeit unterstreichen.

4 S. 56 **a)** Zeilen 3–4: Andere Personen verwenden ein Pseudonym nur für eine bestimmte Phase ihres künstlerischen Schaffens.
b) Zeilen 13–14: Die häufigsten Pseudonyme sind Fantasienamen, wobei Frauen zum Teil auch Männernamen wählen.

5 S. 56 Manche Künstler wollen der Öffentlichkeit durch ein Pseudonym zeigen, dass sie etwas Besonderes sind. Sie wollen sich einfallsreich zeigen.

6 S. 56 Künstler legen sich aus verschiedenen Gründen ein Pseudonym zu. Manche haben Angst, wegen ihrer Arbeit verfolgt zu werden oder andere Konsequenzen zu erleiden. Andere wollen nicht in die Öffentlichkeit treten oder nehmen Rücksicht auf ihre Familie. Andere Künstler wiederum wollen einen besonderen Namen haben oder schwierige Namen vereinfachen.

7 S. 56 Hier zählt nur deine eigene Meinung. Wichtig ist, dass du sie begründest.

5 Abschlusstests

Test 1

2 S. 58 **a)** Manche Menschen machen ihren Mitmenschen ein gutes Miteinander schwer. **b)** Dem Diener wurde Schuld gegeben, obwohl er unschuldig war.

3 S. 58 **Richtig:** **a), c)**

4 S. 58 Die Textstelle bedeutet, dass der Herr nicht zufriedenzustellen war. Selbst an perfekten Situationen hatte er etwas auszusetzen.

5 S. 59 **a)** starrköpfig; **b)** überlegt

6 S. 59 herum; Lehre; Gerede; froher, freundlicher; morgen

7 S. 59 **a)** aufheitern; **b)** wunderlich; **c)** Lehre; **d)** entgelten

8 S. 60 **a) Diese Textstellen solltest du grün markiert haben:** Zeile 8: Dem konnte er manchmal gar nichts recht machen; Zeilen 10–13: So kam einmal der Herr verdrüsslich ... und warf sie durch das offene Fenster in den Hof hinab.
b) Das solltest du gelb markiert haben: Zeilen 26–28: Der Herr erkannte seinen Fehler, heiterte sich ... und dankte ihm im Herzen für die gute Lehre.

9 S. 60 Der Herr ist ein schwieriger Mensch. Man kann ihm nichts recht machen, an allem hat er etwas auszusetzen. Oft gibt er seinem Diener für etwas die Schuld, was dieser nicht zu verantworten hat.

10 S. 60 **a)** Es war für den Diener sehr riskant, das Essen aus dem Fenster zu werfen. Er hätte damit rechnen müssen, dass sein Herr sich beleidigt fühlt und den Diener entlässt. Der Diener setzte mit dieser Reaktion seine Arbeit aufs Spiel. **b)** Der Diener wollte seinen Herrn zum Nachdenken bringen. Er wollte erreichen, dass dieser seine Ungerechtigkeit und sein mürrisches Verhalten einsieht und sich für die Zukunft um eine Verhaltensänderung bemüht.
c) Der Diener hätte versuchen können, mit seinem Herrn zu reden und diesem darzulegen, wie ungerecht er sich verhält. Möglicherweise hätte der Herr ihm aber nicht zugehört oder sich sogar kritisiert gefühlt, was seinen Ärger noch weiter entfacht hätte. So war die tatsächliche Verhaltensweise des Dieners die klügste.

11 S. 61 **Richtig:** d)

12 S. 61 a) Der Diener hätte sich vielleicht geweigert, seinem Herrn die weiteren Speisen zu servieren. Oder er hätte ihm lautstark die Meinung gesagt. b) Der Diener hätte die weiteren Speisen kommentarlos serviert. c) Mit wunderlichen Menschen zu eigensinnig umzugehen, könnte die Folge haben, dass diese sich bevormundet und kritisiert fühlen und deshalb sehr wütend werden. Mit ihnen zu nachgebend umzugehen, hätte die Folge, dass sie sich stets im Recht fühlen und nie auch nur über eine Verhaltensänderung nachdenken.
d) Hier ist deine individuelle Antwort gefragt.

13 S. 62 a) begann; b) griff; c) hob, warf; d) pfiff

14 S. 62 1: Artikel; 2: Substantiv; 3: Verb; 4: Adjektiv; 5: Konjunktion; 6: Adjektiv; 7: Adverb; 8: Verb; 9: Possessivpronomen; 10: Substantiv

15 S. 62 a) Er (Subjekt) / warf (Prädikat Teil 1) / das Fleisch (Akkusativobjekt) / der Suppe (Dativobjekt) / nach (Prädikat Teil 2).
b) Der Herr (Subjekt) / heiterte (Prädikat Teil 1) / sich (Akkusativobjekt) / wegen der Frühlingssonne (adverbiale Bestimmung des Grundes) / auf (Prädikat Teil 2).
c) Einmal (adverbiale Bestimmung der Zeit) / kam (Prädikat) / der Herr (Subjekt) / sehr verdrüsslich (adverbiale Bestimmung der Art und Weise) / nach Hause (adverbiale Bestimmung des Ortes).

16 S. 63 a) Während / Als; b) oder; c) und; d) Nachdem / Als; e) dass; f) Obwohl

17 S. 63 Was soll man aus der Geschichte nun lernen? Dass man mit jedem Menschen gut zurechtkommen kann, solange man nur weiß, wie man es anstellen muss? Aber mal ehrlich: Wem fallen schon im entscheidenden Moment die richtigen Reaktionen ein? So schlagfertig bin ich zumindest nicht. Schade. Da kann man den Diener schon bewundern. Wo hat er das nur gelernt? Vielleicht gibt es ja einen Kurs an der Volkshochschule, den man belegen kann? „Den Umgang mit wunderlichen Menschen leicht gelernt“ – oder so ähnlich. Doch wenn ich es mir recht überlege: Ich kenne überhaupt keine wunderlichen Menschen. Also ist ein solcher Kurs für mich auch nicht wichtig. Noch mal Glück gehabt!

18 S. 63 a) die Klage; b) die Kälte; c) die Möglichkeit; d) die Wahrheit; e) die Erwiderung; f) die Unschuld

19 S. 64 Johann Peter Hebel wurde 1760 in Basel **geboren.** Er war Dichter, **evangelischer** Theologe und Pädagoge. **Bekannt** wurde er vor allem durch **zahlreiche** Kalendergeschichten. Er arbeitete als Lehrer an einem **Gymnasium** und **verfasste** in dieser Zeit ein neues **biblisches** Schulbuch.

20 S. 64 Die Kalendergeschichte entstand im 16. Jahrhundert**,** sie entwickelte sich ...
Die Kalendergeschichte ist meist kurz**,** volkstümlich**,** unterhaltend und immer auf Belehrung ausgerichtet. Seit dem 19. Jahrhundert wurden die Kalendergeschichten ... veröffentlicht**,** wie zum Beispiel in Johann Peter Hebels „Schatzkästlein ...“. Im 20. Jahrhundert löste sich ... von der Bindung an den Kalender**,** damit verlor sie auch ihre konservativ volkstümliche Ausrichtung.

21 S. 64 **Richtig:** a) Annahme; b) Lehre; c) Weise

Test 2

2 S. 66 Zeilen 1–6: Vögel verlassen im Winter ihre Brutgebiete; Zeilen 7–13: Verhalten der Zugvögel; Zeilen 14–17: Teilzieher; Zeilen 18–19: Standvögel; Zeilen 21–23: Wanderung von Fischen;

Zeilen 24–30: Wanderung von Walen

3 S. 66 a) richtig; b) nicht im Text enthalten; c) richtig; d) falsch

4 S. 66 Das Davonziehen im Herbst liegt den Zugvögeln in den Genen.

5 S. 67 Das Rotkehlchen zieht in die Schweiz, nach Österreich, Lichtenstein, Italien, Frankreich, Spanien, Slowenien, Kroatien, Bosnien und Herzegowina, Albanien und Griechenland. Nicht auf der Karte zu sehen ist die Türkei; auch sie grenzt ans Mittelmeer.

6 S. 67 **Richtig:** a), c), f)

7 S. 68 a) Gebiet; b) eiskalten; c) Rücklagen

8 S. 68 a) In Afrika ist es warm und die Vögel finden dort ausreichend Nahrung, die durch die Kälte bei uns nicht mehr vorhanden ist. b) Standvögel sind Vögel, die das ganze Jahr über, auch im Winter, in ihren Gebieten bleiben. Sie ziehen nicht weiter. c) Der Lachs sucht nach geeigneter Nahrung sowie nach Gebieten, in denen er gut leben und laichen (Eier ablegen) kann.

9 S. 69 **1:** Adjektiv; **2:** Verb; **3:** Substantiv; **4:** Präposition; **5:** Artikel; **6:** Verb; **7:** Adjektiv; **8:** Konjunktion; **9:** Präposition; **10:** Verb

10 S. 69 a) jährliche; b) nördlichen; c) kräftezehrend

11 S. 69 a) werden, verlassen; b) wird, können; c) werden, davonziehen

12 S. 70 a) Fragesatz; b) Ausrufesatz; c) Aussagesatz

13 S. 70 a) Ergänzungsfrage; b) Entscheidungsfrage; c) Entscheidungsfrage

14 S. 70 a) Der Weißstorch (Subjekt) / legt (Prädikat Teil 1) / eine weite Strecke (Akkusativobjekt) / bis nach Afrika (adverbiale Bestimmung des Ortes) / zurück (Prädikat Teil 2).
b) Viele Tiere (Subjekt) / gehen (Prädikat) / auf lange Wanderschaft (adverbiale Bestimmung des Ortes).
c) Die Weibchen (Subjekt) / gebären (Prädikat) / im warmen Wasser (adverbiale Bestimmung des Ortes) / ihre Jungen (Akkusativobjekt).

15 S. 71 **Richtig:** größte, Wirbeltier, fort, verlassen, sicheren, Kilometer, kehren, Meer, Männchen, Füßen

16 S. 71 **Richtig:** a) Seit; b) wieder; c) Tod; d) totes; e) Widerwillen, Tod; f) Seite, Tod; g) Weise; h) Leib; i) Lehre; j) Seit, Totsein

17 S. 72 a) Delfine sind Säugetiere, die im Wasser leben. b) Delfine, die in allen Meeren verbreitet sind, sind die größte Familie der Wale. c) Delfine haben einen stromlinienförmigen Körper, der an ihre hohe Schwimmgeschwindigkeit angepasst ist. d) Delfine, die zu den intelligentesten Tieren der Welt zählen, haben ein großes Gehirn.

18 S. 72 Delfine sind schnelle Schwimmer, sie können eine Geschwindigkeit von bis zu 55 km/h erreichen. Ihre Sprünge aus dem Wasser werden als Spielverhalten gesehen, ermöglichen ihnen aber auch eine schnelle Fortbewegung und helfen auf der Suche nach Futterplätzen. Delfine verständigen sich mit Pfeifen, Klicklauten, Schnattern und vielen anderen Geräuschen untereinander. Sie leben in Gruppen, sogenannten Schulen, zusammen. Delfine bringen**(,)** wie alle Wale**(,)** jeweils nur ein Junges zur Welt. Die Kälber, die bis zu sechs Jahre bei ihren Muttertieren bleiben, beginnen …

1 Wortschatz

1.1 Antonyme und Synonyme

1 S. 74 difficult ↔ easy; bad at ↔ good at; exciting ↔ boring; rude ↔ polite; right ↔ wrong; sad ↔ happy; long ↔ short; early ↔ late

2 S. 74 to go on ↔ to stop; to ask ↔ to answer; to sit ↔ to stand; to take ↔ to give; to look for ↔ to find; to start ↔ to finish

3 S. 74 a) the left; b) on; c) answer; d) break; e) forget

4 S. 75 to fill in – to put in; to take an exam – to do an exam; to mark – to grade; to examine – to test; to write out – to copy down; to hand out – to give out; to say – to announce

5 S. 75 a) only child; b) Granny; c) like; d) friendly, clever

1.2 Cluster und Mindmaps

6 S. 76 **subjects:** English, Art, Geography, German, Biology, Music, Physical Education, Maths, Religious Education
my pencil case: ruler, pen, rubber, crayon, set square, compass, paper, clip, pencil, sharpener, biro

7 S. 76 **Lösungsvorschlag:**
family: father, mother, brother, sister, uncle, aunt, cousin, grandparents
my house: kitchen, bedroom, hall, upstairs, downstairs, living room, attic, bathroom

8 S. 76 **family:** nice, strict, relaxed, helpful, childish, lazy, mean, terrible
my house: to clean, to tidy, to vacuum, to sleep, to relax, to read, to eat, to work

9 S. 77 **Lösungsvorschlag:**
activities: to relax, to knit, to phone, to listen to the radio, to read a book, to watch TV;
furniture: chair, armchair, table, coffee table, bookshelf, couch / sofa; **electrical equipment:** power point, (reading) lamp, TV set, CD player / music centre, remote control, radio, telephone, light switch;
other objects: carpet, door, plants, cushion, wall, books, curtains, pictures

1.3 *Collocations*

10 S. 78 do, lend, check, take, revises, walk

11 S. 78 a) make: Let's make some sandwiches for tea. b) borrow: I borrowed that book from our local library. c) control: I couldn't control my feelings. d) make: I haven't made my bed yet. e) repeat: Can you repeat that sentence please? f) go: Let's go by train because that's cheaper.

12 S. 79 a) The pupils must take the early bus. b) Yesterday we had no lessons. c) The pupils are doing some exercises. d) Don't make any mistakes! e) Our form teacher took a photo of our class.

13 S. 79 a) ~~stands up~~; b) ~~washes~~; c) ~~drives~~; d) ~~bureau~~ – ~~go~~; e) ~~pause~~; f) ~~work~~

14 S. 79 a) Let's have a break. b) My father is making breakfast. c) Please don't make such a noise! d) Have you already done your homework?

1.4 Wortbildung

15 S. 80 *compounds:* birthday parties, living room, sweatshirts; **Präfix + Adjektiv:** unhappy, impossible, uncomfortable; **Substantiv / Verb + Suffix:** sunny, useless, endless, sandy, useful, trainers

16 S. 80 unsafe, incorrect, non-smoking, unlucky, impolite, unfriendly, unkind, uninteresting, unfair, unable, non-swimmer, unhealthy, unpopular, unimportant, unhappy

17 S. 81 a) footballer (noun + -er); b) swimmer (verb + -er); c) useless (verb + -less); d) sadness (adjective + -ness);

e) hardly (adjective + -ly); f) happiness (adjective + -ness); g) rainy (verb / noun + -y)

18 S. 81 bedroom; worktop; kitchen paper; coffee maker; teapot; hairbrush; tooth-paste; bookshelf; light switch; frying pan; bedside table; bedside lamp

Thementest Wortschatz

1 S. 82 lovely – usually – paintings – beautiful – countryside – teacher – grammar – Education – primary – clever – hard-working – lazy – friendly – helpful – sensible – naughty – silly – grandparents – wonderful – holidays – fishing – grandfather – grandmother – grandchild – match – favourite – funny

2 S. 82 **Lösungsvorschlag:**
games: curling, handball, netball, football, basketball, rugby, polo, tennis, table tennis, cricket, (ice) hockey, volleyball, baseball, badminton

3 S. 83 a) go, visit; b) make, fly; c) touch / visit, go; d) go, takes

4 S. 83 **Lösungsvorschlag:**
types of holiday: a package holiday, a camping holiday, a coach tour, a walking holiday, a winter holiday
where to go: lake, seaside, abroad, mountains, city
where to stay: cabin, tent, caravan, youth hostel, hotel, bed and breakfast, cottage
activities: to go swimming / hiking, to visit sights / museums, to relax
what you need: luggage, camera, ticket, passport, visa
transport: to cycle, to fly / to go by plane, to go by train / car / bus / ferry

5 S. 83

adjective	*antonym*	*synonym*
lovely	terrible	nice
beautiful	ugly	good-looking / great
friendly	impolite / rude	polite / gentle
wonderful	horrible	super
funny	sad	cheerful / witty

2 Grammatik

2.1 Artikel und Substantive

1 S. 84 **a:** uniform, bottle, friend, cool film, funny activity; **an:** apple, orange, old hat, evening out, ugly dress

2 S. 84 three bananas; four cats; two socks; six children; eight knives; nine sheep; ten mice; five bodies; eight men; ten teeth; six shelves; two women

3 S. 85 a) ~~hairs~~ → **long hair;** b) ~~were~~ → **was;** c) ~~informations~~ → **information;** d) *richtig;* e) ~~hasn't~~ → **haven't;** f) ~~furnitures~~ → **furniture;** g) ~~a new tights~~ → **new tights**

4 S. 85 a) How many bars of chocolate do you want? b) She gave me some pieces of advice. c) You have already drunk two litres of water. d) What types of music do you like? e) I'd like two loaves of bread. f) Can I have two more slices of toast?

5 S. 85 a) Sally's grandmother is a teacher. b) You can find the end of the story on this page of the book. c) My friends' new bikes are great/super. d) I don't like the colour of this furniture. e) The Bakers' sons are good football players. f) Our dog's hut is in the garden. g) The door of the classroom is open.

2.2 Pronomen

6 S. 86 They – She – We – it – he

7 S. 86 Our classroom is big. My parents are strict. Her sister is 17. Their house is over there. Your dog is funny.

8 S. 86 a) him; b) you, me; c) them; d) us

9 S. 87 a) There're, their, They're, their; b) His, He's, his; c) There, It's, Its, its; d) You're, your, your

10 S. 87 a) It's mine. b) It's not theirs. c) Is this sister yours? d) Can you give me hers? e) It must be his. f) We can show you ours.

11 S. 87 a) She has got my book, but I have got her ruler. b) His grandparents visit him very often and he sometimes invites them. c) I can see your pencil case. But where is mine? d) We would like to invite you. Could you come to us?

2.3 Zeitformen des Verbs

12 S. 88 a) gets up; b) is going; c) never leaves; d) is having; e) usually has; f) is reading; g) reads; h) do you have

13 S. 88 Helen's brother speaks English without a German accent. They always watch the news at 8 o'clock. Marvin is writing an e-mail to his friend in Australia. Most people spend their holidays abroad. Josh is laughing at his friend again. Babies sleep a lot.

14 S. 89 a) heard; b) was making; c) have had; d) met; e) was barking

15 S. 89 has hurt – didn't break; has seen; was waiting for; bought; haven't paid; Did you fly; Has – spoken; was sleeping – jumped

16 S. 90 a) haven't done, am (still) working on; b) looks, don't like, wear; c) don't want, have had; d) are looking at, have seen; e) Does visit

17 S. 90 a) What **did you do** last night? – I **couldn't go out** ... I **haven't finished** ...
b) What part of Wales **do you live** in?
c) When Susanne **was** a student, she **was living** in Cardiff for one year. d) **Have you written** to ...? – I **have** just **written** ... However, I usually **write** mails. e) Chris **has invited** me ... He often **invites** friends for the weekend. Last week three boys ... **came** to watch DVDs. f) When **did** you **hear** that strange noise? **Do you hear** strange noises every night? g) Listen. That bird over there **is singing** beautifully. It often **sings** in the morning. But yesterday it **didn't sing.**
h) What **are** you **doing?** – I **am drawing** a picture. I **have started** ...

2.4 Adjektive und Adverbien

18 S. 91 cheap – cheaper – cheapest; big – bigger – biggest; hot – hotter – hottest; exciting – more exciting – most exciting; happy – happier – happiest; simple – simpler – simplest; quiet – quieter – quietest; good – better – best; famous – more famous – most famous; bad – worse – worst

19 S. 91 **Lösungsvorschlag:** Football is more interesting than volleyball. Reading is more boring than playing outside. New York is the coolest city in the world. Cats are as beautiful as dogs. Apples are as healthy as bananas. Biscuits are healthier than chocolate. The violin is the hardest instrument.

20 S. 92 a) ~~famoust~~ → **most famous**
b) ~~busyest~~ → **busiest** c) ~~worser~~ → **worse**
d) ~~most funny~~ → **funniest** e) ~~then~~ → **than**

21 S. 92 a) He can sing beautifully. b) He always says hello in a friendly way / manner. c) She shouts angrily. d) He drives carefully. e) He plays tennis well. f) He often pushes other children aggressively.

22 S. 92 easily – good – good – carefully – quickly – actively – healthy – regularly

23 S. 93 a) She is a **good** baker. b) She learns very **quickly.** c) He usually works **hard.** d) He is a **fast swimmer.** e) They can **dance well.** f) She often smiles **in a friendly way.** g) He is a **terrible driver.**

24 S. 93 quietly, carefully; terrible, terribly; aggressive, aggressively; nervous, good – hard, well

25 S. 93 Sandra practises the guitar regularly. Her parents eat healthily every day. Sue sometimes sleeps badly before exams. Tom plays tennis well. Some pupils don't speak clearly in front of teachers.

Thementest Grammatik

1 S. 94 hasn't tried – spends – didn't go – likes – flew – read – has been – gave – have already booked – is looking

2 S. 94 a) bad news; b) new trousers; c) useful advice; d) old furniture; e) The police were; f) Our homework was; g) milk and coffee

3 S. 95 a) He; b) them; c) It; d) her; e) They, us; f) me; g) you; h) they, them

4 S. 95 a) Ben often plays tennis well. b) Yesterday he played badly. c) Pupils are listening to the teacher's story carefully now. d) Our neighbours have been noisy since we moved in. e) Linda has answered all the questions cleverly so far. f) It rained heavily/was raining heavily last Monday. g) I often work hard for English.

5 S. 95 a) Ben's voice is very loud. He can shout loudly. b) I saw your cat's eyes in the dark. c) The roof of our house has been broken for three days. d) My friend's bike was cheaper than mine. e) Her / Your children are playing in the living room quietly. f) His friend speaks English well.

3 Lesen

3.1 *Skimming*

1 S. 96 a) King Richard went on a crusade; b) His brother ruled for him. c) He wanted to become King of England. d) They had to pay taxes. e) They were imprisoned or fled into the forest. f) He decided to live in the forest because he had nothing when he came back from the crusades. g) He formed a group of men.

2 S. 97 The text is about Robin Hood and how he started to live in Sherwood Forest together with his men.

3 S. 97 a) true; b) false; c) false; d) true; e) true

4 S. 98 ... two men and a woman on horses. ... to stop the group. ... to have their money. ... often took money from the rich. ... helped poor people.

5 S. 98 a) In the 12th century. b) In England, Nottingham, Sherwood Forest. c) King Richard, Prince John, Robin Hood, Friar Tuck, Alan-a-Dale, Little John, the Sheriff of Nottingham. d) King Richard fought with his army in a crusade. Prince John, his brother, was mean, cruel and terrible. Robin Hood helped the poor. He was brave and an outlaw. Friar Tuck was a monk who liked food and wine and helped Robin Hood. Alan-a-Dale couldn't fight, but he played the harp and sang songs. Little John was a friend of Robin Hood. The Sheriff of Nottingham was cruel and mean and hated Robin Hood. He wanted the money from the poor. e) The poor people had to pay taxes but they didn't have the money to pay those taxes. When they weren't able to pay the taxes, they had to go to prison or their land was taken.

3.2 *Scanning*

6 S. 99 **Textelemente:** Bilder, Textabschnitte, Schlüsselwörter

7 S. 100 a) page 3; b) page 29; c) page 25; d) page 34; e) pages 13–16; f) page 27; g) page 21; h) page 31

8 S. 101 a) The text is about the things in and outside your house that are dangerous to your dog (F, K). b) Chocolate; onions, grapes and raisins are dangerous to dogs (F, K). c) Alcohol can kill a dog because of his low body weight (F). d) It is dangerous because a lot of plants can cause death or terrible diseases (F, K). e) They like them because they taste nice (K).

3.3 *Intensive reading*

9 S. 102 **Mögliche unbekannte Wörter:** to improve – verbessern; would be pleased with you – wäre mit dir zufrieden; member of the family – Familienmitglied; puppy – Hundebaby; cute – niedlich; cuddly – knuddelig; devil – Teufel; to pee – pinkeln; to destroy – zerstören; unfortunately – unglücklicherweise; plenty of – viel

10 S. 103 **Wichtige Textstellen:** coming to visit me; Easter holidays; a new member of the family: a puppy; Luna; Saint Bernard; eight weeks old; cute; cuddly; a little devil; changed our lives; My mother; I always wanted to have a dog; my father didn't like the idea; fascinated by her; flowerbeds – Luna destroys; a lot of plants that are dangerous to dogs; wants to eat everything; there will be plenty of sunshine; don't forget your skateboard; new comics

11 S. 103 a) to improve your German; b) to be pleased with; c) a member of the family; d) a puppy; e) cute; f) a devil; g) flower bed; h) to destroy sth.; i) to have a taste

12 S. 103 **1st paragraph: headline:** Visiting Germany; **keywords:** to visit me, Easter holidays, improve your German;
2nd paragraph: headline: A cute member of the family; **keywords:** a puppy, Luna, Saint Bernard, a devil, changed our lives, wanted a dog, is fascinated by her;
3rd paragraph: headline: Luna and our garden; **keywords:** destroys flower beds, dangerous plants, eats everything;
4th paragraph: headline: Important things for the visit; **keywords:** sunshine, don't forget your skateboard, new comics

13 S. 104 C, D, B, F, A, E

14 S. 104 a) wrong; b) right; c) wrong; d) right; e) right; f) wrong; g) right; h) wrong

15 S. 104 a) Gary is visiting Tobias during the Easter holidays. c) Tobias and his family have got a young dog. f) Luna can play in the garden, but there are a lot of plants that are dangerous to her. h) Gary shouldn't forget his skateboard and comics.

Thementest Lesen

2 S. 106 ... they don't know what to give him for his birthday. ... because you must go for a walk with them even when it is raining and when they are little you must look after them. ... he goes to an animal shelter twice a week. ... is a puppy that lives in an animal shelter – someone left her in a forest.

3 S. 106 **Where:** in the living room; **Why?** Mr and Mrs Dobson must talk about Gary's birthday present because they don't know what to give him; **Reasons for a dog:** dogs are fun; going for a walk is good for your health; you can teach them a lot; **Reasons against a dog:** dogs mean trouble and a lot of work; you must go for a walk with them

in heavy rain; they are always up to something; you can't put them away like a thing

4 S. 106 **a)** Gary's birthday is next week. **b)** He wants to have/to throw a party. **c)** They don't know what to give their son for his birthday. **d)** It's a good present because Gary is interested in dogs. **e)** Sam is the Robinsons' dog. **f)** Gary met her at an animal shelter. **g)** Luna is a Saint Bernard puppy. Someone left her in the forest and she needs a new home. **h)** He gives in because of the many questions and the funny remark about the tortoise.

4 Schreiben

4.1 Das *summary*

1 S. 107 7 – 5 – 1 – 8 – 2 – 4 – 3 – 6

2 S. 108 by – is about – First – However – At first – but – Whenever – At the end – In the last part of the story – finally

3 S. 108 **Lösungsvorschlag:**
The Legend of King Arthur is about how Arthur becomes king. Arthur's father, King Uther Pendragon, dies when Arthur is still a child. After Uther's death, Merlin, a famous magician, looks after Arthur because the lords want to fight for Uther's land and Arthur is in danger. So the lords start fighting, but one day Merlin tells a story about a sword in a stone and the future king. Someone powerful will be able to pull the sword out of the stone. Suddenly Merlin fetches Arthur and he can move the sword. So Arthur is the new king. However, the war doesn't stop and there are still lords who don't accept Arthur as the new king. The Black Knight is one of them, but Arthur gets help from a very powerful sword that is called Excalibur.

4 S. 109 **a)** Merlin; **b)** after the king's death the lords would start fighting for the king's land; **c)** Merlin; **d)** pull a sword out of a stone; **e)** pull the sword out of the stone; **f)** move the sword; **g)** didn't want Arthur as their knew king; **h)** someone who fought Arthur; **i)** a sword

4.2 Schreiben nach Vorgaben

5 S. 110 **Lösungsvorschlag:**
Dear James,
It's my birthday on May 24. I would like to invite you to my party.
Where: at my house
When: 3 o'clock
End of party: 6.30
Don't forget your rubber boots – we might go to the nearby river!

6 S. 110

Sarah Miller,
12, Avril Lane,
Nottingham

Dear Gillian,
Thanks a lot **for your last letter.** It was great to **hear from you.**
... I hope **we'll** spend our ...
Hope to hear **from you soon.**
Love,
Sarah

7 S. 111 **Lösungsvorschlag:**
Dear Aunt Susan,
Many thanks for your last letter. It was great to hear from you and your fantastic holidays. Next time I'd like to come with you. You know that I like the sea, the sun and beaches. Even the weather was fantastic: lucky you! You must be as brown as a berry. Anyway – you know it's my birthday soon and it's always fun to have you around. I wish you could come to my party – there will be delicious cakes and a surprise for you. Hope to hear from you and write me whether you will come by car or train. You know that we'll always give you a lift from the station.
Yours, Gary

8 S. 111 **Lösungsvorschlag:**
Hi Daniel,
Your lovely present **arrived just in time** … It … **a cap and a T-shirt.** But next time you must **come to my party** because I **had a super birthday.** First we **went for a walk** …: **we had a picnic near a river.** Above all, **the weather was fantastic.** … So I **was really happy and tired** in the evening …

9 S. 111 **Lösungsvorschlag:**
Hi Gary,
Your party sounded fun – so I must come next time. Normally, it shouldn't be a problem because your birthday is usually during the holidays, but so far my parents haven't wanted me to travel on my own. But guess what? Last week they told me I could visit you. I'm old enough now – well, of course I'm old enough. They even think it's a good idea to go to England – it might help my English. This is what my English teacher thinks, too. So – I'll be with you next year. We have a lot of time to plan my trip.
Daniel

4.3 *Creative writing*

10 S. 112 **Lösungsvorschlag:**
Dear Diary!
We went to Tintagel today. I'm still so excited – it was super; it was so interesting. But I'm also tired because we did a lot of walking. We went there by car and it was probably the most exciting place I have ever seen: it's only ruins, but I can imagine that this was once the castle where King Arthur was born. Tintagel is very popular with tourists, so it was pretty crowded there. Although it was a bit rainy and windy, there were a lot of people to visit that place and I enjoyed it, too.

11 S. 112 One day I **went** to Tintagel because **there was** a King Arthur **festival.** There were a lot of stalls where **you could eat food** people ate **during the Middle Ages.** People **were wearing nice costumes.** Suddenly a knight **with a sword was standing** in front of me. **I didn't know what to do.** He looked like **selling souvenirs.** But then **I had a great idea.** … I was **ready to fight.** I wanted **to make the first move,** however, King Arthur **took off** his helmet and – I could see **my brother's face.** One of **his silly ideas** again: …

12 S. 113 **Lösungsvorschlag:**
Maid Mathilda is in the garden. A knight has just got off his horse. Maid Mathilda has got a present for the knight, but she is feeling sad: she has to say goodbye to him because he must fight for his king. The brave knight is most surprised. He bows his head and takes Mathilda's present. It is a helmet. The present shows Maid Mathilda's love. With it, the knight will be safe in every fight. He kisses her farewell and now he can see a tear running down her cheek. How sad Mathilda must be! But he will come back soon. So the knight gets onto his horse and off he rides. Mathilda waves him goodbye. She will miss him.

13 S. 113 **Lösungsvorschlag:**
Greg was skating when there was suddenly a car in front of him. As soon as he saw the car, he tried to stop. Before he could stop, the car hit Greg. Greg fell hard and hurt his leg. The man in the car phoned the ambulance and they had to wait until it arrived. Although Greg's leg hurt terribly, he didn't cry. When the ambulance arrived, they took Greg to hospital because someone had to examine his leg. When he goes skating next time, he must be more careful.

14 S. 114 **Lösungsvorschlag:**
a) The Gordons have just arrived at the hotel in the mountains. b) They are unpacking their bags. c) They are getting ready for a walk through the town. d) They are going for a walk to get to know the

town. e) The dog is ordering a sausage at a snack bar. f) Judy is stroking the dog.

15 S. 114 **Lösungsvorschlag:**
On a sunny afternoon, the Gordons arrived at a lovely hotel in the mountains. They went upstairs to their room and then they unpacked their bags. Although they were a bit tired after the long journey, they decided to go for a walk. They wanted to enjoy the sunny day. As they were getting ready for their walk, Judy, the Gordon's daughter, noticed a cute little dog. After a few minutes they were ready to leave and they went for a walk through the beautiful town. The dog from the hotel, however, followed them. While they were getting to know the town, the dog ordered a sausage at a nearby snack bar. Suddenly the girl discovered the dog with its sausage. The girl liked the dog and stroked it. The sausage was a present for Judy – what a clever dog!

Thementest Schreiben

1 S. 115 **Lösungsvorschlag:**
... football. ... done his homework yet. ... eaten a pizza. ... taken a shower. ... drunk a coke. ... tidied his room yet.

2 S. 115 **Lösungsvorschlag:**
Dear friends,
My birthday is on Friday, April 30.
I'd like you all to come to my party.
Where: at Creepy Castle
When: at 11.55 p. m. (it will end at five o'clock in the morning)
Don't forget your spooky costumes!
Yours, Super Scary Spooky Sam

3 S. 116 **Lösungsvorschlag:**
... I was really angry. ... We enjoyed the meal and we laughed a lot about the different jokes. ... I was frightened when I heard the first story and I even shivered with fear. ... It was fun because walking around and waking up people can be really exciting. ... I was sad when they all left – I almost cried.

4 S. 116 **Lösungsvorschlag:**
Hi Sam,
I'm sorry that I didn't come to your party, but I lost my voice and a ghost without a voice is no ghost at all. But I could invite you to a midnight party next Friday – only you and me and then I could give you a surprise present – it's a bat (but a special one). If you want to find out more about it, come to my place!
Your friend, Jack

5 Sprechen

5.1 Vom Englischen ins Deutsche vermitteln

1 S. 117 ... auch das englische Wort für Abendessen. ... mit Schinken und Käse. ... Reis serviert. ... wissen, was es zum Nachtisch gibt. ... Deutsch Apfelkuchen mit Sahne. ... muss den Tisch decken ... ihm nicht zu helfen.

2 S. 118 ... Am 5. November findet immer eine Party mit viel Feuerwerk statt. ... Im Jahr 1605 wollten acht Männer den König und das Parlament in die Luft jagen. ... Er wurde gefangen genommen. ... Die Leute basteln Puppen, die wie Guy Fawkes aussehen. Dann sammeln sie Geld für Feuerwerksraketen und verbrennen später die Puppen.

5.2 Vom Deutschen ins Englische vermitteln

3 S. 119 **Lösungsvorschlag:**
I am from Heidelberg. I am eleven years old. My hobbies are reading and riding. My favourite sport is volleyball. I like pop music and hip hop. I have been learning English for two years. My favourite food is chocolate cake. I like Britain. The people there are friendly and there are a lot of old houses. I don't like the food. I have one brother. He's three years younger than me. Mostly I read

comic books. I don't like Harry Potter at all. My favourite subjects are Latin and English. My favourite film is "Spiderman".

4 S. 120 A: I would like to buy her a book about tennis because she loves tennis. B: I don't think that this is a good idea. A tennis bag would be better and she could use it every day. A: That's a good idea. But bags are not that cheap and I have just bought a very expensive football for my brother's birthday. B: Well, but you could go to a second-hand shop to buy a bag. A: Good idea. Can I phone you again as soon as I have got the present? B: That's okay. Have a nice day. Bye. A: Oh, by the way – I just wanted to let you know that my family and I would like to go to England next year. And I'm sure that we can visit you – Well, I would like to visit you, but I'll tell you more next time. Bye.

5.3 Zwischen Deutsch und Englisch vermitteln

5 S. 121 ... Was können wir heute unternehmen? ... We could go on a cycling tour. ... Aber sie hat kein Fahrrad, und es ist für sie gefährlich, weil sie es nicht gewohnt ist, auf der anderen Straßenseite zu fahren. ... But we should go outside. It's warm today. How about going swimming in the lake? ... Schwimmen wäre gut. Mary war zwar noch nie in einem See schwimmen, aber sie findet, es hört sich toll an. ... Und wie kommen wir an den See? ... We could go by bike – but that is not a very good idea ... Sie will nun doch mit dem Fahrrad fahren. Aber haben wir überhaupt eins für sie? ... You can have Paul's sister's bike. ... Sie freut sich und hofft, dass es deiner Schwester recht ist.

6 S. 122 a) Is there anything without meat? – Auf der Speisekarte sind vier verschiedene Gerichte für Vegetarier. b) Do you serve all the dishes with chips? – Ihr könnt auch wahlweise Reis oder Kartoffeln haben. c) What vegetables are in the vegetable soup? – Karotten und Lauch. d) What are veggies? – Das ist eine Abkürzung für *vegetables*, also Gemüse. e) Do you have a menu for desserts and wine? – Hier gibt es leider keinen Wein. Aber für den Nachtisch könnt ihr euch verschiedene Kuchen oder Törtchen aussuchen. Die stehen dort in der Vitrine.

7 S. 122 *You:* "Excuse me, do you have any dishes without meat?"
Waiter: "Sure, There are four different dishes for vegetarians. Have a look at the menu."
You: „Ihr habt die Möglichkeit, zwischen vier verschiedenen Gerichten ohne Fleisch zu wählen. Ihr müsst nur in der Speisekarte schauen. – Do you serve all the dishes with chips?"
Waiter: "No, you can also have potatoes and rice."
You: „Reis und Kartoffeln sind auch möglich. – What vegetables are there in your soup?"
Waiter: "Carrots and leek."
You: „Karotten und Lauch. – What are veggies?"
Waiter: "It means vegetables."
You: „Das heißt nichts anderes als Gemüse. – What about wine and dessert?"
Waiter: "We don't do wines here. I'm sorry. But you can have a look at the counter over there. You will find a selection of cakes and pies."
You: „Ihr bekommt hier leider keinen Wein, aber wenn ihr etwas zum Nachtisch wollt, dann könnt ihr euch an der Vitrine da vorne Kuchen oder Törtchen aussuchen."

Thementest Sprechen

1 S. 123 ... „Sie möchte wissen, ob sie uns behilflich sein kann." ... "We are looking for a souvenir for a boy." ... "What about a T-shirt with Robin Hood on it?" ... „Sie haben

hier nur T-Shirts, auf denen ‚Nottingham' steht." ... "Well, could you show us these T-shirts, please?" ... „Welche Größe brauchen wir? Und was für eine Farbe?" ... "His size is 'large' and we would like to have a look at the blue ones. How much are they?" ... „Sie haben hier noch zwei blaue. Die kosten jeweils zehn Pfund sechzig." ... "We'll take the blue one, thank you."

2 S. 124 Two hours ago we went for a walk on the beach. Our son / daughter climbed a steep cliff when we heard a scream because he / she slipped. We had to help him / her because he / she couldn't walk on his / her own. When he / she puts his / her foot down, it hurts.
... wissen, welcher Teil des Fußes schmerzt. ... um einen stechenden oder dumpfen Schmerz handelt. ... Er möchte auch wissen, ob der Fuß dauernd schmerzt oder ob der Schmerz auch ab und zu nachlässt. ... Er möchte wissen, ob dir schwindelig ist.

6 Abschlusstests

Test 1

2 S. 126 **a:** a small house, a little money, a brave man, a bad thief, a sharp knife, a back door; **an:** an old lady, an honest man; an empty bottle

3 S. 126 **a)** The **men** came to the **doors** of small **houses** in Kings Road. **b)** **Those** old **ladies** always gave **them** a little money for **their** help. **c)** The two children were treating **them** like **thieves.** **d)** He was threatening Edward with **knives.** **e)** "We are as poor as church **mice.**" **f)** What about **those doors** over there?

4 S. 127 a cold evening → a colder evening → the coldest evening; a small house → a smaller house → the smallest house; an old lady → an older lady → the oldest lady; They were poor. → They were poorer. → They were the poorest; a brave and honest man → a braver and more honest man → the bravest and most honest man; They were scared. → They were more scared. → They were most scared; a bad thief → a worse thief → the worst thief; it's dark → it's darker → it's darkest

5 S. 127 is – is looking – don't have / haven't got – came – hasn't left – is – haven't met – was shouting – were – knocked – didn't leave – hasn't come – don't know – is helping

6 S. 128 a small house ↔ a big house; they were poor ↔ they were rich; an old lady ↔ a young lady; he was angry ↔ he was nice; a cold evening ↔ a warm evening; empty bottles ↔ full bottles; the back door ↔ the front door; it was as late as ↔ it was as early as

7 S. 128 They caught him. They were very poor. They were alone. Their father was an honest man. It was as late as eight o'clock. The old lady lived just around the corner. Anne escaped through the back door. The door opened suddenly. The man ordered them to open the door.

8 S. 129 **a)** (a) cold hands, room, water, sea; **b)** (a) small child, shoes, town, car; **c)** (a / an) empty box, kitchen, plate, glass; **d)** (a / an) old tree, man, book, building; **e)** (a / an) little house, money, baby, thing; **f)** (a) bad news, cold, weather, dream; **g)** (a) poor health, country, light, swimmer

9 S. 129 **a)** false; **b)** true; **c)** true; **d)** false; **e)** true; **f)** true; **g)** false; **h)** false; **i)** true; **j)** true; **k)** false

Verbesserung **a)** It's a cold evening in February. **d)** Nobody opened the door. **g)** Their father was an honest man. **h)** He wanted to have some money. **k)** Anne could escape through the back door.

10 S. 130 **in the cupboard:** cups, saucers, plates, glasses, knives, spoons, forks, a tea pot, saucepan, frying pan, mugs, bowls; **in**

the fridge: cheese, butter, meat, sausages, fruit, vegetables, eggs, fish, milk, cream, wine, beer, juice, yog(h)urt; **kitchen appliances:** coffee maker, microwave, kettle, toaster, tin opener, food processor, scales; **things you can do:** to boil, to heat, to dry, to do the washing-up, to cook, to open, to set the table, to clean

11 S. 131 a) Their house was in Kings Road in Nottingham. b) One of the Sheriff's men knocked at the door. c) Anne was 12 and Edward was 14 years old. d) They didn't open the door because they were alone. e) Their father was in prison. f) The door opened suddenly. g) He wanted to have some money. h) They couldn't give him anything because they were very poor. i) While the man walked through the room, Edward could talk to his sister. j) He threw some bottles on the floor because he was very angry.

12 S. 131 It was a cold evening in February when a man came to the door. The man knocked at the door but nobody opened it. They didn't open the door because they were alone. Their mother left her children alone although they were still young. The children's father helped Robin Hood so the Sheriff's men caught him and sent him to prison. Anne could escape while the man was angry and threw some bottles on the floor.

13 S. 132 **Lösungsvorschlag:**
A man comes to a small house in Kings Road in Nottingham because he wants to collect some money for the Sheriff. He knocks at the door but nobody opens, so he tries again. There are two children inside, Edward and Anne, but their parents are away. So they don't open the door and the man becomes very angry and he kicks the door open. The Sheriff's man can't find any money or any other useful things and he becomes angry again. But at the right moment the girl, Anne, can escape to get some help.

14 S. 132 **Lösungsvorschlag:**
Anne was running to Robin Hood's shelter as quickly as possible. There she called him and his friends. They were most angry when they heard Anne's story and so they were ready to help. They took their bows and arrows and set off. When they arrived in Kings Road, they hid behind an oak tree. Then they slowly walked towards Anne's house and surrounded it. Suddenly the Sheriff's man opened the door to leave the house. But he couldn't – Robin Hood and his men were quick. They pointed their arrows at him and Robin caught him. They went straight to the Sheriff of Nottingham and made a suggestion: the man in exchange for Anne and Edward's father. Luckily the Sheriff agreed and Anne and Edward's father was free again. The Sheriff and his men were unhappy – no prisoner and no money.

15 S. 132 **Lösungsvorschlag:**
... It was about eight o'clock. You were just around the corner helping that old lady. While you were gone, the man knocked at our front door. We didn't open because you told us not to if we were alone. But suddenly the man kicked the door open. I was so scared of him. The man wanted our money, but we couldn't give him any. He had a knife. Then he saw another door and he wanted to see the things behind the door. I'm sure he hoped to find some money there. He got very angry when he saw that we couldn't give him anything useful. He threw some bottles onto the floor. I was shivering with fear! Luckily, I escaped through the back door, ran to Robin Hood's shelter and called him and his men. Robin came and helped us. I hope the Sheriff's man won't come again – I'm happy that Dad is back and nobody will send him to prison again.

Test 2

2 S. 133 Today the sun is shining. The Browns are walking along the beach. Mr Brown is giving his son Mark a piggy back. Mrs Brown is holding Colin's hand. Colin is carrying a bucket … It's a nice day and the Browns are laughing …

3 S. 134 **Lösungsvorschlag:**
I made a sandcastle yesterday. The children have just eaten some ice cream. My friends always play beach volleyball. My parents often lie on the beach. The girl swam in the sea two hours ago. The young boy has already looked for crabs and shells. She reads a magazine every summer. They drank cool drinks last July.

4 S. 134 cliff, wave, sky, sand, stones, coast, seaside, rock, sea, dune

5 S. 134 the blue sky / sea, the rocky coast, a huge wave / rock, the calm sea, a sandy beach, a steep cliff, a heavy stone, the lovely beach / sky

6 S. 135 **sea:** seasick, seabird, seafood, seagull, sea horse, seaman, seashell, sea water; **beach:** beachball, beach bag, beach party, beach hut, beachwear

7 S. 135 **Lösungsvorschlag:**
what to see at the seaside: beach, sun, sky, boat, surfboard, waves, pier, rocks, cliffs, sandcastles, sunbather; **things to take to the beach:** bikini, swimming costume, swimming trunks, snorkel and mask, beach towel, sunscreen, drinks, sandwiches, lilo, sunshade; **activities on the beach:** to relax, to sleep, to lie in the sun, to go for a swim, to play volleyball / badminton, to make a sandcastle, to read, to watch seabirds, to go for a walk, to eat some ice cream

8 S. 136 **Lösungsvorschlag:**
… Here I am in **Spain.** The weather **is fine** and the sun **shines every day** and the hotel **is great.** … The beach is super because it **is sandy, big and there are hardly any crabs.** … so many things like **swimming and surfing.** …

10 S. 137 **Lösungsvorschlag:**
… "Well, it means that the climate there is good for your health." … "It means low tide, so there is hardly any water there." … "It's the muddy beach when the tide is low. And then you can walk there." … "It has got nothing to do with 'countryside' but with 'bathing'. It means that there are a lot of different swimming pools, both indoor and outdoor swimming pools. There are also big pools or small pools. And you can have pools with warm water or seawater." …

11 S. 138 **Lösungsvorschlag:**
… "There are usually six people in one room." … "I'm afraid that the rooms don't have showers or toilets. You can find them on each floor. The showers are in the basement." … "The beach is not very far from the youth hostel. It is about 100 m away from the youth hostel." … "Don't worry, there is breakfast, lunch and dinner. If we are away for the whole day, we can take a packed lunch." … "It's no problem either. You can watch each game because there is a room with a TV." … "Yes, you have and don't forget your sheets and covers for the bed. …"

12 S. 138 **Lösungsvorschlag:**
Amrum is a little North Sea island with a huge beach. It's famous for its dunes and its healthy climate. Amrum seems to be very relaxing, you can walk to an island called Föhr, for example. This is possible because of the low tide. Our youth hostel is near the sea. From there we can take part in a lot of trips and excursions. You can't only visit Föhr but also Helgoland and other small islands. You may have a look at the seals lying on sandbanks. All in all Amrum seems to be fun.

1 Natürliche und ganze Zahlen

1.1 Darstellung großer Zahlen

1 S. 141 a) 7 980 323; b) 3 013 042 000 000

2 S. 141 a) 10^2; b) 10^4; c) 10^9; d) $3 \cdot 10^3$; e) 10^0; f) $73 \cdot 10^6$

3 S. 141 a) 10 700; b) 50 310 000 000; c) 21 300 000; d) 100 000 000

4 S. 141 a) 10 000; b) 7000; c) $10^2 \cdot 10^2 \cdot 10^5$; d) $5 \cdot 10^0$; e) 3030; f) $10^4 \cdot 10^8 \cdot 10^5$

1.2 Zweiersystem und römische Zahlen

5 S. 142 a) 2; b) 7; c) 12; d) 17; e) 27; f) 102; g) 73; h) 123

6 S. 142 a) $(100)_2$; b) $(0)_2$; c) $(10101)_2$; d) $(1111)_2$; e) $(100001)_2$; f) $(1011000)_2$; g) $(1100100)_2$; h) $(10001001)_2$

7 S. 142 **Vorgänger:** a) $(1)_2$; b) $(10100)_2$; c) $(10110)_2$; d) $(111101)_2$
Nachfolger: a) $(11)_2$; b) $(10110)_2$; c) $(11000)_2$; d) $(111111)_2$

8 S. 142 a) Die ungeraden Zahlen haben eine 1 als letzte Ziffer, die geraden Zahlen haben eine 0 als letzte Ziffer. b) 24

9 S. 142 a) 21; b) 104; c) 19; d) 495; e) 699; f) 501; g) 83; h) 2614; i) 49; j) 178; k) 498; l) 2444

10 S. 142 a) XXXIX; b) XXXII; c) LXX; d) XCVII; e) CCCLXXVIII; f) DXLIII; g) DCCLXVI; h) CDXV; i) MCXXXV; j) MMCXCIX

1.3 Teilbarkeitsregeln

11 S. 143 a) $3 \mid 42$; b) $6 \nmid 45$; c) $4 \nmid 54$; d) $9 \nmid 119$; e) $5 \nmid 88$; f) $9 \mid 135$; g) $6 \nmid 68$; h) $5 \mid 9875$; i) $3 \mid 111$; j) $8 \nmid 259$; k) $4 \mid 2980$; l) $3 \mid 417$; m) $3 \nmid 446$; n) $9 \mid 828$; o) $4 \mid 732$; p) $4 \mid 276$; q) $8 \mid 288$; r) $5 \mid 230$; s) $9 \mid 891$; t) $6 \mid 2352$

12 S. 143

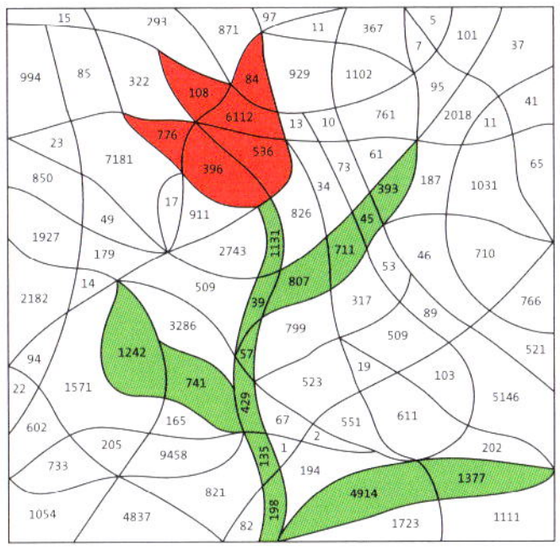

13 S. 144 a) 41; b) 37; c) 71; d) $49 = 7 \cdot 7$; e) $39 = 3 \cdot 13$; f) $57 = 3 \cdot 19$; g) 17; h) $93 = 3 \cdot 31$; i) 101; j) $21 = 3 \cdot 7$; k) $51 = 3 \cdot 17$; l) $78 = 2 \cdot 3 \cdot 13$

14 S. 144 a) 2; b) 65; c) 4; d) 4; e) 60; f) 16; g) 1050; h) 96

15 S. 144 a) kgV (12, 18, 27) = 108. Die drei treffen sich alle 108 Tage in Köln.
b) ggT (255, 595) = 85. Die Fliese hat die Kantenlänge 85 cm. Es werden 21 Stück benötigt.

16 S. 144 a) $77 = 7 \cdot 11$; b) $12 = 2 \cdot 2 \cdot 3$; c) $125 = 5 \cdot 5 \cdot 5$; d) $66 = 2 \cdot 3 \cdot 11$; e) $169 = 13 \cdot 13$; f) $30 = 2 \cdot 3 \cdot 5$; g) $122 = 2 \cdot 61$; h) $323 = 17 \cdot 19$; i) $69 = 3 \cdot 23$
Lösungswort: Schlossgespenst

1.4 Anordnung und Betrag ganzer Zahlen

17 S. 145 a)

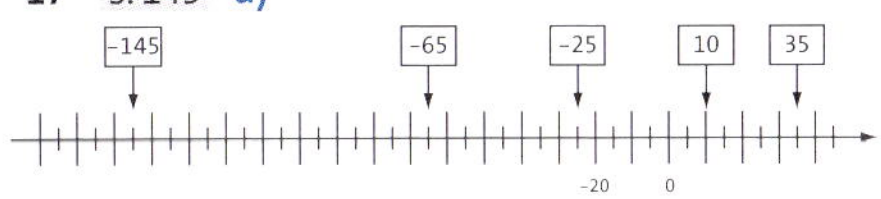

b)

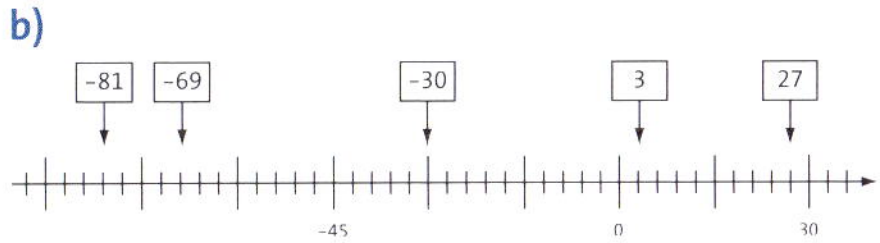

Mathematik Lösungen

18 S. 145 a) $-37 < -11 < -1 < 8 < 9 < 56$; b) $-4 < -3 < -1 < 0 < |+1| = |-1| < |-4| < |-13|$

19 S. 145

Zahl	Gegenzahl	Betrag
7	−7	7
13	−13	13
8 oder −8	−8 oder 8	8
|−127|	−127	127

20 S. 145 a) 2; b) −11; c) 9

1.5 Schriftliche Rechenverfahren

21 S. 146 a) 12 256; b) 59 864; c) 19 728; d) 3452; e) 27 380; f) 5609

22 S. 146 a) 89 438; b) 3876; c) 91 632; d) 894 000; e) 665; f) 91; g) 3364; h) 335

23 S. 146 a) 58 221 + 431 + 1756 = 60 408; b) 12 987 + 8375 + 4307 = 25 669; c) 20 538 − 699 − 1307 = 18 532; d) 37 599 − 8741 − 5613 = 23 245

24 S. 146 a) Nach 14 Tagen sind noch 8178 Liter im Tank. Nach ungefähr 370 Tagen ist der Tank leer. b) Petra kommt diese Woche auf 55 gefahrene Kilometer.

1.6 Rechengesetze

25 S. 147 a) 17; b) −46; c) 12; d) 39; e) 16; f) 120; g) −134; h) −12; i) −60; j) 55; k) 7; l) −3; m) −30; n) −28; o) −4; p) 99

26 S. 147

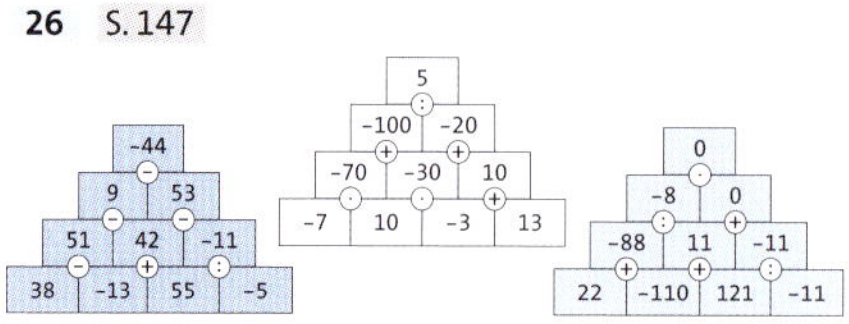

27 S. 147 a) $120 - 33 + 88 = 175$; b) $-115 - 45 - 18 = -178$; c) $3 + 31 + 47 = 81$; d) $22 - 103 - 15 + 20 = -76$; e) $-29 + 44 - 8 - 12 = -5$; f) $-3 - 40 - 3 + 14 = -32$; g) $20 + 14 + 3 + 5 = 42$; h) $-4 - 1 + 7 - 13 = -11$; i) $-8 + 4 + 9 = 5$; j) $(-4) \cdot (-6) + (-4) \cdot 3 = 24 - 12 = 12$; k) $(-12) \cdot 5 - (-9) \cdot 5 = -60 + 45 = -15$; l) $7 \cdot 11 + 7 \cdot (-13) = 77 - 91 = -14$

28 S. 148 a) 64; b) 343; c) −729; d) −1296; e) 25; f) 768; g) 250; h) 144; i) −243; j) 3000; k) 252; l) 1600

29 S. 148 a) −17; b) −83; c) 84; d) −5; e) −35; f) −8; g) 14; h) 3; i) −133; j) −1050; k) −4; l) −32

30 S. 148 a) $(-33 + 192) - (-18) = 177$; b) $[-4 + (-22)] : (47 - 60) = 2$; c) $-3 \cdot 8^2 + [15 : (-5)] = -195$; d) $(-45 + 135) : 2 + (-120 : 6) = 25$; e) $(-10 + 238) : 2 - (4 \cdot 19) \cdot (-3) = 342$

31 S. 148 **Lösungsvorschlag:**
a) $-17 + 3 \cdot (-2) + 8 = -15$;
b) $-3 \cdot (+5 - 11) = 2 - 3 \cdot (-5) - (-1)$;
c) $(+5) \cdot [11 - (-4)] + (-3) = -8 \cdot (-9)$;
d) $(-30) : [12 + (-2)] = -3$;
e) $(-1) \cdot (+2) \cdot (-13) \cdot (-1) = -26$;
f) $(-2)^2 \cdot 10 + 8 = -3 \cdot (-16)$

Thementest Natürliche und ganze Zahlen

1 S. 149 a) 523 303 908; b) 17 000 917 000 474

2 S. 149 a) 0,01; b) 1 000 000; c) 0,000 000 01

3 S. 149 a) 10^5; b) 10^7; c) 10^8; d) $123 \cdot 10^8$; e) Potenzen gleicher Basis – Hochzahlen (Exponenten)

4 S. 149 a) Die Ziffern rücken alle eine Stelle nach rechts. b) $(1111)_2 = 15$; $(1000)_2 = 8$; $(11111)_2 = 31$; $(10000)_2 = 16$

5 S. 149 a) richtig; b) falsch, XVIII; c) richtig; d) falsch, 513; e) falsch, CDLXXXIX; f) falsch, CVIII

6 S. 150 a) −8; b) 183; c) 393; d) 25; e) 82; f) −1140; g) 324; h) 43; i) 750

7 S. 150 a) 43 980; b) 18 872; c) 1 811 298; d) 374

8 S. 150 a) 1 097 142 858 $\approx 11 \cdot 10^8$. b) Er muss noch 23 498 € für das Auto zahlen. c) kgV (12, 15) = 60. Yannick und Timea müssen jeweils 60 Muffins backen.

9 S. 150 Die Tafel trägt das Datum 17. 2. 3084. Es ist im Zweiersystem geschrieben: Eichhörnchen = 1, Nuss = 0.

2 Brüche und Dezimalzahlen

2.1 Brüche und Anteile

1 S. 151 a) $\frac{16}{25}$; b) $\frac{1}{4}$; c) $\frac{9}{25}$; d) $\frac{1}{2}$; e) $\frac{3}{4}$; f) $\frac{12}{25}$

2 S. 151

a)

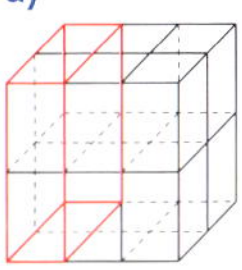

b)

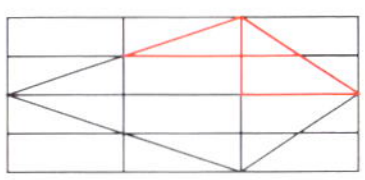

c)

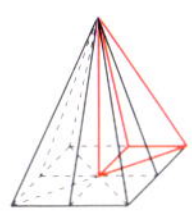

3 S. 152 a) 45 cm; b) 32 a; c) 60 kg; d) 20 dm; e) 10 min; f) 630 h; g) 35 Tage; h) 792 min; i) 125 ml

4 S. 152 a) 48 m^2; b) $\frac{1}{9}$; c) 78 €; d) 60 s; e) $\frac{7}{9}$; f) 108 h; g) $\frac{1}{16}$; h) 6,72 €

5 S. 152 a) $\frac{1}{4}$ Liter; b) 645 €; c) 24 m^2 Rosen, 35 m^2 Tulpen; d) $\frac{7}{9}$

2.2 Rechnen mit Brüchen

6 S. 153 a) 2; b) $-\frac{5}{3}$; c) −1; d) $\frac{29}{35}$; e) $-\frac{37}{11}$; f) $-\frac{24}{35}$; g) $\frac{11}{8}$; h) $\frac{53}{54}$; i) $\frac{11}{3}$

7 S. 153 a) $\frac{2}{6} + \frac{3}{10} = \frac{19}{30}$; b) $\frac{1}{4} + \frac{3}{12} = \frac{1}{2}$; c) $\frac{1}{2} + \frac{1}{12} + \frac{1}{8} = \frac{17}{24}$; d) $\frac{3}{9} + \frac{1}{3} = \frac{2}{3}$

8 S. 153 a) $\frac{26}{11}$; b) $\frac{11}{5}$; c) $\frac{2}{5}$; d) $-\frac{1}{4}$; e) $\frac{36}{14}$; f) $2\frac{11}{16}$

9 S. 154 **Lösungswort:** Eiskanal

10 S. 154 a) $\frac{27}{13} + \frac{7}{4} = \frac{108 + 91}{52} = \frac{199}{52}$; b) $-\frac{1}{10}$; c) $\frac{39}{64}$; d) $\frac{76}{35} - \frac{28}{44} = \frac{836 - 245}{385} = \frac{591}{385}$

11 S. 154 a) $\frac{1}{6}$; b) 5; c) $-\frac{1}{42}$; d) $-\frac{31}{15}$; e) $\frac{99}{14}$; f) $\frac{28}{3}$; g) $-\frac{3}{5}$; h) $\frac{8}{11}$; i) $\frac{9}{2}$

2.3 Rechnen mit Dezimalzahlen

12 S. 155 a) $\frac{7}{10}$; b) $\frac{108}{10\,000}$; c) 2,705; d) $\frac{8}{10^2}$; e) $\frac{5603}{10^3}$; f) 0,000 000 59

13 S. 155

a)

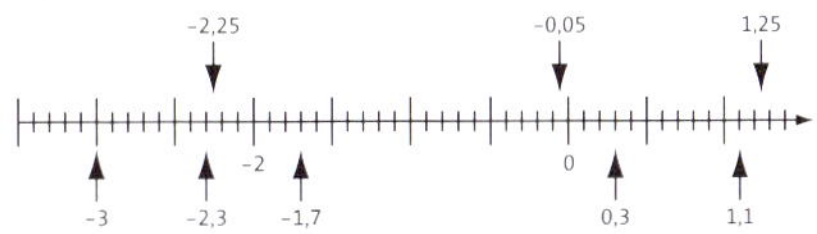

b)

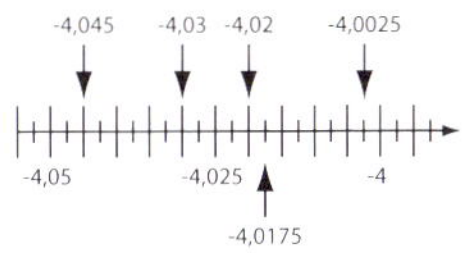

14 S. 155 a) 12,95; b) 18,657 + 9,070 = 27,727; c) 8,11; d) 14,291 − 3,9902 = 10,3008; e) 0,28; f) 0,15

2.4 Runden und Überschlagen

15 S. 156

a)	408 901	317 459	9 994 598
Hunderter	408 900	317 500	9 994 600
Tausender	409 000	317 000	9 995 000
Zehntausender	410 000	320 000	9 990 000
Hunderttausender	400 000	300 000	10 000 000

b)	7,509 17	23,711 978	999,949 453
Zehntel	7,5	23,7	1000,0
Hundertstel	7,51	23,71	999,95
Tausendstel	7,509	23,712	999,949
Zehntausendstel	7,5092	23,7120	999,9495

16 S. 156 a) zwischen 105 000 und 114 999 Zuschauern; b) 9999 Zuschauer

17 S. 156 a) 64 000 000; b) 120; c) 20; d) 2; e) 10 000 000; f) 300 000

18 S. 156 Ein Überschlag ergibt 21 m².

Thementest Brüche und Dezimalzahlen

1 S. 157 a) wahr, kgV (Nenner, Zähler); b) falsch, $\frac{5}{7} - \frac{7}{5} = -\frac{24}{35}$; c) falsch, man erweitert; d) wahr; e) wahr

2 S. 157 a) wahr; b) falsch; c) falsch, $(-2)^2 = 4$; d) wahr; e) falsch, $(-1)^{723} = -1$; f) wahr

3 S. 157 a) $4{,}3 > 1{,}7 > 1{,}07 = \frac{107}{100} > 0{,}7 > -17{,}003 > -17{,}030 > -17{,}303$;
b) $10^4 > 14{,}3 > \frac{1429}{10^2} > \frac{1}{2} > \frac{1}{3} > \frac{1}{5} = 0{,}2 > -\frac{1}{10^4} > -\frac{1}{10^3} > -14{,}3 > -5 \cdot 10^5$

4 S. 157 a) 417; b) 98 730 000; c) −1250; d) 0,00393; e) 174 800; f) 100

5 S. 158 a) Sie kann noch 506,63 € während der Reise ausgeben. b) 153 Bilder fehlen. Er muss mindestens noch 77 Päckchen à 5 Bilder kaufen. Die Anzahl der Päckchen reicht wahrscheinlich nicht, da die Anzahl der Doppelten pro Päckchen zunimmt.

6 S. 158 a) Die Hälfte. b) Der Flächeninhalt bleibt gleich, da die Höhe unverändert ist.

7 S. 158 a) $\left(\frac{7}{5} - \frac{2}{3}\right) \cdot \frac{1}{2} = \frac{11}{30}$; b) $\left(\frac{4}{21} + \frac{2}{3}\right) : 9 = \frac{2}{21}$; c) $\left(-\frac{11}{3} + \frac{7}{6}\right) : \left(-\frac{11}{3} - \frac{7}{6}\right) = \frac{15}{29}$;
d) $\frac{9}{5} + \left(\frac{1}{5}\right)^2 = \frac{46}{25}$

8 S. 159 a) −0,000 024; b) −0,368 03; c) 2,4389; d) $\frac{11}{7}$; e) 2; f) $-\frac{11}{4}$; g) $-\frac{4}{15}$; h) $\frac{7}{8}$; i) 1

9 S. 159 a) $\left(\frac{7}{8} + \frac{1}{2}\right) \cdot \frac{2}{3}$; b) $\frac{4}{7} : \left(\frac{8}{9} \cdot \frac{27}{2}\right)$;
c) $-\frac{4}{3} \cdot \left(\frac{5}{7} - \frac{12}{14}\right) : \frac{1}{2}$; d) $\frac{4}{5} \cdot (-2 + 2) \cdot \left(-\frac{5}{4}\right) + \frac{11}{13}$;
e) $\frac{15}{17} \cdot \left(\frac{1}{15} - \frac{1}{15}\right) \cdot \frac{5}{3} + \frac{1}{3} \cdot \left(\frac{4}{7} - \frac{4}{7}\right) \cdot \frac{35}{98} = 0$;
f) $(10^3 + 10^3) \cdot \left(\frac{4}{5} - \frac{9}{5} \cdot \frac{11}{18}\right)$

10 S. 159 a) ℕ bezeichnet die Menge der natürlichen Zahlen, ℤ die Menge der ganzen Zahlen und ℚ die Menge der rationalen Zahlen.
b)

	−4	$\frac{7}{3}$	−3,5	0	$\frac{55}{11}$
ℕ	Nein	Nein	Nein	Ja	Ja
ℤ	Ja	Nein	Nein	Ja	Ja
ℚ	Ja	Ja	Ja	Ja	Ja

11 S. 159 a) Falsch, natürliche Zahlen sind immer auch rational. b) falsch, $4 - 5 = -1$; c) wahr, $(+) \cdot (-) = (-) \cdot (+) = (-)$; d) falsch, $\frac{-7}{-4} = \frac{7}{4} > 1$

3 Anwendungen

3.1 Prozente

1 S. 160 a) 21 %; b) 17 %; c) 6 %; d) $33\frac{1}{3}$ %; e) 68 %; f) 71 %; g) 33 %; h) 45,7 %; i) 12,5 %; j) 87,5 %; k) 193 %; l) 126 %; m) 85 %; n) 1 %; o) 1,2 %

2 S. 160 a) 50 %; b) 75 %; c) 20 %

3 S. 160 a) 0,3 g; b) 13,6 l; c) 3,3 dm; d) 0,3

4 S. 160 a) 10 % haben eine Eins geschrieben. b) Sie bekommt $\frac{2}{10}$ bzw. 20 % mehr. c) Sie spart 5 €.

3.2 Zuordnungen, Häufigkeiten und Schaubilder

5 S. 161

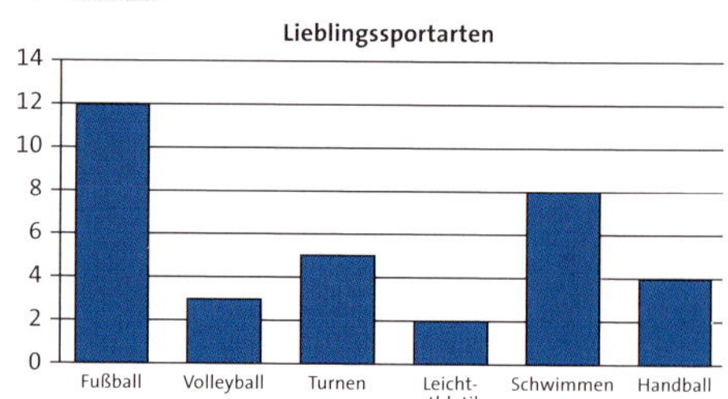

6 S. 161 a)

	Anzahl	Anteil als Bruch	Anteil in Prozent	Winkel im Kreisdiagramm
SP	8	$\frac{8}{30}$	$26\frac{2}{3}$ %	96°
MA	5	$\frac{5}{30}$	$16\frac{2}{3}$ %	60°
D	3	$\frac{3}{30}$	10 %	36°
MU	6	$\frac{6}{30}$	20 %	72°
BIO	4	$\frac{4}{30}$	$13\frac{1}{3}$ %	48°
E	4	$\frac{4}{30}$	$13\frac{1}{3}$ %	48°
Summe	30	$\frac{30}{30}$	100 %	360°

b)

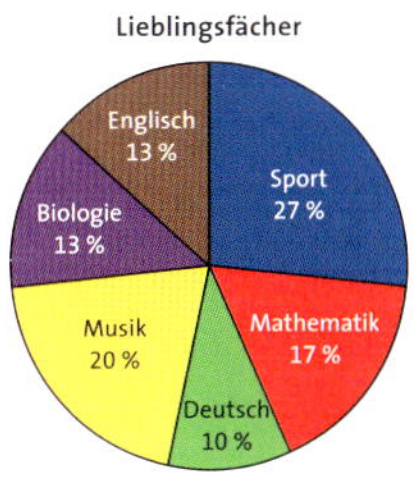

7 S. 161 a) Balken-/Säulendiagramm, Bilddiagramm; b) Bilddiagramm (auch möglich: Balken-/Säulen- und Kreisdiagramm); c) Balken-/Säulendiagramm; d) Kreisdiagramm

8 S. 162 a) Es war an 3 Tagen wärmer als 7 °C. Das sind ca. 11 %.

b)

°C	>7	5–7	3–5	<3	Summe
Anzahl der Tage	3	14	8	3	28

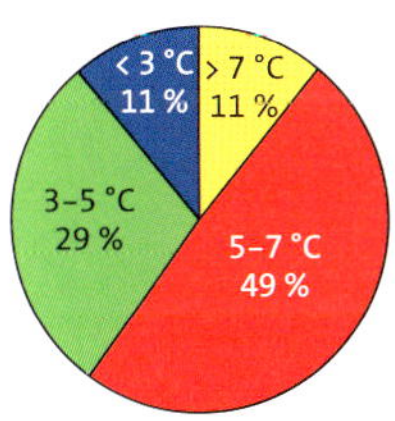

c) Temperaturen: 1. Tag 7,5 °C; 2. Tag 7,2 °C; 3. Tag 6,8 °C; 4. Tag 5,9 °C; 5. Tag 4,5 °C; 6. Tag 2,2 °C; 7. Tag 2,5 °C; 8. Tag 2,9 °C; 9. Tag 3,5 °C; 10. Tag 4,1 °C. Die Durchschnittstemperatur betrug ca. 4,7 °C.

9 S. 162 a) Das Durchschnittsalter beträgt 11,2 Jahre. b) Katharina hat 15 min gebraucht. c) Der Durchschnitt wird ebenfalls doppelt so groß bzw. ebenfalls um 1 größer. d) Der Durchschnitt ist so groß wie die mittlere Zahl. Die erste und die letzte Zahl sind ebenso wie die zweite und vierte Zahl gleich weit von der mittleren Zahl entfernt.

3.3 Terme und Gleichungen

10 S. 163

Terme	**x = 1**	**x = −3**	**x = 2,5**	**x = $\frac{3}{4}$**
$x \cdot 3 + 3$	6	−6	10,5	5,25
$x - 2 \cdot x^2$	−1	−21	−10	−0,375
$(1 - x)^2$	0	16	2,25	0,0625

11 S. 163 a) $z - 3$; b) $a + b$; c) $(10 - y) \cdot 2$; d) $-5 - \frac{1}{3}z$; e) $\frac{x}{5} - 1$

12 S. 163 a) $U = 7x$; b) $U = 27x$; c) $U = 4x + 10y + 4$; d) x = 2 cm

13 S. 163 a) $x = 43$; b) $x = 21$; c) $x = 7$; d) $x = -6$; e) $x = 18{,}5$; f) $x = 4$; g) $x = 6$; h) $x = 17$; i) $x = 1$

3.4 Dreisatz und Proportionalität

14 S. 164 a) Drei Packungen kosten 4,17 €. b) 100 Bleistifte wiegen 500 g. c) Ein Handwerker allein braucht 36 Stunden. Vier Handwerker brauchen 9 Stunden. d) In einer Woche braucht sie 35 kg Futter. e) Man muss 18 Litern Wasser 7,2 Kappen bzw. 108 Milliliter Dünger zufügen.

15 S. 164 Zuordnung – Doppelte – y – die Hälfte – Dreisatz – 1 –250 – beliebig vielen – mehr – weniger

16 S. 165 **Lösungswort:** Entspannung

17 S. 165 **a)** 20 Brötchen würden 5,80 € kosten. Wahrscheinlich bekommt er Rabatt. **b)** Fünf Eier brauchen genauso 6 min wie nur ein Ei. **c)** Eine Glatze hat gar keine Haare. **d)** Auf drei Pizzen wartet man auch 15 min. **e)** Der Korb müsste 4,3 kg wiegen, denn es kommen nur 2 kg Milch dazu. **f)** Bei 200 km/h braucht er nur eine halbe Stunde.

Thementest Anwendungen

1 S. 166 **a)** $x = -84$; **b)** $x = 96$; **c)** $x = 3{,}5$; **d)** $x = 135$; **e)** $x = 21$; **f)** $x = -3$

2 S. 166 **a)** $150\,€ \cdot z$; **b)** $2{,}39\,€ + n \cdot 0{,}49\,€$; **c)** $10\text{ cm} - m \cdot 0{,}5\text{ cm}$; **d)** $5\,€ + x \cdot 0{,}39\,€$. Bei 28,40 € hat man 60 min telefoniert.

3 S. 166 **blau:** 140°, $38{,}\overline{8}$ %; **rot:** 72°, 20 %; **grün:** 60°, $16{,}\overline{6}$ %; **gelb:** 48°, $13{,}\overline{3}$ %; **braun:** 40°, $11{,}\overline{1}$ %

4 S. 167 **a)** Es werden 4,2 Mio. Hektar jährlich weltweit hinzugewonnen. **b)** Brasilien: 31 030 km²; Indonesien: 18 710 km². Das wären rund 8,7 % bzw. 5,2 %. **c)** Ca. 28 % Deutschlands sind Wald. **d)** Der deutsche Wald wäre in Brasilien nach 3 Jahren und 80 Tagen völlig verschwunden. **e)** In einer Minute gehen rund 22 ha weltweit verloren. Das entspricht etwa 365 Fußballfeldern.

5 S. 167 **a)** 1 Liter Cola enthält $433\frac{1}{3}$ kcal. **b)** 27 min telefonieren kosten 2,43 €, 53 SMS kosten 5,83 €. **c)** Der Energieverbrauch liegt bei 576 kWh. **d)** Fünf Maurer brauchen für 5 Meter 1,25 Tage. **e)** Das Blech wäre 39,25 kg schwer.

4 Geometrische Grundbegriffe

4.1 Punkt, Strecke, Gerade und Winkel

1 S. 168 $c \parallel d$; $c \perp k$; $k \perp d$; $z \perp a$; $a \parallel w$; $z \perp w$

2 S. 168 (1) $\alpha = 116°$; (2) $\beta = 34°$; (3) $\delta = 336°$; (4) $\sphericalangle XZB = 244°$; (5) $\sphericalangle TKX = 180°$; (6) $\sphericalangle FGA = 55°$; (7) $\sphericalangle HTK = 92°$; (8) $\sphericalangle XKX = 360°$

(2) und (6) sind spitze, (1) und (7) sind stumpfe Winkel; (3) und (4) sind überstumpfe Winkel, (5) ist ein gestreckter Winkel und (8) ist ein Vollwinkel.

4.2 Das Koordinatensystem

3 S. 169 **a)** A (–4|2); B (–2|1); C (3|0,5); D (6|1); M (–1|–1); N (3|–1,5)

b)–e)

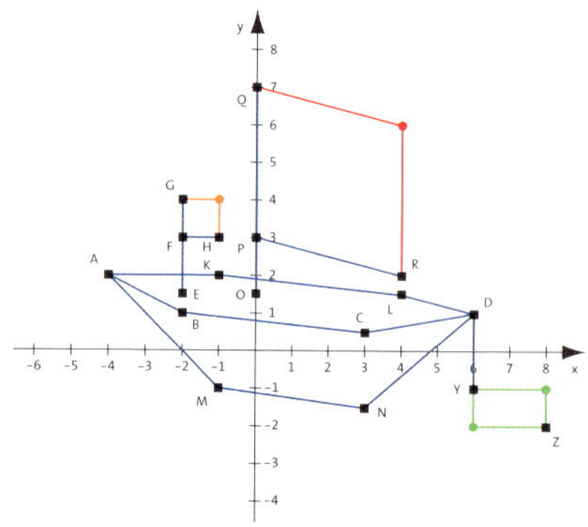

e) Ergänzungen zu Q, P, R: (4|6); zu G, F, H: (–1|4); zu Y, Z: (6|–2), (8|–1)

4.3 Figuren

4 S. 170 **a)** Rechteck; **b)** Quadrat; **c)** Parallelogramm; **d)** Raute; **e)** Drachen; **f)** Trapez

5 S. 170 Höhe

6 S. 171 **a)** d(C; AB) = 4 cm, d(B; AC) = 3,14 cm, d(A; BC) = 3,9 cm; **b)** d(M; KL) = 4 cm, d(K; LM) = 2,7 cm, d(L; KM) = 1,9 cm; **c)** d(W; UV) = 3,57 cm = d(V; XW), d(U; VW) = 2 cm; **d)** d(E; FG) = 0,6 cm, d(H; FG) = 3,42 cm, d(G; EF) = 1,4 cm

7 S. 171 **a)** Raute; **b)** Parallelogramm; **c)** Drachen; **d)** Trapez; **e)** Parallelogramm

4.4 Symmetrie und Spiegelungen

8 S. 172 **achsensymmetrisch sind:** a), b), f), g) und h); **punktsymmetrisch sind:** b), c), d), h) und j); **drehsymmetrisch mit 180° sind:** b), c), d), h) und j), **drehsymmetrisch mit 360°:** alle Logos

9 S. 172

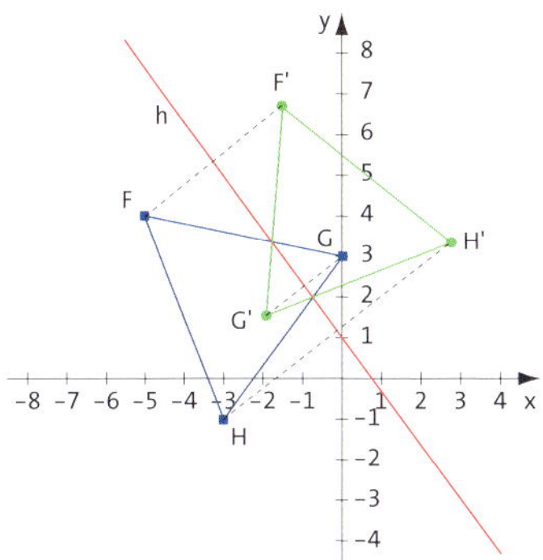

10 S. 172 a) A' (−2|−3); B' (0|−8); C' $\left(\frac{1}{2}\middle|-\frac{1}{2}\right)$; D' (9|0); b) M' (4|1); N' (3|0); O' (0|−7,2); P' $\left(\frac{2}{7}\middle|-\frac{2}{3}\right)$

11 S. 173

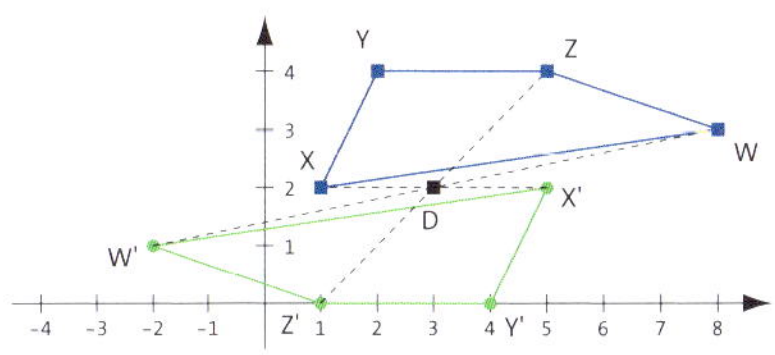

12 S. 173

a)

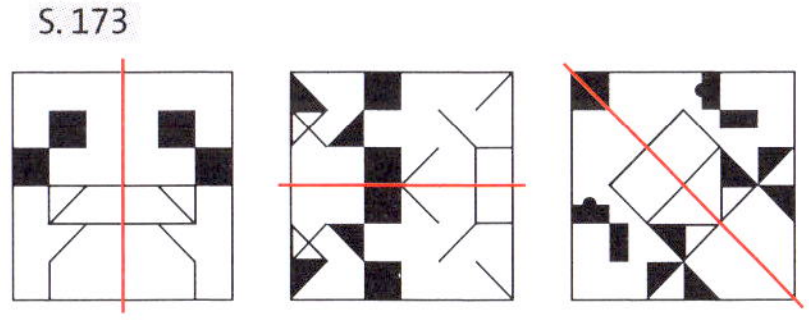

b)

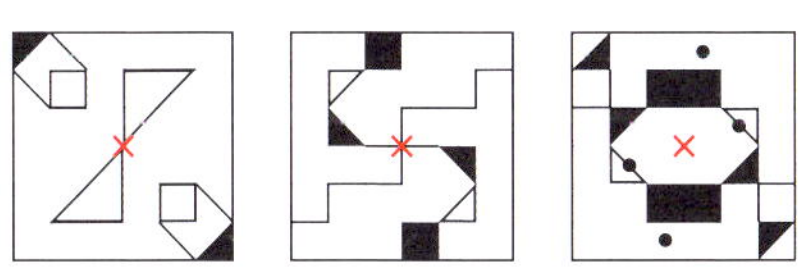

13 S. 173 a)–d)

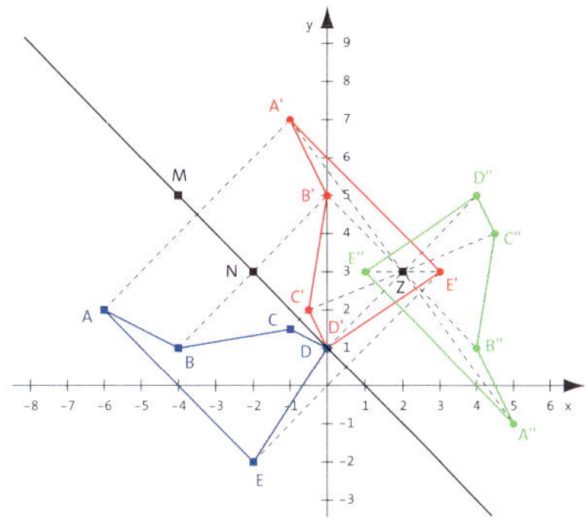

d) A'' (5|−1); B'' (4|1); C'' (4,5|4); D'' (4|5); E'' (1|3)

4.5 Verschiebungen und Drehungen

14 S. 174

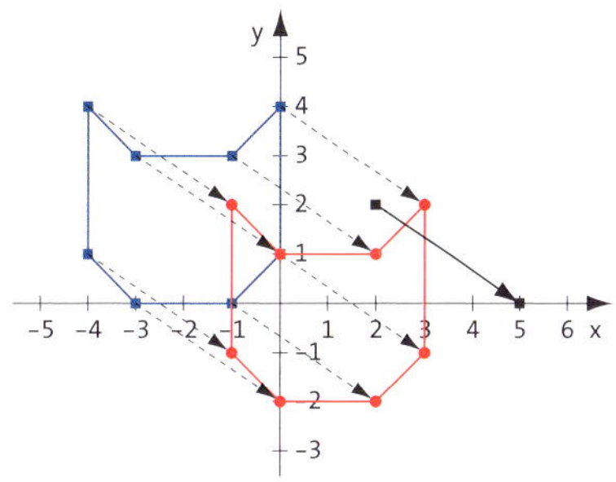

Bildpunkte: (0|−2); (−1|−1); (−1|2); (0|1); (2|1); (3|2); (3|−1); (2|−2)

15 S. 174

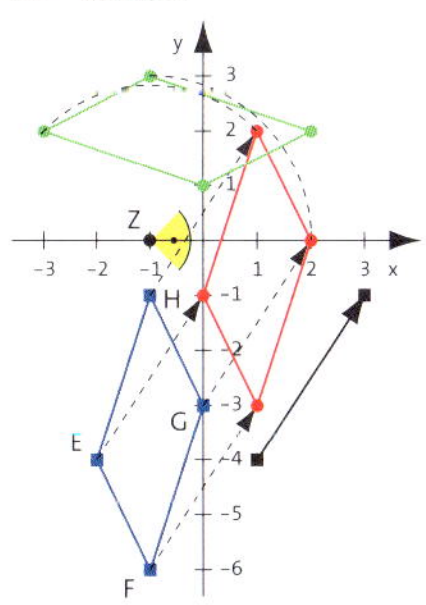

Bildpunkte: (0|1); (2|2); (−1|3); (−3|2)

Thementest Geometrische Grundbegriffe

1 S. 175

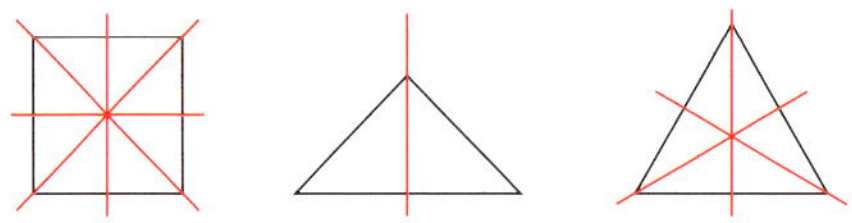

2 S. 175

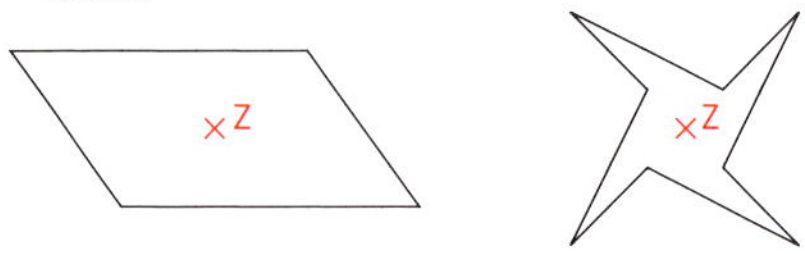

3 S. 175 **a), b), c), e)** und **f)** sind wahr; **d), g)** und **h)** sind falsch

4 S. 176 **a)**

3-Eck	4-Eck	5-Eck	6-Eck
1	2	3	4

b) x – 2

c)

3-Eck	4-Eck	5-Eck	6-Eck
0	2	5	9

d) Kommt ein neuer Eckpunkt hinzu, so erhöht sich die Anzahl der Diagonalen um 1 und um die Anzahl der Ecken minus 3, d. h., beim Fünfeck kommen gegenüber dem Viereck 1 + (5 – 3) Diagonalen dazu, also sind es insgesamt 5 Diagonalen.

5 S. 176 **a)** Abstand d ≈ 1,7 cm; **b)** Abstand d ≈ 3,4 cm

6 S. 176

a)

b)

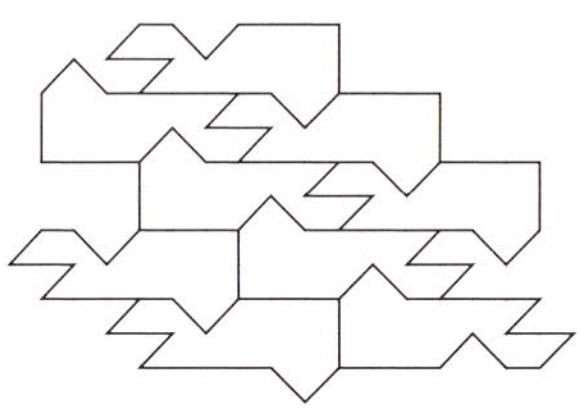

7 S. 177 Drei Geraden können 3, 2, 1 und keinen Schnittpunkt(e) haben bzw. identisch sein. Vier Geraden können 6 bis keinen Schnittpunkt(e) haben bzw. identisch sein.

8 S. 177 Rechteck – rechte – Quadrat – Rechteck – gegenüberliegende – gleich – parallel – Trapez – Drachen – eine – vier

9 S. 177 **a)** (0) 4 cm²; (1) 2 cm²; (2) 1 cm²; (3) 0,5 cm²; (4) 0,25 cm²; (5) 0,125 cm²; **b)** $\frac{4\,\text{cm}^2}{2 \cdot n}$; **c)** Der Umfang bleibt unverändert bei 8 cm.

5 Flächen und Körper

5.1 Umfang und Flächeninhalt von Vielecken

1 S. 178 **a)** A = 20,25 cm²; U = 18 cm; **b)** A = 41,6 cm²; U = 26,4 cm; **c)** A = 23,45 cm²; U = 23,4 cm; **d)** A = 28,8 cm²; U = 23,4 cm; **e)** A = 28,13 cm²; U = 26,2 cm

2 S. 179

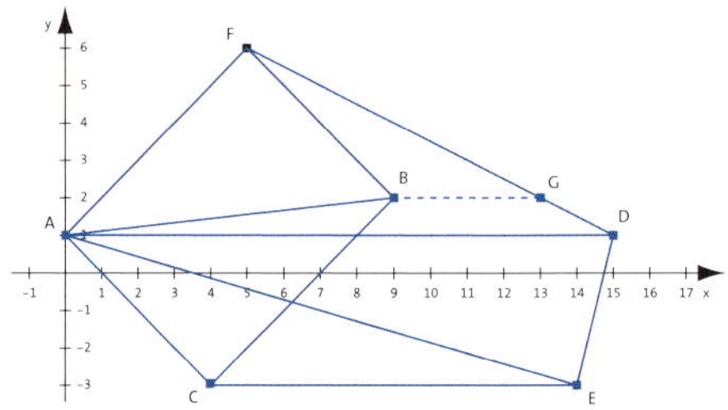

a) A = 40 cm² (Rechteck); **b)** A = 20 cm² (halbes Rechteck aus a)); **c)** A = 20 cm²; **d)** A = 50 cm² (Trapez); **e)** A = 17,5 cm² (Zerlege in ein Trapez und ein Dreieck, siehe Zeichnung und Punkt G)

3 S. 179 **a)** A = 20 cm²; U = 26,5 cm; **b)** A = 57,52 cm²; U = 38,72 cm; **c)** A = 49 cm²; U = 45 cm

5.2 Kreise

4 S. 180

r	d	U	A
3,20 cm	6,40 cm	20,11 cm	32,17 cm^2
1,50 m	3,00 m	9,42 m	7,07 m^2
3,80 m	7,60 m	23,88 m	45,36 m^2
4,00 dm	8,00 dm	25,13 dm	50,26 dm^2

5 S. 180 a) A = 18 cm^2; U = 18,85 cm;
b) A = 8 cm^2; U = 20,57 cm;
c) A = 16,49 cm^2; U = 22,0 cm;
d) A = 17,13 cm^2; U = 33,13 cm

6 S. 180 a) Der Erdradius beträgt ca. 6366 km. Nord- und Südpol wären ca. 12 732 km voneinander entfernt.
b) U = 204,20 cm. Das Rad dreht sich auf einer Strecke von 1 km fast 490-mal.

5.3 Körper

7 S. 181 Die Netze c) und d) sind keine Würfelnetze.

8 S. 181

a)

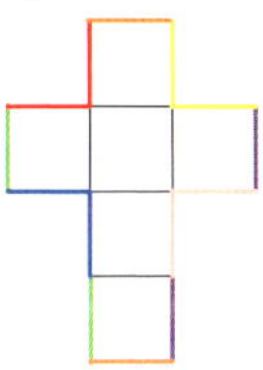

b)

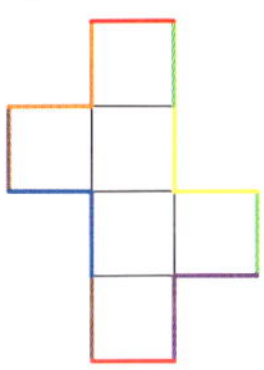

e)

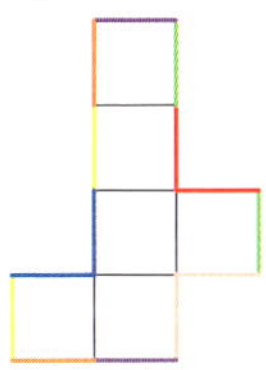

9 S. 181

a)

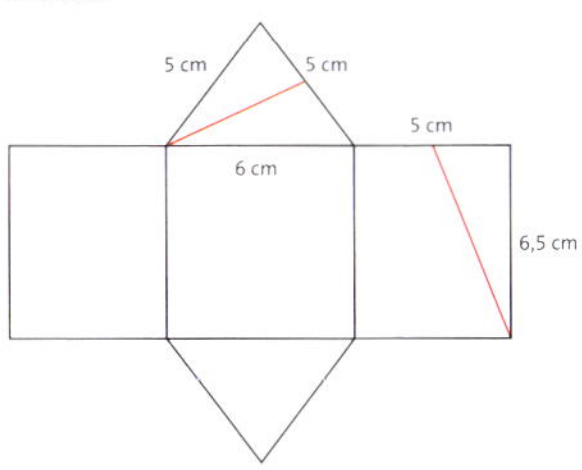

b)

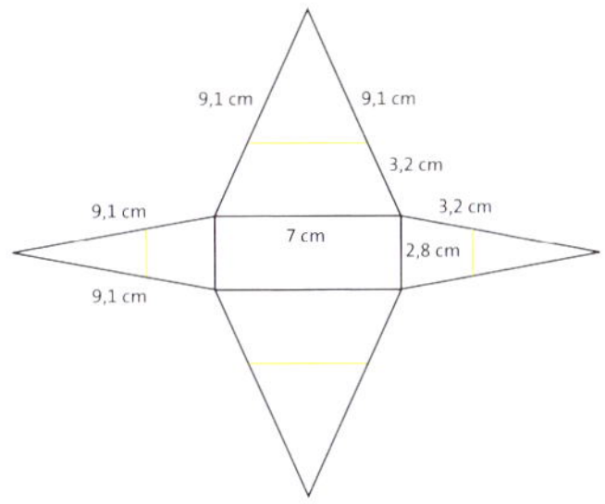

c)

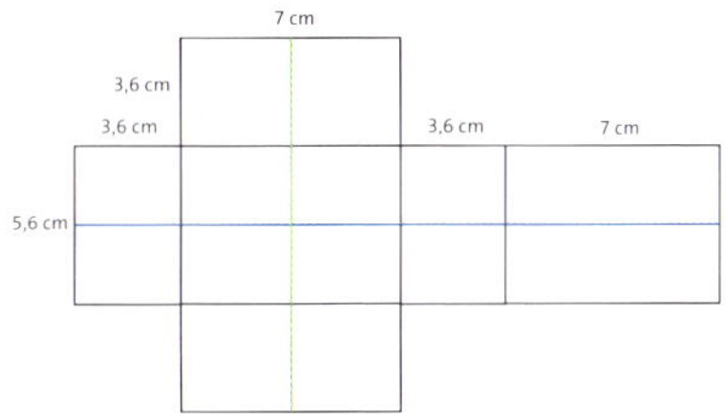

10 S. 181 Beachte, dass die Maße in der Zeichnung nicht die Größe des Körpers, sondern die der Zeichnungslinie angeben.

a)

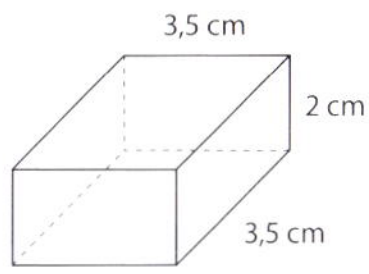

b)

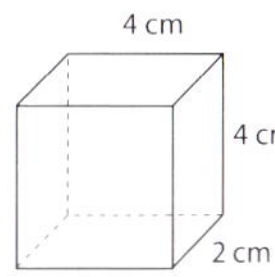

c)

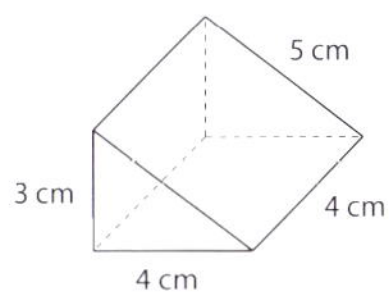

11 S. 182 Kantenlänge je 1 cm.

a)

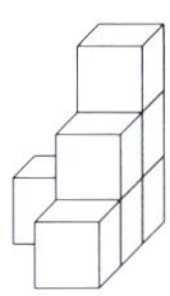

b)

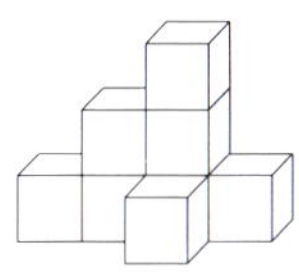

c)

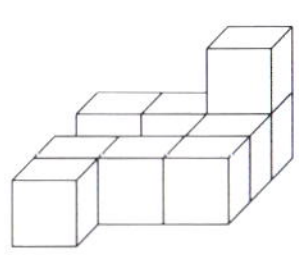

12 S. 182 a) V = 56 cm^3; b) V = 27 cm^3

13 S. 182 a) Er besteht aus mindestens 12 und höchstens 15 Würfeln. Da das „Loch" in der Mitte gefüllt sein könnte, liegt dort evtl. ein Würfel mehr, hinter der Figur könnten zwei Würfel versteckt sein.
b) Der Quader müsste mindestens 4 Würfel breit, 2 hoch und 3 tief sein.
c) Die Mindestzahl für einen großen Würfel ist 8 (2 hoch, 2 breit, 2 tief). Das ist mit 12 Würfeln bereits möglich, es blieben dann 4 übrig.

Thementest Flächen und Körper

1 S. 183 **rote Figur:** A = 14,28 cm²; **blaue Figur:** A = 28 cm²; **violette Figur:** A = 6 cm²; **rosa Figur:** A = 18,85 cm²; **braune Figur:** A = 12 cm²; **gelbe Figur:** A = 18 cm²; **grüne Figur:** A = 18 cm²

2 S. 183
a)
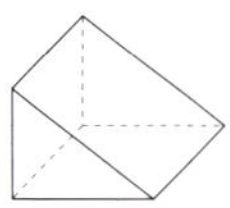
b)
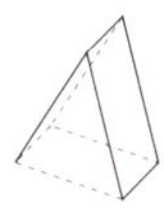
c)
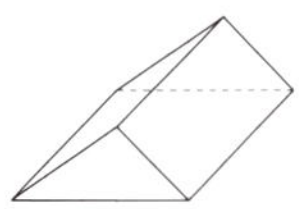

3 S. 184 a) Quader; b) Dreiecksprisma; c) Dreieckspyramide (Tetraeder); d) Zylinder; e) quadratische Pyramide

4 S. 184 a) Die Gesamtfläche beträgt etwa 136,6 m². b) U = 4878,1 cm. Es werden mindestens 326 Fliesen benötigt.

5 S. 185 a) Es würden theoretisch 1166 Kisten hineinpassen. b) Der Gesamtdurchmesser beträgt 48 cm. Die weiße Fläche hat einen Inhalt von ca. 804 cm², die rote Fläche von 1005 cm². c) U = 2356 cm, A = 44,2 m². Der Zaun kostet 162,58 €. Die Blumen kosten 240,77 €.

6 S. 185 a) Gelbe Fläche: A = 62,5 m²; grüne Fläche: A = 50 m²; graue Fläche: A = 75 m². Es werden 17,8 Liter gelbe, 14,3 Liter grüne und 21,4 Liter graue Farbe benötigt.
b) Boden: A = 78,5 cm²; Mantelfläche: A = 251,3 cm²; Deckel: A = 81,7 cm² + 64,1 cm². Der Materialbedarf beträgt mindestens 475,6 cm² Karton.

6 Größen

6.1 Geld, Zeit und Gewicht

1 S. 186 a) 134 ct; b) 0,50 €; c) 1103 ct; d) 0,0625 d ($\frac{1}{16}$ d); e) 2,25 h; f) 210 min; g) 1788 g; h) 2,55 kg; i) 0,234 kg; j) 3,055 t; k) 0,04 kg; l) 130 kg

2 S. 186 a) 45 kg; b) 2,3 kg; c) 65 min; d) 1234 g; e) 26,35 €; f) 7905 g

3 S. 186 a) Sie muss 1,355 kg (1355 g) tragen. b) In 10 Wochen wird er noch 85 kg wiegen. Er wird in 16 Wochen auf ein Gewicht von 82 kg kommen. c) Sie bekommt 8,12 € Restgeld. d) Seine Fahrt dauert insgesamt 1 h 1 min. Er muss dazu um 8.21 Uhr das Haus verlassen.

6.2 Längeneinheiten

4 S. 187 a) 25 200 m; b) 30 mm; c) 213 mm; d) 51 cm; e) 0,3 dm; f) 7,8 cm

5 S. 187 a) 3,4 cm; b) 0,51 km; c) 87,9 dm; d) 21,9 m; e) 0,002 km; f) 1,26 m

6 S. 187 a) 344 dm; b) 457 cm; c) 66 dm; d) 542 mm; e) 624 mm; f) 489 cm

7 S. 187 a) Gruppe B gewinnt mit 1 cm Vorsprung und einer Gesamtweite von 11,21 m. b) Er legt 447 km zurück. c) Ein Blatt ist ca. 0,108 mm dick. In einem 1-cm-Stapel liegen ca. 93 Blätter. d) Er kann 5 getrennte Gehege bauen. Der Zaun reicht für 6 quadratische aneinandergrenzende Gehege. Dann bleiben noch 5 m übrig.

6.3 Flächeneinheiten

8 S. 188 a) 130 dm^2; b) 7100 mm^2; c) 1500 a; d) 810 ha; e) 9 m^2; f) 11 cm^2

9 S. 188 a) 0,25 cm^2; b) 2,39 dm^2; c) 0,238 a; d) 0,005 km^2; e) 200 ha; f) 0,5005 m^2

10 S. 188 a) 70 dm^2 < 71,4 dm^2 < 75 dm^2; b) 5,56 a < 43 a < 50 a < 55 a; c) 11,8 cm^2 < 12 cm^2 < 117 cm^2; d) 440 a < 4480 a < 4500 a

11 S. 188 a) Jedes Grundstück wird 31 a groß. b) Sie muss 21 Blumen kaufen. c) 62 000 Fußballfelder wären nötig. d) Er benötigt 860 cm^2 Folie. e) 360 m^2 sind nicht bebaut.

12 S. 188 Da eine Rolle 10 m lang ist, werden pro Rolle 4 Bahnen möglich sein. Für das gesamte Zimmer sind 28 Bahnen nötig, also 7 Rollen. Das Tapezieren kostet 62,93 €.

6.4 Volumeneinheiten

13 S. 189 a) 3300 dm^3; b) 45 000 ml; c) 1150 l; d) 56 l; e) 4,5705 dm^3; f) 2 376 000 cm^3; g) 42 120 000 ml; h) 57 145 000 mm^3; i) 3,4 l; j) 8 hl; k) 23 600 000 mm^3; l) 3000 cm^3

14 S. 189 a) 0,3 dm^3 < 0,33 dm^3 < 2,95 dm^3; b) 1,5 ml < 1550 ml < 1560 ml; c) 8,9 ml < 95 ml < 990 ml; d) 41 m^3 < 41,11 m^3 < 411 m^3

15 S. 189 a) 15,9 l; b) 3790 dm^3; c) 498,88 l; d) 834 mm^3; e) 127,5 l; f) 3245,1 dm^3

16 S. 189 a) Es fasst 200 000 Liter Wasser. Um 600 000 Liter zu fassen, müsste es 30 m lang sein. b) Es können 45 Gläser gefüllt werden. c) 2 Millionen Regentropfen ergeben 1 Liter. d) Die zweite Packung enthält mit 2,7 l mehr Orangensaft. e) Man zahlt 3187,50 € für die Sandschicht. Der Transporter muss achtmal fahren. f) $\frac{1}{2}$ dm^3 Stahl wiegt 3,925 kg, 13 dm^3 Wolle wiegen 3,9 kg. Der Stahl ist also etwas schwerer.

Thementest Größen

1 S. 190 a) 0,452 km; b) 0,325 m^3; c) 240 dm^2; d) 192 min; e) 0,004 500 216 m^3; f) 3125 dm^3; g) 82 300 dm^2; h) 4320 ct; i) 33 224,956 m; j) 750 cm^3; k) 230 000 g; l) 12 533,32 €

2 S. 190 a) 7 Tasten; b) 4,20 €; 0,6 kg

3 S. 190 a) 5,84 €; 1215 g. b) Gesamtstrecke 119,2 km; durchschnittlich 14,9 km pro Training. Insgesamt hat er 10 h 55,6 min trainiert. c) Maximal 552 m^2; Gesamtrauminhalt 438,75 m^3.

7 Abschlusstests

Test 1

1 S. 191 a) $\frac{1}{4}$; b) A bleibt gleich, da die Höhe gleich bleibt.

2 S. 191 a) $\frac{35}{9}$; b) $\frac{23}{40}$; c) 10^2

3 S. 192 a) 3; b) 5; c) z. B. a – b = 1. Bei der Division a : b muss der Rest 1 bleiben.

4 S. 192 $\frac{2}{3} = 0,\overline{6} = 66,\overline{6}\ \% = 4 : 6 = \frac{14}{21} = \frac{1}{1,5}$

5 S. 192 a) 2 cm; b) $U = 2\pi r$; c) Mittelpunkt – Abstand – vervierfacht

6 S. 193

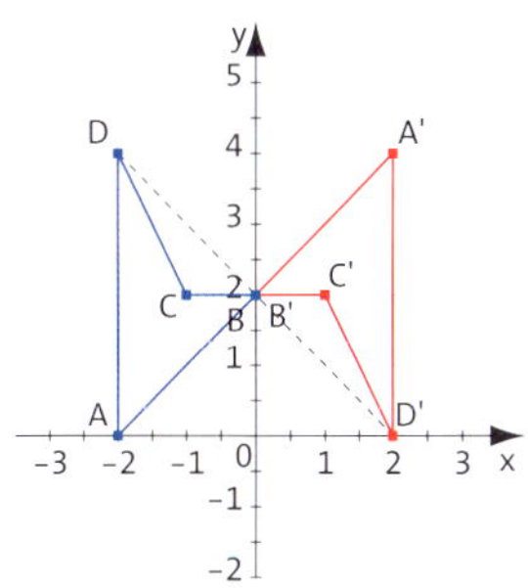

b) Spiegelzentrum ist Punkt B.
c) A' (2|4); B' (0|2); D' (2|0)

7 S. 193

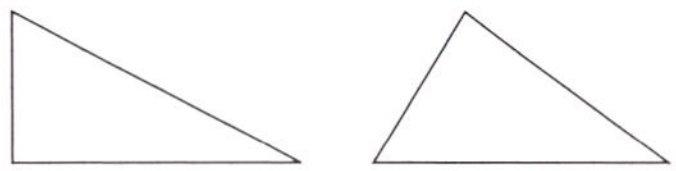

8 S. 194 a) 13,5 km; b) 73 l; c) 234 m^2 d) 84 min; e) mg; f) 0,001 250 dm^3

9 S. 194 a) 4. Kreuz: 32 Würfel, 5. Kreuz: 45 Würfel; b) Anzahl der Würfel: $(n + 2)^2 - 4$ oder $n^2 + 4n$

10 S. 194 a) 1, 2, 3, 4, 5 und 6; b) Das Spiel ist unfair. Malte gewinnt bei 1, 2, 3 und 4; Lukas gewinnt nur bei 2, 4 und 6.

11 S. 195 a) Anteile sind falsch, Kreissegmente für Somi und „andere Konsolen" sind zu groß, die anderen sind zu klein. b) Wyy → 126°; Z-Box 360 → 126°; Somi → 72°; andere Konsolen → 36°

12 S. 195

x = 3	13	10	$\frac{5}{2}$	21	0
x = −2	−2	−30	$\frac{5}{2}$	−4	0

13 S. 196

a)

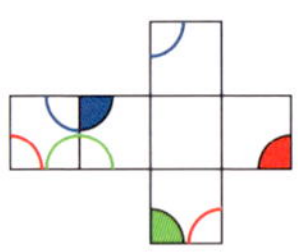

b)

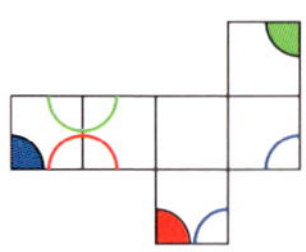

c)

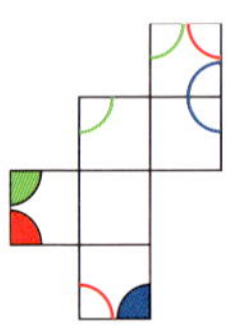

d)

14 S. 196 a) (1) 9.00 Uhr; (2) 13.40 Uhr; b) 23.05 Uhr; (2) 3.45 Uhr; c) (1) 18.40 Uhr; (2) 23.20 Uhr

15 S. 196 a) und b) 1.: sie schneiden sich (1 gemeinsamer Punkt), 2.: sie sind parallel (kein gemeinsamer Punkt); 3.: sie sind identisch (unendlich viele gemeinsame Punkte)

Test 2

1 S. 197 52,35

2 S. 197 x = −5

3 S. 197 a) 7,287 448 kg; b) 4,7778 ha; c) 87,333 l = 0,873 33 hl

4 S. 197 a) $A_{klein} = 531\ cm^2$; $A_{mittel} = 616\ cm^2$; $A_{groß} = 804\ cm^2$; $A_{Family} = 1575\ cm^2$; b) kleine Pizza: 0,66 ct pro cm^2, mittlere Pizza: 0,73 ct pro cm^2, große Pizza: 0,68 ct pro cm^2, Family-Pizza: 0,70 ct pro cm^2. Damit ist die kleine Pizza die billigste und die mittlere Pizza die teuerste Größe. c) Die Partygröße dürfte maximal 15,84 € kosten.

5 S. 198 40 ha = 160 Morgen. Das wäre ausreichend für 160 Kühe oder 800 Schafe bzw. 133 Schafe und 133 Kühe.

6 S. 198 a)

Turmnummer	1	2	3	4	5
Anzahl Baust.	1	4	9	16	25

b) Anzahl Bausteine = n^2. Der 10. Turm besteht dann aus 100 Bausteinen.
c) Der 7. Turm hat ein Volumen von 1323 cm^3.

7 S. 199 a) „jeder siebte" ist mehr als „jeder achte", also ist „nur noch" falsch. „jeder siebte" ist nicht sieben Prozent. Das Verhältnis 1 : 20 entspricht nicht 5 %. b) $\frac{1}{21}$; c) $\frac{1}{8}$; 12,5 %

8 S. 199 a) Seit 6 Stunden. b) 5 l/100 km. c) 530 km. d) In etwa 5 h 35 min. e) In etwa 2 h 38 min.

9 S. 200 a) Alle Punkte liegen auf den beiden Parallelen zu g, die den Abstand 3 cm haben (rote Linien). b) Alle Punkte liegen auf einem Kreis um P mit dem Radius 5 cm (blauer Kreis). c) Das sind die beiden Schnittpunkte der beiden Kreise um P und Q, jeweils mit dem Radius 8 cm (grüne Punkte – beachte: je nach Lage von P und Q kann es passieren, dass es keine Schnittpunkte gibt). d) Das sind die Schnittpunkte der beiden Parallelen zu g im Abstand 4 cm und des Kreises um Q mit dem Radius 7 cm (lilafarbene Punkte). Je nach Lage von Q kann es 0, 1, 2, 3 oder 4 solcher Punkte geben.

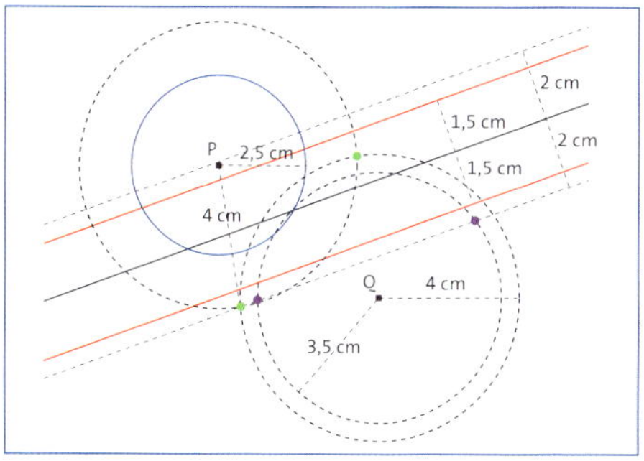

10 S. 200 **a)**

	Prozent	Anteil	Anzahl
Computer	35 %	$\frac{7}{20}$	350
Fernsehen	32 %	$\frac{8}{25}$	320
Freunde treffen	20 %	$\frac{1}{5}$	200
Sonstiges	13 %	$\frac{13}{100}$	130
Summe	100 %	1	1000

Es wurden 1000 Kinder befragt.

b)

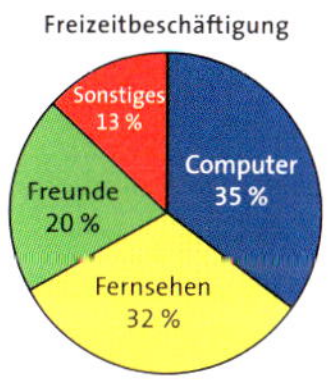

11 S. 201 **a)**

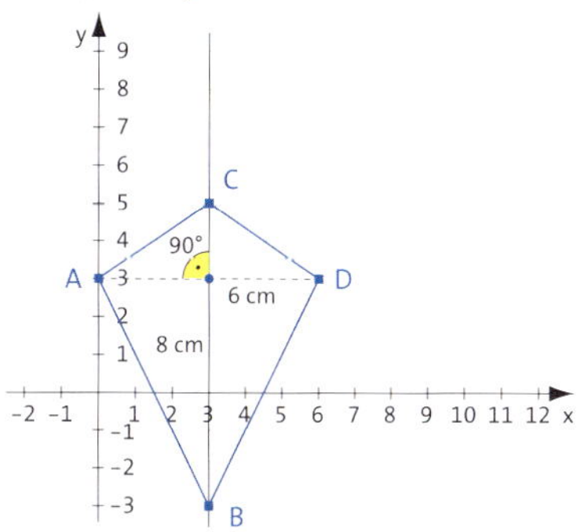

b) Es entsteht ein Drachenviereck.
c) $\overline{AD} = 6$ cm; $\overline{BC} = 8$ cm. Die Verbindung von Punkt und Bildpunkt ist immer senkrecht zur Spiegelachse, d. h., $\alpha = 90°$.
d) $A = \frac{1}{2} \cdot 6 \cdot 8\ \text{cm}^2 = 24\ \text{cm}^2$; **e)** $A = \frac{1}{2} \cdot e \cdot f$ (e und f sind die beiden Diagonalen).

12 S. 202 **a)**

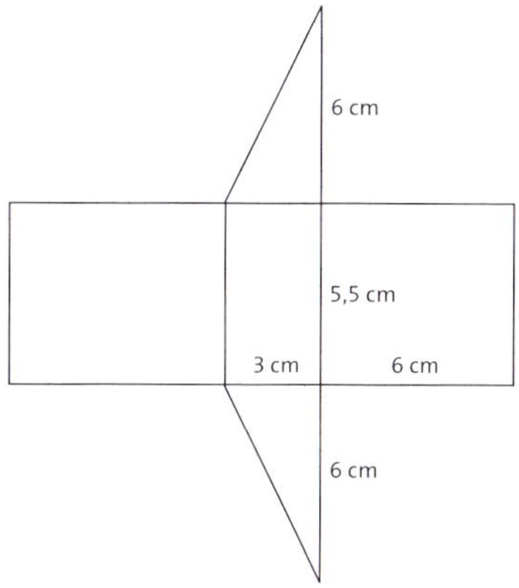

b) $V_{Prisma} = 49{,}5\ \text{cm}^3$; $V_{Quader} = 132\ \text{cm}^3$. Der Prozentsatz beträgt also 37,5 %. **c)** Die Grundfläche müsste die Kantenlänge 3 cm haben.

13 S. 202 **a)**

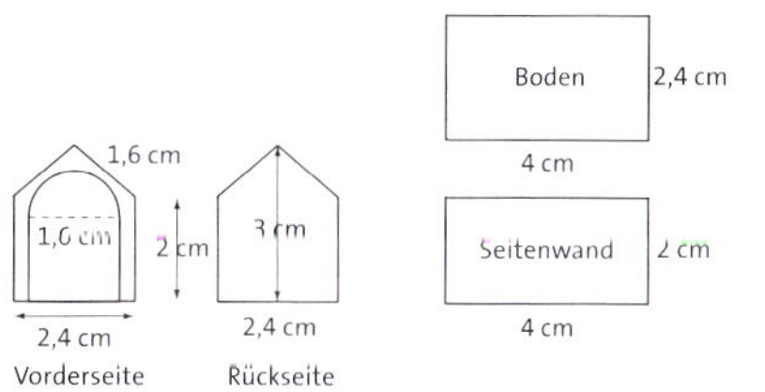

b) Giebelkanten der Dachfläche: ca. 80 cm + 10 cm = 90 cm.

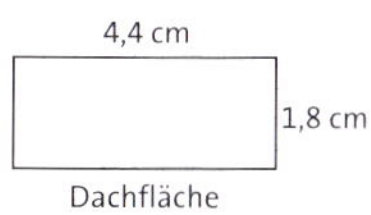

c) Boden: 2,4 m²; Seitenwände: 2 · 2 m²; Rück- und Vorderseite: 2 · 1,5 m²; Dach: 2 · 3,78 m²; Summe: 16,96 m² Holzbedarf.
d) Fläche der Tür ≈ 0,89 m²; **e)** Fläche des Hauses: 16,96 m² – 0,9 m² = 16,06 m². Es werden 8,03 Liter, also rund 8 Liter Farbe benötigt.